M. ET Mme STANISLAS MEUNIER

AU HASARD DU CHEMIN

VOYAGE DE JEUNES NATURALISTES

DE

LA MANCHE AUX ALPES

ÉTUDES PITTORESQUES

DES BÊTES — DES PLANTES — DES PIERRES

ORNÉ DE 666 ILLUSTRATIONS

PARIS

J. ROTHSCHILD, ÉDITEUR

13, RUE DES SAINTS-PÈRES, 13

AU HASARD DU CHEMIN

VOYAGE DE JEUNES NATURALISTES

DE LA MANCHE AUX ALPES

M. ET Mme STANISLAS MEUNIER

AU HASARD DU CHEMIN

VOYAGE DE JEUNES NATURALISTES

DE

LA MANCHE AUX ALPES

ÉTUDES PITTORESQUES

DES BÊTES — DES PLANTES — DES PIERRES

LEUR DESCRIPTION

STATION — CLASSIFICATION — MŒURS — USAGES — RÉCOLTE — CONSERVATION

ORNÉ DE 666 ILLUSTRATIONS

PARIS

J. ROTHSCHILD. ÉDITEUR

13, RUE DES SAINTS-PÈRES, 13

Droits réservés

EX LABORE FELICITAS
IMPRIMERIE G. FISCHBACH
STRASBOURG

TABLE DES MATIÈRES

AU HASARD
DU
CHEMIN
—
PROLOGUE

La Foire aux Pains d'Épices.

AU HASARD DU CHEMIN

LA VOITURE

Foire à la place du Trône. Une inondation de soleil favorise la fête. Le vacarme est à son maximum d'intensité. Le chant des orgues de Barbarie, le sifflet des machines à vapeur qui mettent en branle chevaux de bois, chemins de fer, nacelles, balançoires, le carillon des cloches, le tonnerre des grosses caisses, les éclats des trompettes, les rugissements des bêtes féroces de Bidel, de Pezon, de Nouma Hawa, les hurlements de la parade, — autant de notes discordantes dans le diabolique concert.

Les artistes, les industriels en plein vent s'agitent, gesticulent, se démènent comme des possédés. Leurs boniments sont intarissables. L'arracheur de dents du haut de sa diligence, le marchand de gaufres derrière son four-neau, le fabricant de torsades à la guimauve, l'impresario du théâtre de toile et de carton, trouvent, douze heures durant, de la salive dans leur bouche empoussiérée, pour expectorer leur éloquence. Les clowns répètent leurs culbutes, sans perdre haleine, avec un crescendo étourdissant. Les femmes cataleptiques gardent une immobilité à tromper un Charcot.... Oui, tout ce monde travaille en conscience, cherche à bien faire devant la foule qui le regarde, l'admire, le méprise, et finit par céder à l'annonce et à l'échantillon de tant de plaisirs.

Des parades aux boutiques de pain d'épices erre une famille fort préoccupée de ne pas perdre ses différents membres dans la cohue. Le père est un homme d'une quarantaine d'années, haut de taille, maigre, blond, avec des cheveux légers toujours voltigeants, une longue barbiche effilée et de petites moustaches. Il a des yeux bleu déteint, un front vaste, des pommettes osseuses, un nez mince et long. C'est un artiste. Il est distrait des merveilles de la foire. A son bras se pend une petite femme brune, pâle, avec de grands yeux noirs, et des cheveux luisants qui la rendent jolie. Elle est bien mise avec un petit chapeau de 30 francs, et une robe élégamment taillée dans une étoffe peu chère. Autour d'eux se groupent quatre enfants : une belle jeune fille qui donne la main à une petite de cinq ans, et deux garçons de douze à quatorze ans. On voit que tout ce monde a dans les veines l'anémie de Paris, sur le front la fatigue de longs travaux à peine interrompus de temps à autre par une échappée de fête ; mais, seul, le père est mélancolique ; les autres rayonnent de la gaieté qui est dans l'air.

Après l'achat d'un mirliton, long de 1^m,50, d'une douzaine de petits cochons et d'un paquet de nonnettes, la famille se dispose à reprendre le chemin de son logis. Mais le retour subit bien des arrêts. Les garçons, sous prétexte d'amuser leur petite sœur, montent avec elle sur des chevaux de bois. Puis ils dépensent leurs économies au tir. Boulevard Diderot, une longue voiture verte, percée de petites fenêtres (la demeure d'un photographe), attire l'attention de l'artiste rêveur. Pourquoi cette voiture, plutôt que la vingtaine d'autres qu'il a aperçues au centre de la foire ?... Il n'en sait rien ; mais son cœur se met à battre violemment à l'idée que la maison ambulante a parcouru les campagnes, fait crier ses roues dans les ornières creusées par les chars remplis de foin.

Immédiatement il lui faut le portrait de sa femme et de ses filles. On monte trois marches, on pénètre dans l'atelier.

La joie brille dans les yeux du photographe à la vue de la nombreuse famille qui l'honore de sa préférence, et il l'accueille avec les démonstrations de la politesse la plus exquise.

— Vous paraissez admirablement installé dans votre maisonnette, lui disent les visiteurs.

— Hum! Elle a bien des inconvénients.

— Comme toute chose. Est-ce que vous venez de loin?

Fig. 4. — « Je demande au Ciel deux Mois de vacances dans les Forêts».... (Pag. 6).

— J'ai, l'hiver, exploré les environs de Marseille et de Nice; puis, tout doucement, j'ai pris la route de Paris, afin d'arriver à temps pour la foire.

— *Ah! vous avez dû voir de beaux pays.*

— *C'est vrai! Je gagne peu; mais je trouve plaisir à ma promenade perpétuelle. Mes seuls soucis de route sont la nourriture de mon cheval et la mienne. Mais, sobres tous deux, nous savons, en philosophes, nous contenter de peu.*

Et le photographe, mettant sa tête sous son drap noir, s'occupait, sans plus causer, de ce qui concernait son métier.

Son client prit ce moment pour soulever avec précaution un coin du rideau qui formait le fond de l'atelier, et jeter un regard indiscret dans le „sanctuaire de la vie privée“ de cet inconnu. C'était une petite chambre, négligée, avec un bon lit, un fauteuil, une chaise et un poêle de fonte: tout ce qu'il fallait pour vivre confortablement.

Au sortir de là, le promeneur se plongea dans des réflexions dont la conversation continue de sa femme ne le put tirer.

Pour compléter la partie on dîna dans un petit restaurant. Les quatre enfants, Marie, Alice, Pierre, Julien, furent d'un entrain si parfait que leurs parents durent plusieurs fois leur imposer silence.

— *Le grand air les grise, disait la mère.*

— *Oui, mais après ces journées de tapage ils sont énervés, fatigués.*

— *Il leur faudrait dépenser leur exubérance à la campagne... Ah! la campagne, le rêve de toute ma vie!... Tu le sais, j'aime bien travailler, et c'est sans ennui que je brosse chaque jour ces copies qui me permettent d'apporter mon écot au ménage. Je ne pourrais pas, je ne voudrais pas vivre ailleurs qu'à Paris; mais je demande au ciel deux mois de vacances dans les champs, dans les forêts, au bord de la mer. Nous en avons tous besoin, mon pauvre Marius.*

Lui ne répondait pas, soupirait. Autrefois il s'associait aux rêves de sa femme, dépassait même ses désirs, voyageait avec elle dans les pays merveilleux, et concluait, en lui disant: „Je te promets que nous nous mettrons en route dès que mon opéra sera reçu.“ Mais on lui avait refusé tous ses opéras; et le pauvre artiste, qui, en même temps que compositeur, était pianiste incomparable, gagnait péniblement sa vie et l'éducation de ses enfants, en donnant des leçons mal payées. Tant d'échecs l'avaient abattu, et il n'osait plus répéter à sa femme: „Patience! nos labeurs vont être récompensés.“ Il avait bien envoyé une cantate à un concours d'Amérique; mais il se défendait d'y penser, tant il était certain de n'en avoir jamais de nouvelles.

— *Monsieur Bravandas! une lettre pour vous.*

Ainsi parla le concierge jouissant au seuil de sa porte de la beauté de la soirée.

Marius Bravandas pâlit : la lettre portait le timbre des États-Unis.

Il monta ses cinq étages avec une rapidité extraordinaire, suivi de près par sa femme essoufflée et inquiète. Pierre et Julien, à grand bruit, escaladaient autant de marches que leur en permettait l'écartement de leurs jambes. Seule, Marie conservait son calme, suivant Alice pas à pas.

Comme Marius Bravandas arrivait sur son palier, et mettait sa clef dans la serrure, une autre porte s'ouvrit, et un être singulier parut, une lampe à la main.

Pauvre homme, dont les habits étriqués accentuaient la maigreur. Était-il vieux ? était-il jeune ? Il avait d'épais cheveux d'un vilain blond, collés en grosses mèches plates, une figure imberbe toute sillonnée de rides profondes, des yeux gris clignottants, armés de cils blancs et raides. Ses mains étaient remarquablement petites. Il souriait. Ce qui donnait au personnage une vague apparence de jeunesse, c'était son allure, ni pesante, ni fatiguée, ainsi que la candeur et la timidité de son regard.

— Entrez un instant, mon bon Scabieuse, dit Marius, et éclairez-moi. Je me meurs d'anxiété.

Il déchira l'enveloppe, déplia une grande lettre, et faillit s'évanouir de joie.

On lui annonçait que sa cantate avait le prix.

Il s'appuya tout tremblant sur l'épaule de sa femme.

Pour celle-ci la joie n'était pas douloureuse. Elle mit deux gros baisers sur les joues de Marius, et cria :

— Mes enfants ! embrassez votre père, félicitez-le ! C'est un grand homme ! Ah ! Scabieuse, vous êtes là !... Je suis sûre que vous êtes content. Aussi fêterez-vous son succès avec nous. Mais pourquoi rester entassés dans ce coin ?... Allons dans le salon. Il faut bien que nous causions.

On s'installa sur le canapé, dans les fauteuils de damas grenat dont l'usure se dissimulait sous des voiles au crochet. Mais Marius Bravandas demeura debout, marchant sur place, et regrettant de n'avoir pour dépenser son activité que deux pas à se permettre au milieu des jambes de ses auditeurs.

— Mes amis ! mes enfants ! ce sont six mille francs que ce prix nous donne. Savez-vous à quoi nous les emploierons ? A des courses sans fin dans tous les coins de la France. Dès que je les aurai touchés nous prendrons notre vol.

A ces mots, une rumeur indescriptible éclata dans l'étroit salon. Tout le monde s'était levé. On s'embrassait, on trépignait, on criait bravo !

— Papa, nous irons à la mer !

— Papa, nous verrons les montagnes.

Au milieu de cette gaîté bruyante, la figure de Scabieuse rayonnait ; mais il gardait un silence modeste, n'ayant pas à donner son avis sur la direction de la joyeuse partie.

Fig. 5. — Nous irons à la Mer ... (Pag. 8).

Marius Bravandas l'aperçut ainsi, bon et calme, savourant la fortune de ses amis. Il alla à lui, et lui prenant la main, dit :

— Mon cher, je vous invite à partager nos vacances. Quand le moment sera venu, vous laisserez la pension à laquelle vous prodiguez à vil prix les trésors de votre érudition, et vous nous accompagnerez dans nos pérégrinations.

— Merci, Bravandas ; mais je n'accepte pas. En grossissant votre troupe, je diminuerais le temps de votre bonheur.

— Si ! si ! Scabieuse, cria-t-on en chœur. Venez avec nous ; autrement notre partie ne sera pas complète.

— D'ailleurs, reprit Marius, je suis plus sérieux que je n'en ai l'air ; je veux que nous tirions parti de notre équipée. C'est vous, Scabieuse, qui nous montrerez et nous expliquerez la nature. J'ai eu occasion de le constater : un œil non exercé laisse passer mille beautés sans les apercevoir. Vous nous ferez découvrir l'insecte qui bruit sous l'herbe, le lichen qui colore la pierre, le nid que l'oiseau laisse sans protection sur un sol aride, ou qu'il abrite au sommet des grands arbres, la fleur rare qui ne vit que dans des

Fig. 6. — Nous verrons les Montagnes.... (Pag. 8).

régions restreintes, le minéral qu'on arrache au filon ou qu'on ramasse sur le tas de cailloux. Nous collectionnerons, mon ami, sous vos ordres ; et c'est vous qui nous fortifierez l'esprit, tandis que l'air, le soleil, une saine fatigue rendront nos corps robustes.

— S'il en est ainsi, dit Scabieuse ravi, je suis des vôtres.

— Maintenant, examinons comment nous nous organiserons.

— Mon cher Marius, hasarda Mme Bravandas, ne sera-t-il pas temps de nous occuper des détails lorsque nous aurons la somme en mains, et ne vaut-il pas mieux ce soir aller nous coucher? Minuit va sonner.

Fig. 7. — Vous nous ferez découvrir l'Insecte..., le Nid..., la Fleur rare.... (Pag. 8).

— Qu'importe? s'écria impétueusement Julien.

— Nous ne dormirions pas, ajouta Pierre.

— Papa, dit Marie, parle-nous des pays où tu comptes nous mener.

— C'est que, dit Marius Bravandas, en s'asseyant, tandis que tout le monde en faisait autant, et rapprochait son siège, pour mieux l'écouter, c'est que... vous allez trouver que j'ai une idée bien extraordinaire... Aussi, avant de vous l'exposer, veux-je vous montrer d'abord les inconvénients qui résulteraient pour nous du système ordinaire des voyages.

Il y a parmi vous deux désirs bien nets, et qui tendent, l'un vers les montagnes, l'autre vers la mer. Moi qui cherche à contenter tout le monde, je dis: Nous irons voir l'Océan et les Alpes.

Pour la première fois de notre vie que nous nous mettons au large, nous ne nous contenterons pas d'un rapide coup d'œil. Nous n'irons pas fouler à la hâte un coin de la Normandie ou de la Bretagne, pour filer au plus vite à Chamonix où, après deux jours d'admiration, nous serions forcés de revenir à Paris. Non, n'est-ce pas? Il nous faudrait au moins (et ce serait encore bien peu) deux mois pour notre expédition. Calculons. Nous sommes six et demi, en comptant Alice. Je n'ai pas beaucoup fréquenté les hôtels ; mais, d'après des dires certains, dans ceux qui nous conviendraient, les dépenses ne peuvent pas être inférieures à dix francs par personne et par jour. Et dans les endroits très fréquentés, nous aurons affaire à des prétentions bien plus exorbitantes. Nous avons donc pour la nourriture et le logement une dépense de 1950 francs. Mettons 2000 avec les pourboires. Des hommes pourraient certainement vivre à moins, en s'adressant à des auberges, à des hôtels de deuxième ou de troisième classe: ils savent se passer de délicatesses indispensables aux femmes. Pour celles-ci, la première de toutes est la propreté, luxe qu'en voyage elles ne trouveront que dans les maisons de premier ordre. Ailleurs, malheureusement, la vaisselle est grasse, les mains qui la présentent, garnies d'ongles noirs, les chambres imprégnées d'une odeur nauséabonde, et les tapis de feutre usé qui dissimulent les crevasses du parquet, remplis de poussière et d'insectes. Ces maussades refuges du touriste indigent, veulent, comme les grands hôtels, lui servir cinq ou six plats à son dîner, et ils font des économies sur le service, manière détournée d'en réaliser sur la nourriture des malheureux que le dégoût empêche de manger. Des gens expérimentés s'adressent bien à des pensions reluisantes de propreté, et satisfaisantes de confort où, moyennant cinq francs par jour, un honnête homme trouve tout ce qu'il peut désirer pour son bien-être. Mais ce sont les habitués d'un pays qui dénichent ces paradis, devant lesquels le voyageur pressé passera et repassera sans même en soupçonner l'existence. N'y songeons donc pas, et résignons-nous à dépenser nos deux mille francs par mois. Au bas mot. Pour deux mois, ce sera 4000. Nos déplacements, en voitures, chemins de fer, guides, etc., nous reviendront bien également à 10 francs par jour. Autre somme de 4000 francs, qui, jointe à la précédente, donne le total de 8000 francs ; soit 2000 francs de plus que nous n'avons à recevoir. Mais que la consternation, mes amis, ne se peigne pas sur vos figures, Marius Bravandas, que le monde traite d'original, trouve dans son esprit compliqué mille ressources auxquelles les autres ne songent pas... Mes amis, que diriez-vous de six mois de vacances pendant lesquels nous jouirions de la plus complète indépendance, nous moquant des hôtels et des chemins de fer, conservant nos habitudes, notre régime, nous installant dans les plus beaux sites, habités ou non, de six mois enfin pendant lesquels notre course vagabonde et fantaisiste ne connaîtrait pas d'entraves.

— Nous dirions, mon cher Marius, que vous êtes un magicien.

— Hélas ! non, mes amis, et j'ai bien peur du jugement que vous porterez tout d'abord sur mon moyen. Écoutez : il faut emporter notre maison avec nous.

Fig. 8. — Nous voyagerons à petites journées.... (Pag. 13).

Tout le monde se regarda avec étonnement. Mme Bravandas épouvantée crut même que la joie avait dérangé l'esprit de son mari.

Mais celui-ci reprit :

— Je n'ai rien dit que de raisonnable. Et bien des gens déjà ont fait ce que je vous propose... Mes amis, vous n'avez donc pas remarqué la voiture du photographe ?

— Quoi ! Marius, s'écria Mme Bravandas, tu penserais sérieusement à nous installer comme des saltimbanques ?

— Eh bien, oui, ma chère femme. Je t'en prie, range-toi à mon avis. En quoi, d'ailleurs, pourrais-tu le blâmer ? Tu n'as pas de préjugés ; tu te ris des sots qui s'étonnent de tout. Ce n'est pas une honte, vraiment, d'avoir une demeure qui puisse être prise par des passants indifférents pour un abri de bateleur. Et lorsqu'on vous apercevra, toi et tes filles, avec votre élégance simple et de bon goût d'honnêtes Parisiennes, on ne sera pas tenté de vous confondre avec des danseuses de corde. Tout au plus, intrigueriez-vous un oisif en quête d'aventures. Inconvénient peu grave, puisque nous serons toujours là, Scabieuse et moi, pour répondre aux questions indiscrètes qui pourraient se poser. Si tu le veux, je vous ferai un nid, un bijou, une merveille.

Nous achèterons un bon et solide cheval. Nous voyagerons à petites journées. Faisant nous-mêmes nos provisions, notre cuisine, profitant des mille ressources de la campagne, nous ne dépenserions en route qu'une somme insignifiante. Et puis, comme je vous le disais, nous serons les maîtres des plus beaux paysages avec nos fenêtres toujours ouvertes sur les sites que nous aurons choisis. Nous n'aurons à compter ni avec les hôtels, ni avec les trains, ni avec les diligences. O ma chère Marguerite, grâce à mon arrangement, nous goûterons la plus douce liberté durant tout le temps béni que nous consacrerons à la nature. Nous serons tout à fait heureux. Crois-moi !

Mᵐᵉ Bravandas souriait, à demi-convaincue.

— *Mais, mon pauvre ami, dit-elle, la construction et l'aménagement de la machine, l'achat de la bête qui la tirera, reviendront horriblement cher.*

— *Non. Les gens qui se servent de ces sortes de voitures, ne pourraient avancer pour les acquérir une bien forte somme.*

— *C'est vrai !*

— *L'idée de papa est superbe ; mais son exécution retardera de beaucoup notre voyage, remarqua Julien.*

Fig. 9. — Un Collectionneur méthodique.... (Pag. 13).

— *Hé ! petit nigaud, la fête pendant laquelle ma cantate sera chantée, n'ayant lieu qu'à la fin d'octobre, je ne toucherai certainement pas mes six mille francs avant cette époque. Il sera trop tard alors pour nous mettre en route. Nous emploierons l'hiver à nos préparatifs, qui seront un avant-goût très vif des plaisirs du voyage. Vous verrez, mes fils, comme vous vous amuserez à édifier votre maison roulante... Mais, au fait, à qui nous adresserons-nous pour avoir les matériaux et les ouvriers ? Je retournerai voir mon photographe, et je l'interrogerai.*

Scabieuse sourit.

— *Ne vous donnez pas cette peine, dit-il. Je comprends fort bien ce que vous désirez, et j'aurai le bonheur de vous être utile en cette circonstance. Vous savez, mon cher Bravandas, qu'avant d'être un paisible professeur d'histoire naturelle, un collectionneur méthodique, j'ai eu la fièvre des inven-*

tions, des constructions de toutes sortes. Mon père m'avait laissé une fortune respectable que mes bateaux électriques, mes aérostats dirigeables, mes voitures mues par la chaleur solaire, ont dévorée en quelques années. Jusqu'à mon dernier sou a passé à des essais infructueux. C'est alors que, pour m'ôter la tentation de risquer l'argent des autres, je me suis jeté à corps perdu dans une autre passion, celle de l'histoire naturelle. J'y ai trouvé des consolations et les éléments d'une philosophie très douce. Et le souvenir de mes déboires de jeunesse, n'arrive plus à troubler ma tranquillité. Deux avantages me sont restés de mon passé. Je sais dessiner, et je suis très adroit de mes mains. J'emploie aussi avec économie les moindres matériaux; je tire parti de tout.

— C'est vrai, Monsieur Scabieuse, dit Mme Bravandas. Votre logement est admirablement agencé. Vos bibliothèques, les tiroirs où vous serrez vos collections sont faits comme par un ébéniste. Vous possédez quantité d'ustensiles très commodes, et vous m'avez offert plusieurs ouvrages de vos mains: la lanterne de l'antichambre, cette jolie jardinière, mon coffre à bois, si richement recouvert d'une étoffe orientale, et bien d'autres choses qui prouvent votre adresse d'une façon péremptoire. Quand il y a ici des bourrelets à poser, une planche à installer, un clou à enfoncer n'importe où, c'est vous que je vais chercher, et votre complaisance est intarissable. Avec mon grand distrait de Marius, je me serais trouvée devant bien des difficultés de ménage, si vous n'aviez pas été là pour me tirer d'affaire.

— Oui, dit Scabieuse avec attendrissement, j'ai évité à mon ami quelques coups de marteau sur ses doigts de pianiste, point faits pour les ouvrages grossiers. Mais, en récompense, que de douceurs introduites par vous tous dans ma vie de célibataire et de pauvre! Un bon dîner le dimanche; les soirs d'hiver, ma place au feu et à la lumière... Vous parlez, Madame Bravandas, des humbles cadeaux que vous avez bien voulu accepter; mais moi, comment célébrerai-je la sollicitude avec laquelle vous et Mlle Marie raccommodez mon linge et soignez mes vêtements. Je n'ai pas de famille, pas d'argent. Je suis laid, presque contrefait, presque vieux. Mais j'ai votre amitié à tous, et la vie m'est douce, et au fond de moi-même, je ne sens ni regrets, ni désirs.

Les yeux de cet être sensible se mouillaient, et tout le monde était ému; un silence profond régnait dans le salon, car la petite Alice s'était endormie dans les bras de sa mère, et les garçons, très attentifs, tenaient pour un instant leurs pieds chaussés de fortes bottines, immobiles sur le parquet.

Scabieuse reprit:

— Revenons à la question du moment. Si vous le voulez, dès demain je

dessinerai la voiture ; puis nous conviendrons de son mobilier. Lorsque vous aurez reçu vos fonds, je m'entendrai avec un ouvrier très habile, un homme qui m'est dévoué, et que j'ai eu longtemps dans mes ateliers. Il travaillera, vous fera travailler, et nous préparerons un voyage tel que le rêve Marius. Est-ce entendu, mes amis ?

— Oui ! oui ! crièrent les enfants. Vive papa ! vive Scabieuse !

Ce fut pour la famille Bravandas et pour son ami Scabieuse un beau jour que celui où les travaux commencèrent. On avait loué dans une maison neuve, à peine achevée, de la rue des Écoles, une de ces grandes boutiques que les propriétaires cèdent provisoirement, pour une redevance minime, à de petits marchands d'objets détériorés, à des cardeuses de matelas, à des montreurs de naines ou de géantes.

Raconter l'enthousiasme de chacun, et sa part à l'œuvre commune, les tâtonnements, les erreurs, les découragements de Scabieuse, l'entrain de Marius reconfortant et rassurant tout le monde, l'obstination, la persévérance qui, au bout de six mois, donnèrent un résultat des plus satisfaisants, raconter tout cela, mènerait trop loin cette véridique histoire. Nous nous contenterons donc de présenter au lecteur la voiture telle qu'elle fut, lorsque Marius et Scabieuse déclarèrent leur œuvre bon et parfait.

Pour l'extérieur, elle ressemblait à peu de chose près au véhicule si connu dans toutes les foires. Elle était aussi grande qu'on l'avait pu faire, et, afin de lui donner les proportions convenables, Scabieuse s'était livré à des recherches consciencieuses. Il fallait, en effet, que la maison ambulante pût passer partout, et qu'elle fût assez légère pour être aisément traînée par un bon cheval. D'ailleurs, le travail de l'animal devait être diminué par l'application d'une invention des plus ingénieuses, de ces rails sans fin que tout le monde a vu fonctionner sur la voiture aux chèvres du Jardin des Tuileries, et qui, tout en laissant au véhicule sa parfaite liberté d'allure au lieu de le maintenir dans une ornière immuable, lui procurent cependant les avantages du tramway.

Les rails sans fin firent une large brèche au trésor de Bravandas, et aussi les roues et les ressorts, que ni Scabieuse ni son aide ne pouvaient fabriquer. Le carrossier, voyant qu'il avait affaire à des originaux, ne leur accorda aucune concession sur le prix de sa marchandise. Mais il la leur donna bonne, et telle qu'il la fallait pour promener une machine incommode dans des pays impossibles : forts ressorts, frein puissant, sabot incassable. Bravandas en eut pour mille francs, qu'il versa avec la grimace et d'amères reflexions.

La grande difficulté était le couchage de tant de personnes différentes. On s'en tira très bien.

Deux tringles placées transversalement, partagèrent (au moyen de rideaux) la voiture en trois parties égales: trois chambres à coucher. Mme Bravandas et Marie avaient elles-mêmes choisi ces tentures au Louvre; c'étaient des portières de Karamanie d'un tissu épais, indéchirable, fort comme une cloison. Par un de leurs côtés, elles étaient fixées à la paroi de la voiture; l'autre demeurait libre, de sorte que, pendant le jour, les rideaux étaient repliés. Pour les tendre le soir, on les attachait à la paroi opposée avec quatre ou cinq cordons; et chacun se trouvait chez soi. Il y avait deux portes et six fenêtres à la voiture. La première chambre, destinée à M. et Mme Bravandas, était éclairée, comme les autres pièces, par deux fenêtres, placées l'une à droite, l'autre à gauche, et possédait l'une des portes. Le lit se composait d'un cadre de bois supporté par des pieds bas, bien solides, et tenant au mur par deux côtés, pour ne point rouler pendant les cahots. Sur un bon sommier léger devait reposer le matelas que Mme Bravandas prendrait à son lit ordinaire. Sous le cadre, Scabieuse avait ménagé un vaste tiroir à serrer le linge de la famille. Sur le mur de la voiture, il avait également construit une armoire pour les habits. Une banquette, qui pouvait se baisser le long du mur, quand on voulait plus de place, et un petit poêle de faïence complétaient l'ameublement de cette partie du domicile roulant. Au bout opposé était la chambre de Marie et d'Alice. Leur lit, pris au mobilier de la maison, était un grand divan, dont le dossier, véritable matelas, tombait le soir sur le siège, et faisait une excellente couchette. Scabieuse avait au moyen de cales solides donné à ce canapé une immobilité absolue. La chambre de Marie avait aussi sa banquette et sa porte. Elle était un peu moins grande que celle de ses parents; car l'architecte y avait pris la place d'un cabinet de toilette où chaque groupe viendrait à tour de rôle, dans une vaste cuvette, subir le contact bienfaisant d'une eau fraîche. Enfin, la case du milieu, destinée à Scabieuse et aux garçons, était pourvue de hamacs avec des matelas minces, mais suffisants pour ces solides dormeurs.

Voilà donc tous nos gens assurés de bonnes nuits. Voyons leur demeure pendant le jour.

C'est une vaste salle, dans laquelle les six fenêtres, garnies de rideaux de mousseline blanche, laissent arriver une gaie lumière. Les deux extrémités sont occupées par le lit du père et de la mère, et par un bon divan, siège de luxe, qu'on se disputera amicalement après les grandes fatigues. Les hamacs, à l'aide de cordes, sont relevés contre le plafond. Une table recouverte d'un tapis occupe le milieu de la chambre commune. Cette table est une simple planche posée et attachée avec des vis sur deux tréteaux dont le pied tient également au plancher par des vis très fortes. Quand la table gênera, on n'aura qu'à l'enlever et à la ranger avec les tréteaux le long du mur. Ou bien, lorsqu'on voudra déjeuner ou dîner dehors, par un beau temps, dans un beau pays, il sera facile de la transporter sur le gazon. Sur sept pliants, objets qui tiennent peu de place, on s'asseoit autour de la table pour les repas. Ce ne sont pas des sièges bien stables, mais cela n'a pas d'inconvénients, puisque la voiture s'arrêtera forcément pendant les repas. La cuisine se fera souvent en plein air ; mais, comme il faut prévoir les mauvais temps, on a eu soin que le poêle fût muni d'un four et d'une ouverture destinée à recevoir une marmite.

Entre deux fenêtres, en face du casier, on mettra un bon miroir assez grand. Scabieuse n'a pas oublié les rayons qui recevront les livres choisis pour le voyage, et les récoltes qu'il se propose de faire. Les murs sont entièrement recouverts de cartes géographiques et géologiques de la France. Enfin, Marie veut que le parquet de la voiture soit ciré : les garçons le frotteront à tour de rôle, et cela forcera tout le monde au soin ; on ne pénétrera dans le sanctuaire qu'avec des pantoufles, et tous les souliers garnis de clous (même ceux des dames) seront remisés dans un coffre placé à l'arrière de la voiture. De grandes précautions sont nécessaires dans un petit espace occupé par tant de monde : il faut des raffinements pour ne pas tomber dans le plus vilain désordre.

Au-dessus du plafond, Scabieuse avait pratiqué, à l'aide de deux plans inclinés, une sorte de petit grenier où tous les ustensiles encombrants de la vie pouvaient être remisés dans des coffres différents, selon leur espèce. Il y aurait un coffre pour la batterie de cuisine, un coffre pour la vaisselle, un coffre pour une petite quantité de charbon de terre, et, enfin, un coffre à claire-voie pour les comestibles. L'accès de ce grenier n'était pas très facile à cause du peu de place qu'on pouvait lui donner ; on y montait par trois petits marche-pieds, possibles seulement pour des hommes ; et l'on ne pouvait s'y mouvoir que tout à fait courbé. Les combles, outre qu'ils débarrassaient le bas de la voiture, le préservaient encore de toutes les rigueurs de l'atmosphère, des rayons du soleil d'été et de l'humidité des grandes pluies.

On délibéra longuement sur la vaisselle à emporter. Marie voulait les assiettes de porcelaine et les couverts de métal blanc dont la famille usait d'ordinaire. Mais Scabieuse lui représenta que pour conserver les assiettes intactes, on serait obligé, après chaque repas, de se livrer à un emballage très long et très compliqué ; et que, d'autre part, les couverts de métal blanc pourraient exciter de mauvais gueux, qui les prendraient pour de l'argent, à risquer quelque mauvais coup. On chercha donc, et l'on trouva des timbales, des couverts et des assiettes d'une composition excellente, plus brillante et plus dure que l'étain, et qui n'était pas loin de présenter les belles qualités de l'argent, tout en différant suffisamment par l'aspect de ce métal.

Le siège de la voiture pouvait tenir trois personnes ; une capote l'abritait.

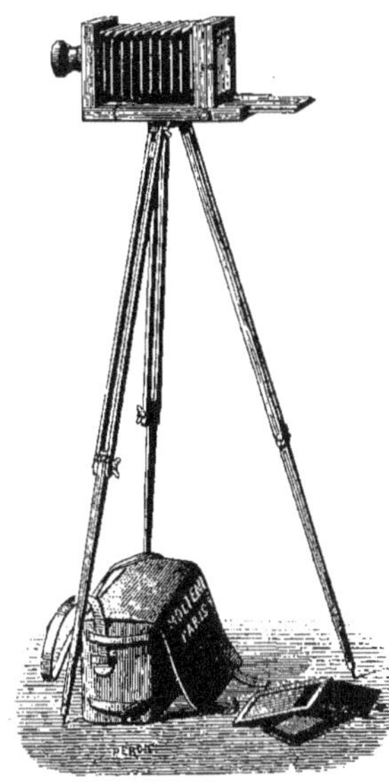

Fig. 10.
Appareil photographique (Pag. 18).

Rien ne laissait à désirer.... Seulement, lorsque, les dernières factures payées, Marius compta son argent, il ne trouva plus dans sa bourse que douze cents francs, et le cheval devait en coûter mille. On avait la voiture du voyage, mais rien pour vivre !... L'artiste eut un instant de stupeur ; puis une idée lumineuse lui traversa l'esprit, et le rasséréna. Il sortit ; et le soir, peu de temps après son retour, lorsque tout le monde installé dans la voiture se figurait déjà parcourir des pays merveilleux, un commissionnaire apporta un appareil de photographie.

On poussa des cris, — d'étonnement ou de joie, selon les personnes ; — mais on accusa le père de prodiguer l'argent de la communauté. Il exposa alors la situation financière, et dit :

— Cet instrument sera notre gagne-pain. Nous ferons, dans les villages et dans les petites villes, le portrait des bourgeois et des paysans.

Mme Bravandas se récria, et Marie devint toute rouge.

Mais Marius continua :

— Voyons, mes enfants, mon idée a l'air de vous déplaire, ce qui n'est pas sérieux. Vous ne seriez certainement pas honteuses si votre époux et père était un Pierre Petit, fastucusement établi dans une maison de Paris.... Est-ce donc la voiture qui vous chiffonne ?... Cette voiture que vous avez bâtie avec tant d'amour ? Non ! n'est-ce pas ? Que reste-t-il alors de votre répugnance ? Rien du tout, mes pauvres petites !... Comme les femmes manquent de logique, pourtant ! Soyez tranquilles, d'ailleurs. Nous ne ferons pas notre métier de *photographe avec âpreté. Beaucoup de cachets me sont dus ; et les commandes que vous venez toutes deux de recevoir vous procureront également une somme respectable. En outre, à la campagne, nous vivrons à meilleur compte qu'ici. Notre appareil sera donc là pour nous tranquilliser et nous rassurer contre le manque d'argent. En même temps, il sera pour nous une grande source de plaisir. Nous prendrons toutes les vues qui nous frapperont ; et, pour fixer nos souvenirs, il nous restera de notre expédition un album magnifique.*

LA MER
AU HASARD DU CHEMIN

CHAPITRE PREMIER

VAUX, PRAIRIES, FORÊTS, JARDINS

LE soleil couchant illuminait un décor d'opéra; le mica des maisons de granit étincelait comme du diamant; les petites vitres flamboyaient; des rayons aveuglants enfilaient une rue droite; et l'œil ébloui se reportant sur les places à l'ombre, voyait dans les rez-de-chaussée humides et obscurs trente-six chandelles blanches, rouges et bleues.

C'était à ce moment même que nos originaux arrivaient à Vire, en Normandie, et passaient sous une lourde porte, percée dans une tour haute de trente mètres, mise sous la garde d'une sainte Vierge.

La voiture s'arrêta sur une place immense, absolument déserte, plantée de beaux arbres, et dominée par une ruine. Deux pans de mur, un monceau de gravats, tels sont les restes de l'ancienne forteresse de Vire. Au temps d'Henri Ier, elle avait déjà besoin de réparations; mais sous Richelieu elle était encore en assez bon état pour agacer le puissant ennemi de la féodalité, qui la fit démolir.

— Le terrain, dit Scabieuse, était admirablement choisi pour servir de piédestal à une citadelle. Regardez: abordable seulement du côté de la ville haute, il se termine de toute autre part en escarpements rocheux.

Les voyageurs s'avancèrent au bord de la terrasse; et, bien au-dessous d'eux, aperçurent une ville toute différente de celle qu'ils venaient de traverser. Une rivière, la Vire, coule au milieu de fabriques dont elle est l'âme, et qui, avec leurs toits rouges, leurs escaliers extérieurs et leurs, balcons de bois, leur groupement bizarre, forment un ensemble très amusant. Serpentant sur des pentes vertes, des chemins assez roides y conduisent. Plus loin, des collines arrondies, couvertes d'arbres nains, char-

Fig. 15. — Une Suisse pygmée.... (Pag. 25).

mantes miniatures de montagnes, avec de beaux rochers émergeant de l'humus. Le dimanche, pendant que les vieux habitants de Vire devisent, assis sur les bancs de la haute terrasse, les jeunes gens s'échappent dans les vaux qui retentissent des éclats de leur gaieté.

Mme Bravandas voulut préparer le diner seule, et elle envoya toute la bande au bord de la rivière. Après avoir quitté le dédale des bras-series, teintureries, fabriques de drap et de bonneterie, ils regardèrent s'il n'y avait rien à prendre pour leurs collections. L'eau de la Vire, limpide, et à peu près dépourvue de plantes, baignait de gros galets de mâcline, c'est-à-dire de la roche qui forme à elle seule toute la hauteur de l'escarpement des Vaux, et tout l'énorme piédestal du vieux château.

„Elle cessera, dit Scabieuse, dès que nous nous élèverons au mont

Saint-Martin, et nous devons la considérer comme témoignant, dans le point où nous sommes, de la très antique existence d'une chaîne de montagnes constituée sur le même modèle que les Pyrénées et les Alpes. La région des Vaux est une Suisse pygmée, réduite à cet amoindrissement par l'action, des milliers de fois séculaire, des intempéries."

La faim ramena les promeneurs à la voiture. On avait, au déjeuner, fait assez maigre chère. Les villages que l'on venait de traverser, ni riches ni hospitaliers, n'avaient pas de viande, et ne voulaient pas vendre leurs poules. Mme Bravandas profita de son séjour dans une ville bien approvisionnée pour offrir aux siens un dîner substantiel. Ils trouvèrent donc sur une nappe blanche le petit couvert bien luisant. Une bonne soupe aux herbes ouvrit la marche des plats, puis vint un succulent rôti de bœuf avec des pommes de terre cuites à l'eau; pour finir, une crème fouettée et des brioches chaudes. On arrosa le tout de cidre passable. Le repas, silencieux d'abord à force d'activité, s'anima au dessert, et l'on causa littérature. Un beau clair de lune tombant sur la ruine montrait bien les grands murs de l'ancienne forteresse. Tout naturellement, on se reportait au temps où les Anglais vainqueurs occupaient la citadelle, accablant la France de malheurs. Au milieu des misères du temps et des tristesses de la patrie, un ouvrier foulon, d'humeur point belliqueuse, un philosophe de peu de cœur, un sceptique enfin qui ne se souciait de la nationalité de son joug, chantait, pour égayer son travail et charmer ses loisirs, le doux jus de la treille dans ce pays du cidre :

> Beau nez, dont les rubis ont coûté mainte pippe
>   De vin blanc et clairet,
> Et duquel la couleur richement participe
>   Du rouge et du violet;
> Gros nez! qui te regarde à travers un grand verre
>   Te juge encor plus beau;
> Tu ne ressembles point au nez de quelque herre
>   Qui ne boit que de l'eau,
> Le verre est le pinceau duquel on t'enlumine;
>   Le vin est la couleur
> Dont on t'a peint ainsy plus rouge qu'une guigne
>   En beuvant du meilleur.
> On dit qu'il nuit aux yeux, mais seront-ils les maîtres?
>   Le vin est guarison
> De mes maux; j'aime mieux perdre les deux fenestres
>   Que toute la maison.

C'était Julien qui récitait ces vers. Il en savait un grand nombre par cœur qu'il disait d'une façon très drôle. Ayant été fort remercié d'avoir si à propos évoqué la gaieté du vieux poète, il continua :

> Le cliquetis que j'ame est celui des bouteilles !
> Les pippes, les beraux pleins de liqueurs vermeilles,
> Ce sont mes gros canons qui battent, sans faillir,
> La soif qui est le fort que je vueil assaillir.
>
> Je trouve quant à moi, que les gens sont bien bestes,
> Qui ne se font plus tost au vin rompre les testes,
> Qu'aux coups de coutelas, en cherchant du renom :
> Que leur chault, estant mort, que l'on en parle ou non ?
>
> Il vaut bien mieux cachez son nez dans un grant verre,
> Il est mieux assuré qu'en ung casque de guerre :
> Pour cornette ou guidon suivre plutôt on doibt
> Les branches d'hierre ou d'if, qui montrent où l'on boit.

Afin de se faire pardonner une couardise si coupable en ce moment où tant de gens mouraient pour mettre l'étranger dehors, Olivier Basselin ajoutait :

> Hélas ! que faict un povre yvrongne ?
> Il se couche et n'occit personne,
> Ou bien il dict propos joyeulx ;
> Il ne songe point en uzure,
> Et ne faict à personne injure :
> Buveur d'eau peut-il faire mieux ?

Le recueil des chansons du foulon s'appela du lieu où elles avaient été composées : les *Vaux-de-Vire*. Lorsque, plus tard, „le Français né malin“ imagina de semer de couplets bachiques ou satiriques une comédie légère, il créa le vaudeville, et fit la joie de la génération qui nous précède immédiatement.

Ce fut Mlle Alice qui changea la conversation.

— Maman, demande-t-elle ingénument, pourquoi les chiens aiment-ils mieux les os que la viande?

Elle a eu cette question sur les lèvres tout le temps qu'on a causé d'Olivier Basselin. Depuis qu'elle possède un chien, elle remarque qu'on lui octroie généreusement les os qu'on vient de priver de leur viande.

On rit fort de son innocence, et Marie se chargea de répondre à la petite.

— Le chien, mon amour, aime mieux la viande que les os ; nous ne lui en donnons pas, parce que cela coûte trop cher. Cependant, il préfère les os à la soupe dont nous le rassasions habituellement.

— Le chien, interrompit Scabieuse, n'est pas aussi carnassier que vous le faites, Mademoiselle Marie. Si, à l'état sauvage, il se nourrit exclusivement de matières animales, — friand surtout de celles en putréfaction, — à l'état domestique, il adopte les goûts compliqués de la civilisation. On pourrait l'entretenir quelque temps en très bonne santé avec du pain seulement. Il mange volontiers les légumes, le lait, les fruits doux; il se délecte des féculents cuits et sucrés, descend à des platitudes pour obtenir des bonbons. L'eau, bonne et abondante, lui est indispensable. Pierre, c'est toi qui t'es chargé du soin de Barbe-au-Vent: donne-lui sa pâtée deux fois par jour, matin et soir, à des heures fixes. Le soir surtout, il importe qu'il soit bien rassasié si tu veux qu'il fasse bonne garde. Autre conseil: baigne-le tous les jours. En sa qualité de caniche, il nage fort bien. Les chiens qu'on ne mène pas à l'eau ont besoin d'une toilette très longue,

Fig. 16. — Barbe-au-Vent (Pag 27).

destinée à prévenir l'invasion de différents parasites..... Viens ici, Barbe-au-Vent! Remercie Scabieuse de s'occuper de ton régime. C'est cela, ma bonne bête! Te voilà tout frétillant, tu „ris avec ta queue", comme l'a si bien dit le grand poète. Quand tu es heureux, elle fait cent battements à la minute. Elle est aussi expressive que celle du chat, mais dans un sens bien différent. Le félin qui de la sienne, à coups lents et inégaux, se frappe les flancs, inquiète, semble méditer un mauvais coup. C'est sa fureur, sa méfiance qu'elle indique..... Il est tout jeune votre Barbe-au-Vent; il ne demande qu'à jouer; il mordille; il jappe. Admirez ces jolies dents, remarquez ces canines aiguës, propres à déchirer une proie. Bien plus terribles encore sont celles des chats; ils possèdent en elles de véritables poignards;

et puis toutes leurs molaires sont coupantes, comme des rasoirs; tandis que chez le chien, ces mêmes dents (au moins les plus grosses) ne sont bonnes qu'à broyer, comme les nôtres. Cela indique bien qu'il y a des degrés dans le régime des carnassiers.

— Monsieur Scabieuse, vous m'avez tourmentée ce matin en me disant qu'on pouvait empoisonner Barbe-au-Vent, quand il couche dehors.

— Madame, si vous tenez à être gardée par cette petite bête, il faut l'enfermer avec vous.

— Comment cela?

— Ce n'est que par ses aboiements qu'elle peut vous servir : elle n'est pas de taille à se jeter à la gorge d'un malfaiteur. Vous la gardez auprès de

Fig. 17. — Le Chat (Pag. 27).

vous, elle vous avertit tout aussi bien du moindre incident suspect, que si elle était gémissante autour de votre demeure, — et elle ne court aucun risque.

Un bandit espagnol, au bout de vingt années de rapines, fut enfin pris et livré au bourreau. Avant de se laisser mettre le cou dans le garrot, il obtint de parler au peuple, et lui dit ceci: „Bonnes gens, écoutez le conseil d'un pécheur repentant. Si vous voulez connaître un sommeil sans périls, ayez toujours dans votre chambre à coucher une veilleuse et un petit chien. Les voleurs ne toucheront jamais à une porte sous laquelle pas-sera un filet de lumière, et derrière laquelle ils entendront japper un cer-bère.“ Je crois, mes amis, que nous ferons bien de profiter de la leçon du brigand *in extremis*.

— Seigneur! s'écria Mme Bravandas, tant de précautions sont bien effrayantes.

— Elles ne sont pas nécessaires. Notre voiture est aussi solide qu'une maison ; puis les passants auraient plutôt la pensée de se défier de ses habitants que celle de les voler.

— C'est flatteur !

Le lendemain, il pleuvait ; et tout le monde, au départ, prit place dans la voiture. Mais, au bout de quelques pas, Bucéphale, le cheval, se mit à boiter : il avait perdu l'un de ses fers. On arrêta, on dételait, et Scabieuse conduisit la bête chez le maréchal ferrant. Alice et les deux garçons voulurent l'accompagner.

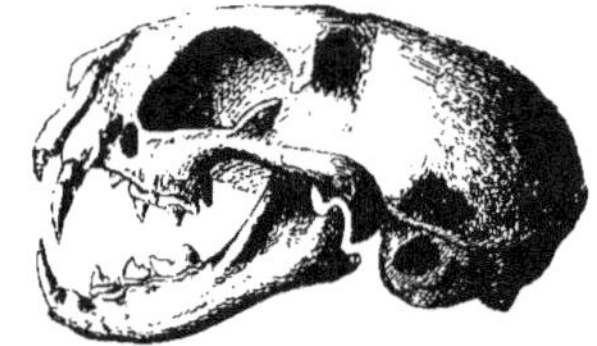

Fig. 18. — Crâne de Chat (Pag. 27).

Fig. 19. — Bucéphale (Pag. 29).

Lorsque Mlle Alice vit qu'on enfonçait des clous dans le pied de son cher dada, elle poussa des cris d'horreur. Il fallut que Scabieuse lui expliquât que Bucéphale, comme tous ses semblables, avait l'unique doigt de son pied garni d'un ongle énorme, que l'on pouvait tailler, brûler, sans éveiller la moindre douleur, la moindre sensation. Et comme, en effet, Bucéphale ne donnait aucun signe d'impatience, Alice s'intéressa à l'opération, tandis que ses frères discouraient ensemble les caractères du cheval.

— On a fait, disait Pierre, un ordre des solipèdes, pour les animaux dont les pattes portent un seul doigt très robuste. Les chevaux ont les trois sortes de dents : incisives, canines et molaires ; mais un vide existe entre les dents de devant et les mâchelières, et permet d'y placer le mors.

Bucéphale retourna d'un bon pas à la place où l'on avait abandonné la voiture, et le voyage continua. Pierre et Julien se tenaient sur le siège à côté de leur père qui conduisait. Mme Bravandas, ses filles et Scabieuse occupaient l'intérieur de la voiture. Marie donnait à Alice sa leçon de lecture. La grande sœur, blonde, mince, jolie, intelligente, gâtait la petite avec les raffinements d'aïeule ;

Fig. 20.
Le Sabot du Cheval....
(Pag. 29).

c'était elle qui l'habillait, l'instruisait, l'amusait. Mlle Alice, bon cœur et mauvaise tête, l'accablait de sa tyrannie et de ses caresses, abusant du prestige de sa grâce, de sa gaieté, de sa malice. Mlle Alice avait des cheveux aussi fins, aussi légers que la soie filée par le ver pour son cocon;

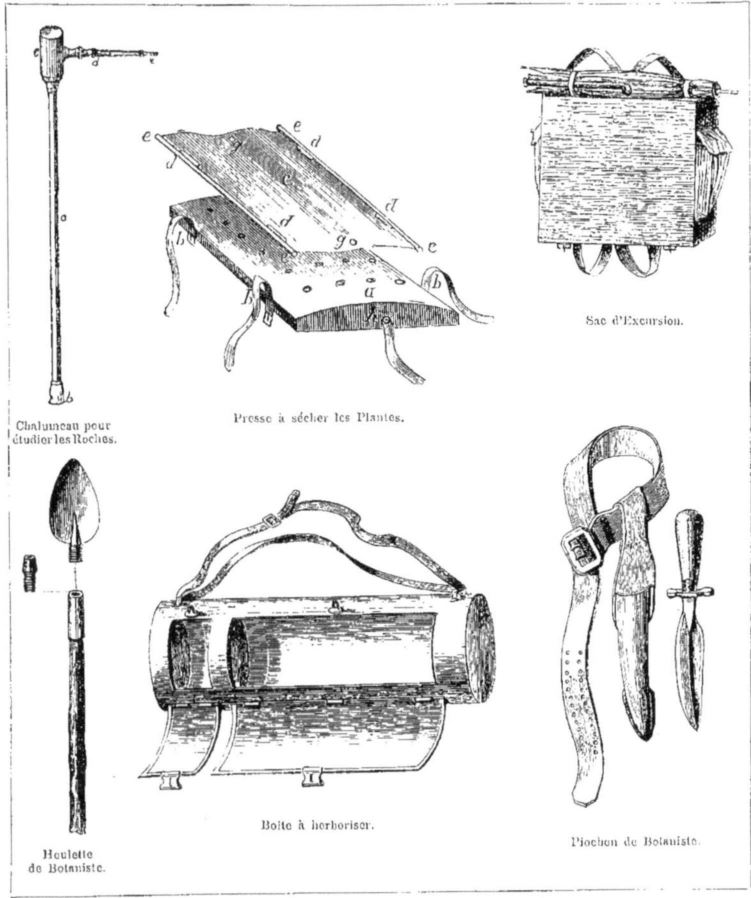

Fig. 21 à 27. — Les Ustensiles d'un Naturaliste.

ses yeux étaient bleus, grands, limpides, protégés par de longues paupières frangées de cils retroussés. Elle avait un amour de petit nez, en train de devenir très spirituel, une bouche d'un dessin charmant, des dents

de lait, courtes et blanches, qu'elle montrait toutes les vingt en riant aux
éclats, un menton à fossette, et une peau si rose, si douce, si fine, qu'on

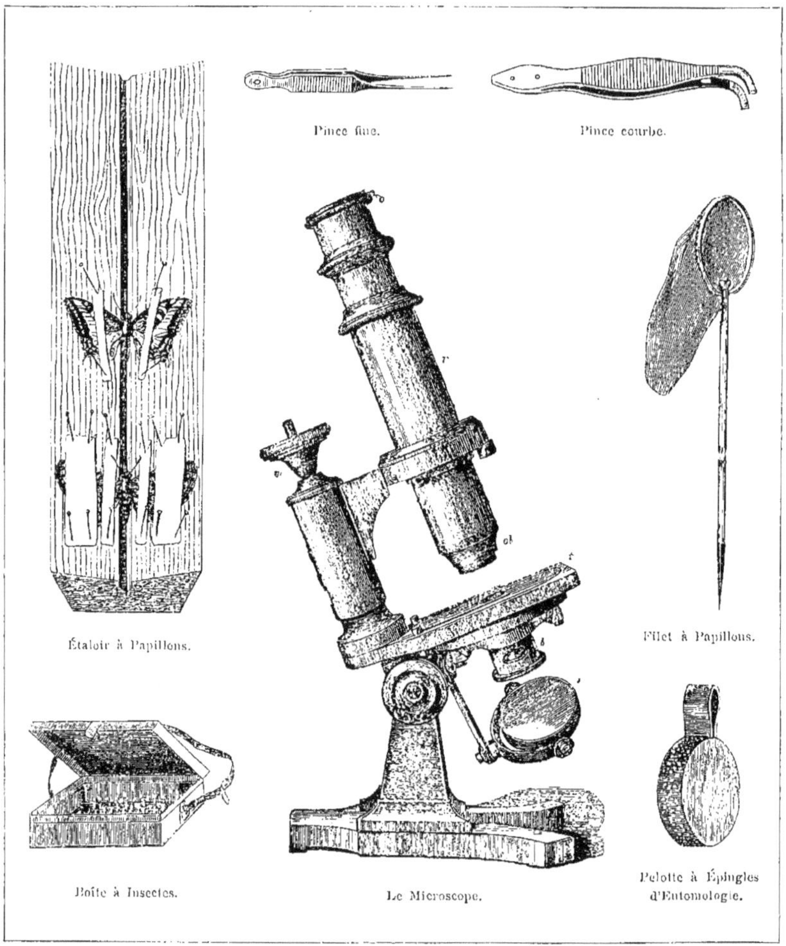

Fig. 28 à 34. — Les Ustensiles d'un Naturaliste.

n'oserait lui comparer que des pétales de camélia. Elle était vêtue d'une
robe de toile grise, décolletée sur une guimpe blanche, et qui, ne descen-
dant guère plus bas que le genou, laissait voir de bons petits mollets nus,

et des chaussettes rouges dans de solides souliers de cuir. Mlle Alice était enchantée de vivre dans cette maison roulante. Elle adorait la campagne ; et Marie avait bien de la peine à la retenir auprès de son livre, à l'empêcher de se mettre à genoux sur la banquette, pour contempler le paysage encadré par la fenêtre.

Quant à Scabieuse, il s'occupait des objets d'étude que, sur ses maigres économies, il avait offerts à la communauté : toute une petite bibliothèque, dont l'ouvrage le plus important était l'immense *Histoire de France* de Michelet ; on allait traverser maint endroit historique ; il fallait bien doubler son émotion en se rappelant d'une façon exacte le fait tragique ou glorieux. L'histoire naturelle avait également ses ouvrages choisis : des livraisons de la *Vie des animaux,* de Brœhm ; l'*Esprit des Bêtes et le Monde des Oiseaux,* de Toussenel ; les *Métamorphoses, mœurs et instincts des insectes,* de M. Blanchard ; différentes flores locales, la *Géologie de la France* de M. Burat ; le *Guide du Géologue* de M. Lambert ; les *Excursions géologiques* de M. Stanislas Meunier, et quelques autres. Scabieuse et Pierre avaient déjà récolté de petits mammifères, des reptiles, des poissons, des mollusques, des insectes, des plantes, des minéraux ; ce qui justifiait le microscope, le chalumeau, les pinces, les engins de pêche, les filets de gaze, les instruments d'empailleur, les boîtes à piquer les insectes, l'étaloir à papillons, les bocaux et l'esprit-de-vin à conserver les animaux marins et rampants, la presse et les mains de papier gris pour les herbiers, la houlette, le piochon, la boîte à botanique, le cartable, le marteau de géologue, le tamis pour extraire les coquilles des sables, le sac de toile avec différents compartiments, le millier d'étiquettes gommées, toutes choses assez encombrantes, mais si merveilleusement rangées !

Fig. 35 et 36. — Le Sarrasin (Pag. 33).

Des champs de sarrasin bordaient la grande route; ils étaient encore en herbe; cette plante tardive est une polygonée, qu'en certains pays

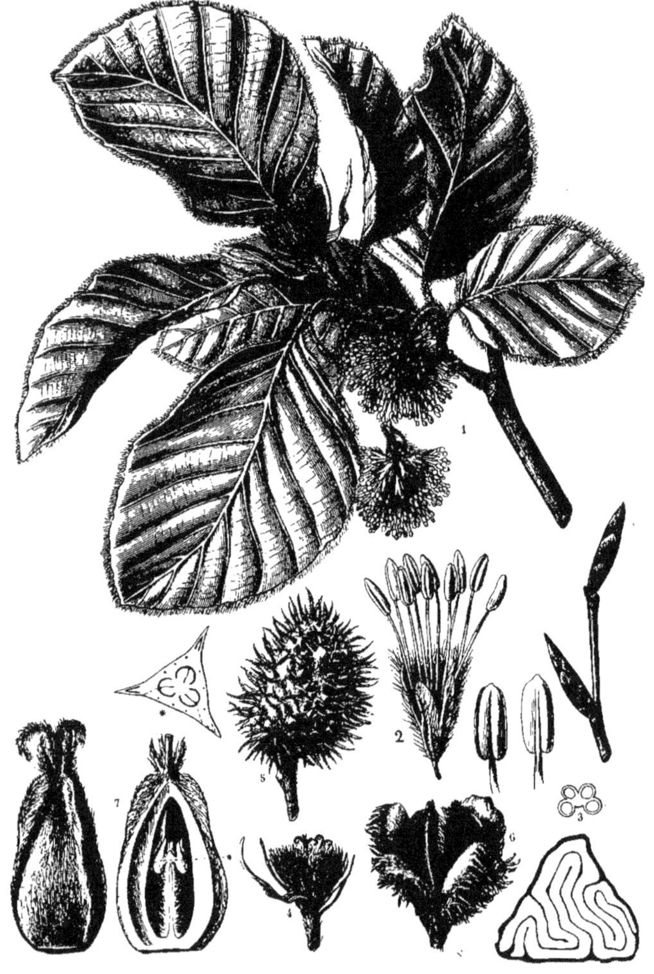

Fig. 37 à 48. — Hêtre (Organes de la Reproduction, Pag. 34).

1. Rameau avec Chatons femelles en haut et Chatons mâles en bas. — 2. Fleur mâle isolée. — 3. Anthères (faces antérieure et dorsale). — 4. Coupe transversale de l'Anthère. — 5. Fleur femelle. — 6. Fruits commençant à se développer. — 7. Id. (Coupe longitudinale). — 8. Id. (Coupe transversale). — 9. Fruit fermé. — 10. Id. (ouvert). — 11. Coupe transversale d'une Graine.

on appelle *blé noir*. La farine du sarrasin présente plusieurs des qualités de celle des céréales. Elle est la grande ressource du paysan normand, qui en fait de la bouillie et de la galette. La bouillie est quelque chose de grisâtre, de compacte, d'insipide. Elle se prépare dans un vaste chaudron de cuivre, noir à l'extérieur, brillant à l'intérieur, qui en contient pour plusieurs jours. Le premier, la famille s'asseoit autour du chaudron, creuse un trou au centre, et dans le vide introduit un gros morceau de beurre salé que la chaleur fait fondre. Alors chaque convive se met à manger, trempant ses bouchées dans le beurre liquide, et continue jusqu'à ce qu'il soit absolument bourré. De grands coups de cidre facilitent le pénible travail de la digestion. Quand la bouillie est froide, on la coupe par tran-

Fig. 49. — Euphorbe des Bois (Pag. 35).

ches, et on la mange comme du pain. La galette nécessite plus de raffinements; elle peut être très bonne, si l'on y met des œufs, du beurre frais, de la crème; elle ressemble, pour l'aspect, à la crêpe parisienne, mais les gens de la campagne lui donnent un pouce d'épaisseur, et y épargnent, — forcément, les pauvres gens, — tout ce qui la rend mangeable pour les touristes. Cette nourriture qui alourdit le corps, endort l'esprit, fait sentir au Normand le besoin d'un stimulant, qu'il trouve dans le café, ou plutôt dans le noir breuvage baptisé de cette appellation trompeuse, et dans lequel entrent au moins neuf parties de chicorée contre une de la graine d'Arabie. La plupart donnent du ton à cette infusion en y mêlant la féroce eau-de-vie de cidre.

Dans le milieu de la journée on arriva à Saint-Sever. Ce bourg a une église et une mairie assez remarquables. De granit, toutes deux, elles gardent des parties fort anciennes. L'église a des fenêtres du treizième siècle, avec de beaux vitraux de la même époque. La mairie date du dix-septième siècle; c'était à cette époque une abbaye célèbre de Bénédictins.

Après divers achats, la famille Bravandas résolut d'aller camper dans la forêt. La voiture y monta avec assez de difficultés, puis se trouva sur une bonne route, où l'on put se servir des rails.

Il y avait peu de beaux arbres dans ces bois mis en coupe réglée. Le hêtre semblait être l'essence dominante.

Célébré par Virgile, qui en fait l'abri où Tityre chante la fraîcheur et le repos, le hêtre est certainement l'un des plus beaux ornements de nos forêts. Son tronc poli et élancé, souvent couvert d'une mousse grimpante, donne naissance à des branches qui s'écartent sous un angle majestueux et d'où partent des rameaux étalant, jusqu'au sol quelquefois, leurs frondes horizontales. La feuille lisse et luisante est d'un vert profond qui fait place, à l'automne, aux nuances les plus riches du fauve et du brun. L'arbre présente alors un aspect tout nouveau, et, comme si ces change- ments n'étaient pas suffisants pour ce végétal privilégié, il prend dans l'in- tervalle un caractère spécial quand ses faînes en groupes serrés mêlent au feuillage leurs coques épineuses. Aussi utile que beau, le hêtre offre son bois homogène et résistant à une foule d'applications; ses graines donnent une huile très estimée.

Il ne pleuvait plus. On en profita pour her- boriser. Les fleurs se montraient par milliers et, sous les taillis, couvraient le sol de la ri- chesse de leurs couleurs. Ici les jacinthes sau- vages, — des liliacées, — élevaient, de la touffe de leurs feuilles vernies, leur gracieuse hampe chargée de clochettes bleuâtres; on eut quel- que peine à en déterrer l'oignon, et plusieurs plantes furent sacrifiées sans profit. Un peu plus loin des euphorbes des bois poussaient dru les unes à côté des autres : plantes élé- gantes du reste, et qu'on aime à voir malgré leur réputation bien méritée de malfaisance.

Fig. 50. — Anémone (Pag. 35).

La tige présente à sa partie inférieure des feuilles épaisses, entières, d'un vert sombre; mais bientôt des rameaux plus grêles s'épanouissent avec une nuance beaucoup plus claire et donnent des ombelles aussi riches que bizarres. Sur un disque presque plat et jaunâtre se détachent les divers organes de la fleur. Protégée par l'ombrage des charmes et des hêtres, une vaste surface était couverte d'anémones aux cinq pétales blancs, légèrement rosés à la base. La tige droite, entourée de quelques feuilles radicales, porte à deux ou trois centimètres au-dessous de la fleur un calycule de trois bractées qu'on prendrait pour des feuilles, si l'aisselle de leur pédon- cule avait trace de bourgeon. L'anémone est une renonculacée. Les prime- vères ou coucous à la fleur soufrée abondaient aussi, et parmi elles on eût pris pour une simple variété, des plantes d'un violet rosé dont les feuilles vert sombre sont maculées de taches noirâtres: la forme de l'inflo- rescence est absolument la même; mais là s'arrête la ressemblance: la prétendue primevère violette est la pulmonaire, qui appartient à la même famille que la bourrache; tandis que la primevère est le type de la famille des primulacées. Sur le bord de la route, de grandes épervières des bois portaient triomphalement au bout de très longues tiges des fleurs d'un jaune d'or semblables à des pissenlits. Comme les marguerites, ce sont des synanthérées, avec cette différence que chez elles fleurons et demi-fleurons

Fig. 51. — Coucou (Pag. 35)

ne sont pas très distincts. De jolies coronilles tordaient leurs tiges flexibles sur le gazon et offraient aux regards leurs verticilles de fleurs lilas aux corolles papilionacées, dont la nuance se mariait délicatement avec celle des violettes inodores et pâles. Les étoiles bleues des véroniques se détachaient dans un fossé sur les fleurs blanches d'un petit trèfle.

Au tournant du chemin une belle touffe de genêt, couverte de fleurs jaunes, brillait d'un éclat augmenté encore par le contraste du feuillage sombre d'un genévrier.

Un nouveau taillis réservait des trésors à nos botanistes, et tous coururent à Pierre qui les avait devancés et qui piochait activement le sol autour d'un pied superbe d'*ophrys aranifera,* une espèce d'orchidée, dont la fleur ressemble à s'y méprendre à une petite araignée suspendue à son fil.

— Les orchidées, remarque Scabieuse, ont l'air de plaisanteries de la nature; elles prennent des formes cocasses, imitent certains côtés de l'animalité: une abeille, une mouche, un petit singe, un homme pendu, et bien d'autres choses.

Julien mit la main sur une orobanche, triste parasite, vivant des sucs des plantes sur lesquelles elle se greffe, et qui n'offre aux yeux qu'une morne couleur havane, commune à ses tiges, à ses fleurs et aux écailles qui simulent les feuilles. Celle qui entra dans la boîte des jeunes botanistes opprimait un églantier.

On approchait d'un étang, et le terrain humide donnait des herbes plus touffues. Une belle ancolie arborait ses inflorescences luxueuses auprès d'un gazon tout brillant des fleurs bleuâtres du lierre terrestre et de la bugle, deux labiées qui se mê-lent volontiers. Au bord de la route, un néflier de Germanie étalait les constellations de ses gran-des fleurs d'un blanc pur. Les boîtes étaient plei-nes, et le trésor botanique restait inépuisable.

Des papillons voltigeaient joyeusement dans ces bois embaumés. Pierre et Scabieuse attrapèrent plusieurs espèces d'argynes ou nacrés, dont les ailes, de couleur jaune, étaient parsemées de taches blanches à reflets de nacre, et caractérisés par des antennes terminées par une large massue aplatie : le collier argenté, le tabac d'Espagne, le grand nacré vinrent prendre place dans la collection.

Fig. 52. — Pulmonaire (Pag. 36).

La seule explication que Scabieuse donna à ses amis, c'est que les chenilles de ces différents papillons vivent surtout sur les violettes, qu'elles ont le corps couvert d'épines rameuses, et qu'elles font partie de la grande division des nymphalides. Leurs chrysalides, sus-pendues la tête en bas, se font remar-quer par des taches d'argent, et sur-tout par des taches d'or, d'où le nom donné au second état du lépidoptère. Comme ils avaient déjà récolté plu-sieurs de ces insectes, ils savaient fort bien l'histoire de leurs métamor-phoses, et ils avaient une connais-sance suffisante de leurs traits géné-raux.

Fig. 53. — Coronille (Pag. 36).

Les papillons ou lépidoptères ont quatre ailes, d'une grande ampleur, revêtues d'écailles microscopiques, qui portent en elles les couleurs que nous admirons sur ces jolies bêtes, et qui tiennent si peu qu'elles restent aux doigts ; c'est la poussière que tout le monde s'est vue après avoir touché un papillon. Le mot *lépidoptère* fait précisément allusion à ces écailles de l'aile.

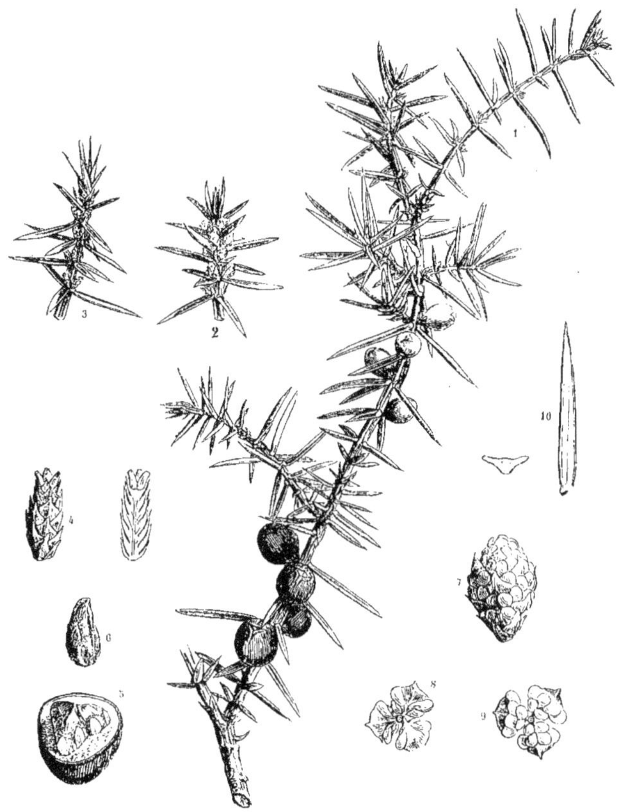

Fig. 54 à 65. — Genévrier commun (Pag. 36).

1. Rameau avec Fruits verts (de l'année) et Fruits mûrs. — 2. Jeune Pousse avec Fleurs mâles. — 3. Id. avec Fleurs femelles. — 4. Fleur femelle terminale (grossie). — 5. Fruit ouvert transversalement. — 6. Graine contenue dans le Fruit. — 7. Chaton de Fleurs mâles. — 8. Anthère triloculaire, vue par en bas (grossie). — 9. Id. vue par en haut (grossie). — 10. Feuille aciculaire, Coupe transversale.

Les papillons offrent des exemples complets des métamorphoses que l'on voit d'un bout à l'autre de la classe des insectes. Quand ils sortent de l'œuf, ils sont à l'état de larve, et s'appellent des chenilles.

Précisément Pierre trouva sur une feuille d'orme une chenille de thécla,

Fig. 66.
Une Orchidée
(Pag. 36).

d'un beau vert pomme; elle a une petite tête brunâtre; ses douze anneaux sont couverts d'une fine pubescence; les trois premières paires de pattes, appelées *pattes écailleuses*, sont très petites; les autres paires, au nombre de cinq, — les *pattes membraneuses*, très courtes; il est facile de voir que ces dernières sont de simples prolongements de la peau, garnis de crochets à l'extrémité; les pattes écailleuses sont les vraies pattes, celles que l'on retrouvera dans le papillon. La tête porte la bouche pourvue de pièces propres à prendre et à triturer les végétaux, plus une filière qui permettra à la bête de filer son cocon.

Fig. 67.
Églantier (Pag. 37).

— La chenille que tu tiens, dit Scabieuse, est celle du thécla W blanc. Elle se transformera en s'attachant aux feuilles sur lesquelles elle a vécu. Dans l'abri de sa coque soyeuse elle se raccourcira, sa peau se fendra, et la chrysalide, sorte d'être emmailloté, en sortira gris brun, avec une rangée latérale de points noirs. Nous verrons le papillon voler à la fin de juin.

Les enfants, qui ont suspendu la moisson des fleurs pour se livrer à celle des papillons, attrapent des Lucines aux ailes fauves quadrillées de noir, puis un machaon, très grand, sur les ailes jaunes duquel tranchent le bleu et le noir. Il était posé sur une ombellifère.

Fig. 68. — Ancolie (Pag. 37).

Ces insectes, comme tous les papillons diurnes, ont les ailes dépourvues

de frein; ce frein est une portion de l'aile postérieure isolée sous la forme
d'un crin très raide, et engagée dans un petit anneau de l'aile antérieure;
de sorte que les mouvements des deux paires d'ailes ne sont
pas indépendants; on trouve un frein chez presque tous les

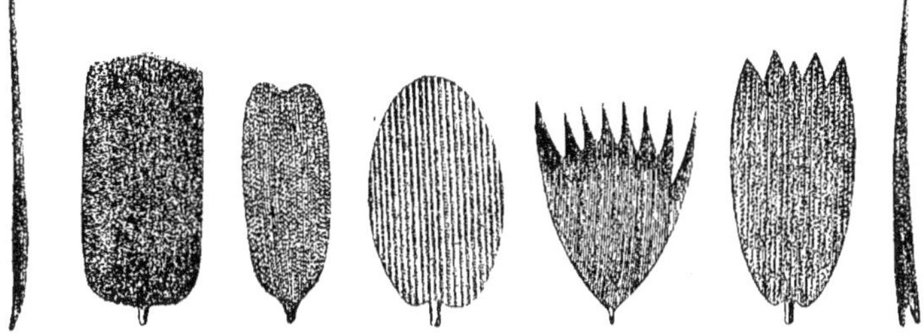

Fig. 69 à 75. — Diverses Formes d'Écailles de Lépidoptère (Pag. 38).

papillons crépusculaires et les papillons nocturnes.

Autre caractère distinctif des papillons diurnes; ils ont les antennes
terminées en massue. Ce sont eux aussi qui présentent à un haut degré
l'élégance des formes et l'éclat des
couleurs.

Pierre avec sa loupe examine
son machaon; les pattes, très frêles
à l'œil nu, apparaissent couvertes
de poils et armées de crochets à
leurs extrémités.

Certains lépidoptères, très voraces à l'état de chenille, tels que le
bombyx du mûrier, ne prennent absolument aucune nourriture à l'état
adulte. Quant aux papillons qui s'ali-
mentent, ils pompent leur nourriture au fond de la corolle des fleurs,
et leurs mâchoires minces, étroites,
flexibles, non soudées, mais intime-
ment rapprochées, sont allongées

Fig. 76. — La Chasse aux Papillons (Pag 38).

en une trompe qui est souvent de la longueur du corps de l'animal, et
quelquefois dépasse cette dimension. Le macroglosse déroule sa trompe
au-dessus des fleurs, sans s'y poser, et immobile, *fait le Saint-Esprit*, en

agitant ses ailes avec une vitesse telle qu'on ne les voit plus pendant qu'il absorbe les sucs nourriciers.

Une capture combla de joie nos collectionneurs, ce fut celle d'un paon de jour, magnifique vanesse (Pl. IV, fig. 2) dont la chenille vit sur les orties, en la nombreuse compagnie de ses sœurs écloses d'une même ponte. Les ailes du papillon, élégamment découpées, portent sur un fond d'un rouge brique une large tache comparable à l'œil du paon dans lequel le bleu tendre, le jaune, le noir, figurent une prunelle.

Au bord de l'étang, on s'arrêta; car l'endroit semblait très favorable à une halte. Après un déjeuner rapide on continua d'explorer la forêt.

Bravandas seul resta pour faire de la photographie. Il apercevait plusieurs coins charmants qu'il voulait pour son album. Et aussi il n'était pas fâché d'avoir un instant pour rentrer en lui-même, tâcher de voir clair dans sa situation.

On avait parcouru 285 kilomètres en allant extrêmement vite, puisqu'on n'était parti que depuis le 1er mai, c'est-à-dire depuis douze jours seulement. Mais ce qui avait marché encore plus vite que les voyageurs, c'était leur argent. Le grand air, le plaisir, l'exercice avaient doublé l'appétit de chacun. Le cheval coûtait. Enfin, pour tout dire, la famille Bravandas et son ami Scabieuse ne savaient pas économiser. Ils s'étaient mis

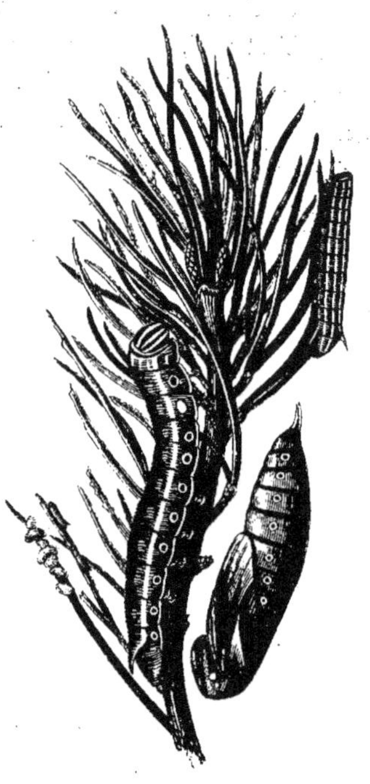

Fig. 77 et 78.
Œufs, Chenilles de deux Ages, Chrysalide d'un Lépidoptère (Pag. 40).

en route avec quatre cents francs, et en avaient dépensé plus de la moitié, sans se préoccuper de l'avenir. Bravandas y songeait tout à coup avec terreur. Il s'était bien promis de faire la photographie des paysans, lorsqu'il commencerait à sentir sa bourse légère. Mais le courage lui manquait à l'idée de la réclame et du bruit dont il lui faudrait entourer son petit intérieur.

Comme il installait mélancoliquement son appareil, passa un cavalier qui fut tellement surpris de trouver là cette voiture et ce photographe qu'il arrêta net son cheval. La mise de Bravandas ne lui déplut pas, car il lui ôta son chapeau, politesse à laquelle l'artiste répondit avec empressement.

Le cavalier ne reprenait pas son chemin, et Bravandas, que son attention gênait, entama la conversation, se sentant presque obligé d'expliquer sa présence en ce lieu :

— Voici un endroit délicieux.

— C'est vrai, et en ma qualité d'habitant du pays, je suis charmé qu'il attire l'attention de quelqu'un muni d'un appareil tel que celui-ci. Pardonnez-moi, Monsieur, ma question : Est-ce que vous êtes photographe ?

— Oui, Monsieur.

Bravandas fit ce mensonge pour éviter de raconter l'histoire de son voyage, un peu longue et surprenante, et aussi parce qu'il pensa que cela ne lui serait point désagréable de portraicturer ce bel homme sur son beau cheval.

Fig. 79. — Macroglosse (Pag. 40).

— Alors, reprit l'inconnu, je peux vous demander de prendre beaucoup de vues de la forêt et de me les vendre ?

— Parfaitement. Voulez-vous juger de mon talent ?

Bravandas alla chercher un gros album, à moitié plein déjà des merveilles de la route. Entre autres choses, son interlocuteur admira : une ferme normande, très réaliste, avec sa rustique population de cochons, de dindons, de pintades, de poules, de moutons ; le château de Flers dont les tours datent du quinzième siècle, l'intérieur de la jolie église des Yveteaux-Fromentel, toute lambrissée de bois de chêne ; de magnifiques chevaux du haras du Pin ; le château d'Almenèche ; une maison de Laigle toute en bois ; l'église de Saint-Sulpice-sur-Riche, son banc d'œuvre du seizième siècle et ses vitraux de la même époque ; des stalles sculptées de l'église de Bourth, plusieurs vues de Verneuil, petite ville extrêmement riche en monuments historiques : Donjon ou tour Grise, église de la Madeleine, maison de la Renaissance, les Perrins, qui sont de grandes maisons à pignons aigus ; beaucoup de points de la ville de Dreux : ruines de forteresses entourées de verdure, l'hôtel de ville ; les donjons des comtes de Montfort, à Houdan, et aussi celui qu'ils eurent à Monfort l'Amaury même ; le château de Grignon, etc. ; — de jolis coins de rivière, de bois, de prairies, etc.

— En vérité, voilà une excellente collection. Voulez-vous me céder toutes ces vues?

— Oui, Monsieur.

— Mais je voudrais obtenir de vous encore autre chose. Ce serait de photographier la maison que j'habite avec mon père. Elle est vieille, admirablement située au sommet d'une colline, sur la lisière de la forêt. A différentes reprises, j'ai tenté l'entreprise moi-même; mais l'habileté et la patience me manquent si absolument que je n'ai jamais obtenu rien qui vaille. Jugez donc de mon plaisir de vous rencontrer.

— Je ne dois point rester longtemps dans ce pays...

— Voulez-vous venir à l'instant même? Je vous servirai de guide. Nous n'avons que trois kilomètres à faire.

— Je vous demande une minute, et je suis à vous.

Bravandas entra chez lui, écrivit un mot pour expliquer son absence sur un papier qu'il mit bien en vue. Son *client* avait jeté par la porte entr'ouverte un regard dans l'intérieur de la voiture, et restait saisi d'étonnement à la vue de son élégance. Il devina un mystère, et résolut de se montrer de plus en plus courtois avec le photographe. Il descendit de son cheval, malgré les protestations de Marius, et y chargea l'appareil photographique.

On arriva sur une route bordant d'un côté la forêt, de l'autre une vaste propriété. Le compagnon de Bravandas l'introduisit par une petite porte dans une belle prairie où paissaient quelques vaches. Au bout de la prairie il y avait une maison ou plutôt un château. Sur le perron, Marius s'arrêta devant le paysage immense que lui laissait voir le jour très pur.

Théophile Gautier eût dit que c'était la „symphonie en *vert* majeur“, qui se déroulait devant lui. Dans un rayon de plusieurs lieues, pas une autre couleur que le vert, pas un coin de terre brune, pas un bout de route blanche, pas une déchirure de carrière grise. Rien que des sarrasins verts, rien que des prairies et des arbres verts. Paré de sa couleur, ce pays était charmant; car il en avait heureusement assorti tous les tons: depuis le vert presque noir des sapins, jusqu'au vert presque blanc des trembles. Au fond du tableau, l'air limpide mettait ses gazes bleues sur les masses des haies qui semblaient réunies en bouquet: la prairie n'étant plus qu'un point, vue de si loin.

Le jeune homme arracha Bravandas à sa contemplation, en le priant d'entrer au salon. Il le laissa ensuite, pour aller prévenir son père.

L'artiste était ému: il venait d'apercevoir, tout ouvert, un superbe piano à queue d'Erard, et il se sentait pris de l'invincible désir de poser ses doigts sur les touches, et d'entendre ces sons de piano neuf qui sont si purs et si veloutés.

Il se traita tout d'abord de fou, se dit que l'instrument qui tant de fois,

Fig. 80. — Une Ferme normande.... (Pag. 42).

sous la main de ses élèves, lui avait rompu la tête, ne pouvait lui manquer à ce point, après douze jours d'absence ; que ce serait ridicule de faire du bruit dans une maison étrangère.

Et il s'assit sur le tabouret, mit le pied sur la sourdine, et joua pianissimo.... Mais le morceau ayant tout à coup exigé un fortissimo, l'artiste

Fig. 81. — ...Une Prairie où paissaient quelques Vaches.... (Pag. 43).

ne put méconnaître l'art en ne suivant pas la pensée de l'auteur, et il joua fortissimo. Il oublia tout, et le temps qui filait, et son voyage, et sa bourse vide, il se dégourdit les doigts avec entrain, se donna de la musique à cœur joie. Après avoir joué du Mozart, il joua du Marius Bravandas, et du bon. Il improvisa, puis arriva à un motif de la cantate couronnée, ce qui le fit redescendre sur terre. Il se retourna brusquement, et derrière lui vit une petite foule : un grand vieillard, son introducteur, un gros monsieur apoplectique et décoré, trois dames, deux demoiselles, quatre petites filles, un chat. Tout ce monde était entré dans le salon par une porte ouverte, dissimulée sous un rideau. On était venu un à un, intrigué, retenant son souffle, pour ne rien perdre du délicieux concert donné si à l'improviste par cet original.

Quand il se retourna, ahuri, des bravos énergiques partirent de toutes les mains, et le jeune homme brun s'écria :

— Parbleu! Monsieur, vous n'êtes pas un photographe, et je m'en étais bien douté.

— En effet, je ne suis qu'un pauvre pianiste, pardonnez-moi !

— Un pauvre pianiste! exclama le vieillard, qui était le maître de la maison. Vous raillez, Monsieur, vous êtes un grand artiste que nous allons supplier de se faire entendre encore. Vous êtes sans doute l'une de ces illustrations des concerts européens dont les séances sont des triomphes. Vous nous comblerez de joie, en nous apprenant votre nom ; car je suis sûr que nous l'avons déjà applaudi.

— Hélas! non, Monsieur. Jamais le public ne m'a entendu, et l'obscurité qui enveloppe le nom de Marius Bravandas est épaisse.

— Vous avez dû refuser de vous produire. Nous pouvons nous vanter de quelque compétence. Nous jouons et nous jugeons tout ce qui se fait en musique. C'est notre joie dans cette solitude. L'une de mes filles a une belle voix qu'elle a bien cultivée ; l'autre est assez forte pianiste ; et mon fils, qui vous a amené ici, sait tenir un violon. Je vous dis cela, non pour nous vanter auprès d'un maître tel que vous ; mais pour vous prouver que nous avons su l'apprécier.

Les artistes sont sensibles à la flatterie. Quand elle est délicate et sincère, ils se livrent sans réserve.

Bravandas raconta toute son histoire ; mais, naturellement, ne parla pas de ses inquiétudes d'argent. Tout le monde s'était assis autour de lui. On l'écoutait avec attention, on était ravi de le posséder. Un domestique entra avec un plateau portant des sandwichs, des sirops et de la bière.

— Voilà mon photographe envolé, dit, en souriant à Marius, le fils de la maison qui s'appelait Charles Marquat.

— Non pas. Je suis toujours photographe pour mes amis et pour moi. Et si vous le permettez, je vais me mettre à l'œuvre tout de suite.

— Monsieur Bravandas, dit M. Marquat père, nous sommes confus. Et nous ne consentirons à vous laisser faire ce travail, qu'afin de pouvoir vous garder plus longtemps. Je vous en prie, acceptez notre hospitalité, et laissez-moi aller chercher votre famille. Ces dames seront enchantées de posséder votre femme et vos filles.

Fig. 82. — Le Coucou dépose son Œuf dans le Nid d'un petit Oiseau insectivore... (Pag. 47).

Comment résister à des gens si charmants? M. Marquat père accompagné de l'aînée de ses filles se rendit auprès de l'étang et y trouva la petite caravane.

Pierre qui venait de grimper à un arbre et d'y prendre un nid, le montrait d'un air triomphant à Scabieuse, qui lui disait :

— Pour cette fois, ton rapt n'est pas un crime, et tu viens de venger l'innocence. Le petit est un coucou, et le nid, celui d'une bergeronnette. L'œuf du coucou a été déposé par sa mère parmi ceux de la pauvre bergeronnette, qui l'a couvé comme les siens, et a nourri tous les petits éclos avec une tendresse égale. Mais le coucou, gros mangeur, trouvait trop petite la fraction qui lui revenait des chasses de la bergeronnette. Alors, savez-vous la conduite qu'il a tenue? Il a profité du creux, de l'en-

tonnoir que vous voyez sur son vilain dos, pour y faire tomber successivement ses frères d'adoption, puis s'est approché du bord du nid, et, avec
une secousse, a précipité en bas l'infortuné, qui s'est tué du coup. Le
perfide nourrisson a recommencé son manége jusqu'à ce que, seul dans le
nid, il eût tout le bénéfice des soins et des peines de la mère qui reporte
sur lui toute la tendresse amassée pour la nichée entière.

— Oh ! le vilain oiseau, s'écria Alice. Il faut me le donner.

— La punition serait rude, en effet.

— Si ! si ! je le veux ! je le mettrai dans une cage.

— Est-ce au moins un joli oiseau, demanda Marie ?

— C'est le moins amusant individu de la gent emplumée. Il ne chante
pas, il est inintelligent. Son plu-
mage, gris dans le jeune âge,
devient roux par la suite. Il se
nourrit de chenilles dont il re-
jette par le bec les peaux velues roulées en petites pelotes.
Voyageur, il ne peut pas vivre
en cage, car il quitte nos cli-
mats vers la fin d'août. La gorge
de la femelle est munie d'une
poche dans laquelle elle met

Fig. 83. — Bergeronnette (Pag. 48).

l'œuf qu'elle vient de pondre pour le porter dans le nid d'une fauvette,
d'un rouge-gorge, d'une bergeronnette, ou de tout autre petit oiseau
insectivore ; car son instinct ne la trompe pas, et elle n'a garde de confier sa progéniture à des nourriciers dont le régime ne lui conviendrait
point.

— Qu'allons nous faire de la capture de Pierre.

— La garder ! cria Alice obstinée.

— Mais, non, ma petite, nous aurions toutes les peines du monde à
élever le coucou et dans trois mois il mourrait entre nos mains. Je crois
que ce que nous avons de mieux à faire, c'est de remettre cet irrespon-
sable coupable à la place où nous l'avons pris. Il a causé la mort de cinq
ou six jeunes oiseaux, mais cela ne le regarde pas, ni nous non plus. Eh !
tenez ne bougez pas. Voici une bergeronnette qui explore le creux de
l'arbre où Pierre a pris le nid ; elle pousse des cris douloureux, regrettant
plus amèrement l'assassin que ses propres enfants, parce qu'il est le dernier
de la couvée. C'est la bergeronnette jaune, celle qui affectionne surtout le

voisinage des eaux, entre les roseaux desquelles elle aime à se promener ; la couleur d'or de son poitrail et de son abdomen ressort vivement par le contraste d'une tache d'un beau noir placée sous la gorge ; son manteau est cendré. Vous voyez que son nid est une merveille, et que l'affreux coucou repose douillettement sur un matelas de crin.

M. Marquat, en se montrant, interrompit le débat. Il exposa en termes si gracieux l'offre de son hospitalité, qu'il n'y eut qu'à le suivre avec empressement.

On emmenait la voiture. Mme Bravandas et sa fille y montèrent pendant le trajet, et improvisèrent un bout de toilette. Elles possédaient chacune deux robes, dont l'une toute neuve était destinée à remplacer en cas d'usure ou d'accident, celle de tous les jours. Elle servit en cette occasion. La jeune fille ajouta à la sienne des nœuds de ruban rose ; Mme Bravandas s'orna de tous ses bijoux.

C'étaient des Parisiennes, c'est-à-dire des femmes qui d'un rien s'habillent avec élégance. Quant à Alice, elle avait une collection de petites robes blanches ; on lui passa la plus belle. Les deux garçons se contentèrent d'un bon coup de brosse.

On trouva Marius Bravandas dans le collodion. L'endroit lui plaisait. La maison se composait d'un rez-de-chaussée et de deux étages ; sa façade rectangulaire était percée de fenêtres à petits carreaux. Construite d'un superbe granit, elle datait déjà de deux siècles. Malgré la dureté de la pierre on avait sculpté au-dessus de la porte du milieu un élégant fronton. Cette maison était située entre la prairie commençant à la forêt, et un très grand jardin en pente, plein de la magnificence de belles pelouses, d'arbres séculaires : sapins, cèdres, chênes, hêtres, etc.; et d'une corbeille colossale de fleurs odoriférantes et éclatantes. Trois ou quatre statues de marbre, bien choisies, se cachaient mélancoliquement dans les bosquets. Sous ce climat humide, le minéral superbe, arraché aux carrières d'Italie ou de Grèce, avait perdu son poli et sa blancheur ; les nymphes étaient habillées de moisissure, et les dieux noircis n'avaient plus cette beauté qui jadis troublait le cœur des mortelles.

M. Marquat, ancien notaire, avait honnêtement grossi la fortune amassée par ses pères. Son fils, ne s'étant senti aucun goût pour l'étude des lois, s'occupait de l'exploitation de la forêt dont sa famille possédait une partie ; en même temps, il faisait de la géologie, et partageait son temps entre Saint-Sever et le voisinage du Mont-Saint-Michel. Il expliqua à Scabieuse qu'il mesurait les mouvements du sol très sensibles dans cette région. Et

Scabrieuse dès lors fut enchanté de vivre quelques heures dans la compagnie de ce jeune homme aussi savant que modeste.

La maison avait pour hôtes en ce moment deux filles de M. Marquat mariées l'une et l'autre, et que leurs époux envoyaient à la campagne avec leurs enfants, pendant la belle saison; une troisième jeune femme, voisine de campagne, et son mari, officier en retraite, et enfin deux nièces de M. Marquat. Tout ce monde, très gai, mettait à profit la large vie de la campagne. Le jour, c'étaient des promenades à perte d'haleine, le soir, des dîners plantureux, puis des réceptions, des concerts, des danses.

Ces personnes reçurent à bras ouverts Mme Bravandas et ses enfants. Alice se mit aussitôt à jouer avec les petits-fils et les petites-filles de M. Marquat. Quant à Marie, elle fut choyée pour sa beauté et pour toutes les qualités de son cœur et de son esprit.

La soirée fut des plus agréables. Aux habitants de la maison s'étaient jointes plusieurs personnes des bourgs voisins: le maire, le juge de paix, le médecin avec leurs familles. On fit de la musique. Inutile de dire que Bravandas fut le héros de la fête. Dans ce milieu sympathique, il eut une verve étourdissante, mais il sut s'effacer pour laisser leur place aux virtuoses de la maison. Il exécuta avec Charles Marquat le Songe d'une Nuit d'Été de Mendelssohn; et ce fut lui qui accompagna Mme Léonie Rames, née Marquat, lorsqu'elle chanta „Plaisir d'Amour".

Le juge de paix était un vieillard de soixante-seize ans, aussi robuste qu'un jeune homme, et toujours plein de la joie d'une bonne conscience et d'un bon estomac. Il savait cent chansons comiques, toutes un peu anciennes, mais vraiment drôles. Il ne tarissait pas en petits mots pour rire, et volontiers récitait des vers légers et innocents, pleins de flatteries pour les dames. Cet aimable vieillard, dont la figure vermeille brillait de l'éclat de son œil vif et de ses belles dents blanches, régala son auditoire de: „Un cœur suffit au bonheur conjugal", et du „Château de Ka-out-tchou". Puis les jeunes personnes ayant manifesté le désir de danser, Bravandas voulut tenir le piano. Marie, qui jamais ne s'était trouvée à pareille fête, apprit du coup le quadrille américain, la valse et la mazurka. Tous les jeunes gens se disputèrent le plaisir d'être son professeur. Aussi, lorsque minuit arriva était-elle enivrée, étourdie de musique, de danse et de joie. Bravandas, pour calmer cette surexcitation l'emmena, après l'avoir bien enveloppée, prendre l'air dans le jardin.

C'était une bien belle nuit, une nuit de printemps, tiède et parfumée, avec le ciel resplendissant de clair de lune. Les arbres frissonnaient doucement; et l'on n'entendait pas d'autre bruit que celui de leurs feuilles, et du mince filet d'eau qui tombait de l'urne penchée d'une naïade dans une vasque de marbre. On voyait encore les formes obscures du médecin, du maire, du juge de paix et de leurs familles, qui s'en allaient par le jardin en pressant le pas. Peu à peu, elles devinrent confuses, puis disparurent tout à fait. Silencieusement, les Bravandas savouraient le calme du jardin et celui de la nuit. S'écartant de la maison, ils s'enfonçaient dans les allées très obscures où on laissait à dessein l'herbe croître en liberté, et le lierre grimper aux troncs tordus des arbres. Tout à coup ils entendirent un rossignol commencer son chant. Ils s'arrêtèrent, retenant leur souffle, pour ne pas troubler l'artiste prompt à s'effaroucher. L'adorable oiseau n'avait eu garde d'entonner son hymne pendant la musique et la danse du château; il connaît trop sa valeur, et sait trop avec quelle attention on l'écoute, pour risquer des notes qui peuvent être perdues. Aussi affectionne-t-il les parcs où il trouve la sécurité, et des auditeurs charmés dans les prome-neurs qui viennent y rêver. Son chant s'entend à un kilomètre à la ronde et „renferme habituellement, dit Toussenel, vingt-quatre strophes sans compter les ornements et les fioritures dont l'artiste brode les finales...“ Nos amis restèrent sous le charme pendant un quart d'heure. Puis le ros-signol se tut et ils échangèrent leurs impressions.

Les naturalistes sont toujours un peu cruels: c'était au nid de l'oiseau que Pierre songeait en l'écoutant.

— Si je voulais chercher et déranger une si charmante famille, je trou-verais sans peine le nid, dit-il. Je gage qu'il est là, à terre, dans ce tapis de pervenche, de mousse et de lierre.

— A moins, interrompit Scabieuse, que, plus prudemment, il ne l'ait déposé dans cette touffe de houx.

— Entièrement composé de feuilles mortes agglutinées, il n'est pas si confortable que celui où se prélassait le coucou de tout à l'heure. Je n'ai pas eu le bonheur de trouver moi-même des nids de rossignols; mais j'en ai vu au Jardin des Plantes. La femelle y pond cinq œufs d'un vert olive foncé, sauf au gros bout qui est blanc. Plusieurs familles de rossignols n'habitent point le même coin. Le rossignol ne souffre aucun rival. Si deux mâles se rencontrent, ils luttent d'abord d'harmonie; et quand le moins habile ne s'enfuit pas de honte, c'est aux coups d'ongles et de bec qu'ils en arrivent. La mort est souvent le résultat de la querelle. Je n'ai vu encore que des rossignols empaillés; aussi voudrais-je bien mettre la main sur la progéniture de celui qui habite ce bosquet.

— Mais petit malheureux, tu mécontenterais vivement M. Marquat. Je

Fig. 84. — Le Rossignol (Pag. 52).

suis sûr qu'il tient fort à cet ornement de son jardin.

— Les Romains, reprit Scabieuse, payaient un bon chanteur un prix exorbitant. On en donna un blanc à Agrippine, femme de Claude et mère de Néron ; il avait coûté 6000 sesterces, c'est-à-dire beaucoup plus qu'un esclave. Au Japon on fait pour eux des folies.

A quoi ressemble le rossignol ? demanda Marie.

— C'est un petit oiseau gros comme une fauvette et d'un gris sombre tout à fait uniforme. Son bec est très effilé. Ses yeux sont grands et vifs. Son allure nerveuse est pleine d'assurance et de grâce.

La famille, prise d'une invincible envie de dormir, se dirigeait vers la maison, lorsqu'elle aperçut une bien singulière bête, un oiseau gros comme un merle, qui volait par saccades autour d'un châtaignier isolé sur une pelouse. Il faisait entendre une sorte de bourdonnement.

Fig. 85. — L'Engoulevent (Pag. 53).

— C'est un engoulevent, dit Scabieuse. La clarté n'est pas assez grande pour que vous puissiez bien voir toutes ses bizarreries. En ce moment il a le bec ouvert et il attrape des masses de phalènes, de teignes, de blattes, toutes bêtes fort nuisibles à l'homme. Il a de gros yeux largement dilatés. Son nom d'engoulevent, très pittoresque et très caractéristique, peint bien la manière dont il avale. Comme la plupart des bêtes nocturnes, cet utile oiseau a donné lieu aux préjugés les plus absurdes. On l'accuse, par exemple, d'aller teter les chèvres et de tarir complètement leur lait, tandis qu'il ne fréquente les troupeaux que pour les délivrer des insectes qu'ils attirent. Son plumage est mou et sombre. Il niche à terre ; le jour, il s'abrite dans les bois obscurs, ou encore dans les crevasses des vieux murs et dans les carrières abandonnées.

Il avait été décidé que la voiture ne reprendrait la route que le sur-
lendemain, Bravandas ayant besoin de tout ce temps pour tirer ses photographies. M. Marquat organisa donc les excursions pour la journée qu'on
devait passer avec lui. Le matin on se dirigea vers la *Pierre coupée*, énorme
bloc de granit posé en équilibre au sommet d'une colline. Charles Marquat
pensait que c'était un monument druidique. La course fut une véritable
partie de plaisir. On avait confié à Pierre et à Julien deux petits chevaux
islandais très doux, ce qui les mettait dans une joie inexprimable. Ils se
tenaient avec beaucoup de grâce et d'adresse en compagnie de Charles
Marquat et du gros monsieur, montés sur les chevaux anglais. Quant aux autres per-
sonnes, elles avaient pris
place dans un break et dans
un landau.

Avant d'arriver au but de
la promenade, on but du lait
dans une ferme, située au
bas de la colline; puis on fit la
petite ascension à travers les
arbres et les broussailles qui
débordaient sur l'étroit sentier. Malheureusement pour
la poésie du lieu, la pierre
coupée n'était pas un dolmen,
ainsi que Scabieuse le dé-
montra à Charles Marquat que cela contrariait un peu.

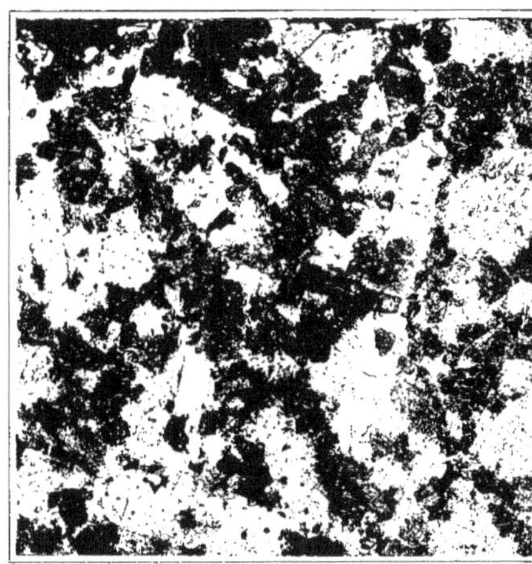
Fig. 86. — Granit (Pag. 54).

La jeunesse trouva sur la colline d'autres sujets d'intérêt. On recueillit
de beaux échantillons de granit, qui fixèrent dans l'esprit des enfants les
notions relatives à la nature de cette roche si importante.

Ils savaient bien qu'on regarde le granit comme faisant, dans toutes les
régions de la terre, une espèce de piédestal aux autres terrains et que, par
conséquent, on rattache sa formation aux époques les plus anciennes que
notre planète ait traversées; mais ils n'avaient pas encore eu l'occasion de
s'exercer à reconnaître les éléments mélangés dans la roche. Ils avaient
déjà remarqué le mica que depuis Vire ils voyaient étinceler dans les
pierres des maisons. Ce minéral, dont le nom est si justement tiré du verbe
latin *micare* (briller), consiste en petites paillettes noires. Ils reconnurent

facilement aussi les grains vitreux du quartz ou cristal de roche. Mais il leur fallut un peu plus d'attention pour s'apercevoir qu'un troisième minéral était mélangé aux deux autres en proportion importante. C'était le feld-spath, de composition complexe et fort intéressant comme source d'où dérivent évidemment les terres à porcelaine et les argiles si communes dans tous les pays.

Le granit peut se présenter sous des aspects très différents suivant les pays où on le recueille. Au Gast, que l'on venait de traverser, il est, ou bien très dur, très compacte, difficile à tailler et susceptible d'un beau poli ; ou bien si friable qu'il tombe en poudre au moindre contact. On voit dans la forêt des sablières ouvertes en plein granit pourri, dont les produits servent à la confection des mortiers propres aux constructions. Quant au granit dur, il est converti en pavés, bordures de trottoirs, pierres sépulcrales et mo-numents de tous genres.

Nos voyageurs attirés par de grands coups de marteau, parvinrent en un point où deux ouvriers iso-laient des bordures de trot-toirs, et ils furent bien sur-pris du procédé employé.

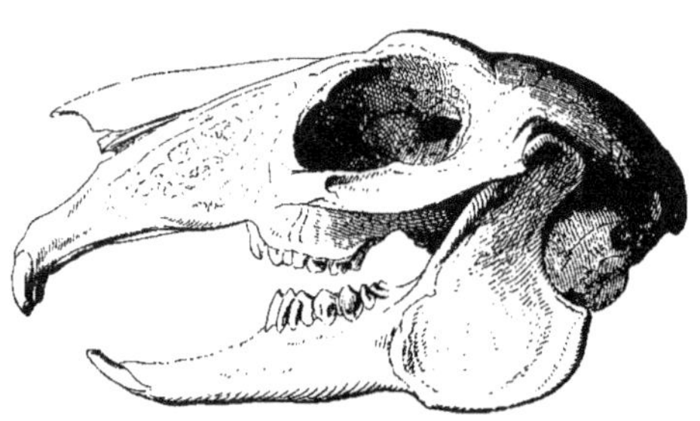

Fig. 87. — Crâne de Lapin (Pag. 56).

Après avoir pratiqué, suivant la ligne choisie pour la cassure, une série de trous gros comme les deux pouces, les carriers y introduisirent avec force des coins de bois parfaitement secs, serrés autant que possible les uns contre les autres. Ils les arrosèrent ensuite et choisirent ce moment pour s'as-seoir au pied d'un arbre, et se rafraîchir avec le contenu de leur gourde.

Les enfants ne purent retenir un éclat de rire.

— Voilà de singuliers agriculteurs, s'écria Pierre. Est-ce qu'ils se figurent que leurs bois vont pousser comme ça ?

A ce moment un petit bruit sec se fit entendre : une fine fissure s'était produite dans toute l'épaisseur de la roche et un prisme de granit se trou-vait détaché.

Scabieuse expliqua le phénomène. Le bois sec avait absorbé avec avidité l'eau dont on l'avait mouillé ; mais il n'avait pu le faire sans augmenter de volume, et son gonflement, si insignifiant en apparence, avait été irrésistible au point que le granit lui-même avait dû y céder.

L'après-midi on alla à pied à l'Ermitage.

Cet ermitage, situé en plein bois, n'est plus maintenant qu'un lieu de réunion pour les paysans qui vont là le dimanche boire du cidre et de l'eau-de-vie. Ce fut autrefois un couvent de Camaldules. La chapelle conserve encore quelques boiseries de valeur, et de bonnes peintures représentant l'histoire de Saint-Hubert.

Comme on revenait lentement, en causant et en herborisant, Barbe-au-Vent se rendit coupable d'un crime. Il attrapa un tout jeune lapin, et bel et bien l'étrangla.

Fig. 88. — Le Lapin fait un tort considérable aux jeunes Arbres.... (Pag. 56).

— Il n'y a pas de mal, dit M. Marquat, on peut détruire en tout temps le lapin, et il se reproduit si abondamment qu'il n'y a pas de danger que l'espèce s'en perde jamais. C'est mon ennemi personnel; car il fait un tort considérable à mes arbres contre l'écorce desquels il use ses longues incisives dont la poussée est par trop vigoureuse.

— Parbleu! dit Pierre d'un air entendu; c'est un rongeur.

— Très bien, mon petit ami. Je constate une fois de plus que tu es un savant.

— Oh! monsieur, c'est l' a b c de l'histoire naturelle. Bien des fois j'ai regardé dans la bouche des lapins que ma mère rapportait du marché, et j'ai examiné leur dentition si différente de la nôtre. Ils ont quatre incisives à la mâchoire supérieure, mais elles sont disposées d'une façon toute parti-culière : deux très grandes en avant, deux très petites placées derrière celles de la première paire. Il paraît que le lièvre a également ces deux sortes d'in-cisives. Il n'en est pas de même des autres rongeurs qui n'ont que deux incisives à chaque mâchoire. Chez tous ces ani-maux les incisives sont extrê-mement coupantes, car leur bord supérieur est taillé en un

Fig. 89. — Le Furet (Pag. 58).

biseau dont les arêtes sont toujours très vives. Ils n'ont pas de canines, de sorte qu'entre les incisives et les molaires il existe un espace vide. Les molaires, larges de couronne, présentent des lignes saillantes formées par des replis d'émail, ce qui leur donne une consistance de râpes.

Fig. 90. — Les Lièvres.... (Pag. 57).

— Comme ce pauvre lapin a les jambes de derrière longues et fortes, remarqua Marie.

— Beaucoup plus que celles de devant ; c'est ce qui lui permet de faire des bonds considérables. Les lièvres et les lapins peuvent être comptés parmi les animaux les plus agiles.

-- Je voudrais bien voir un terrier.

— Tiens ! tu vas en voir au moins une entrée. Barbe-au-Vent donne de la voix, il est dans une agitation suprême. Il a découvert la gueule d'un terrier ; il gémit de n'y point pouvoir pénétrer. Il est trop gros ! — Souvent l'hiver nous avons chassé le lapin au furet. On reconnaît d'abord les différentes entrées du terrier. On les bouche toutes, moins deux. Par l'une de celles-ci on fait entrer le furet et on ferme derrière lui ; à l'autre on dispose un filet qu'on maintient solidement autour de l'ouverture. Vous savez que le furet, carnassier de la famille des vermiformes, d'une férocité que rien n'arrête, est un objet de terreur pour l'infortuné lapin. On n'est pas depuis cinq minutes en observation auprès du filet qu'on y voit tomber comme une trombe toute la bande aux longues oreilles, suivie de son sanguinaire ennemi. Il n'y a qu'à serrer les cordons ; mais il faut se hâter d'extraire le furet qui, indifférent à sa prison, aurait vite étranglé tous ses compagnons de captivité.

Bravandas n'avait pas été de la partie de l'ermitage. Ses photographies le retenaient à la maison. Il fut aidé dans son travail par M. Charles ; et quand M. Marquat père rentra le soir avec ses enfants et ses hôtes, il s'émerveilla de la belle collection dont on lui faisait hommage.

Il ne fallait pas songer à payer un homme tel que M. Bravandas. M. Marquat se contenta donc d'offrir à Marie un joli bijou, comme souvenir de son séjour à Saint-Sever.

Le lendemain, à huit heures du matin, les voyageurs reprirent leur voiture. Charles Marquat voulut les accompagner jusqu'au mont Saint-Michel, et il partit monté sur son beau cheval noir.

CHAPITRE II.

LA GRÈVE DU MONT SAINT-MICHEL.

E soir même, la petite caravane arrivait à Avranches. Elle avait suivi toute la journée une admirable route, qui traverse une partie de la forêt, passe à Saint-Aubin-des-Bois et à Villedieu-les-Poëles. Cette dernière localité tire son nom de la quantité de chaudronnerie qu'on y fabrique. Toute la Normandie plaisante l'industrie des habitants en les appelant les *Sourdins*. Le vacarme qu'ils font en battant leur cuivre les ayant rendus sourds, suivant la légende, ils commettent tout le long du jour les quiproquos les plus invraisemblables.

A Avranches, Charles Marquat mena tout droit ses amis au Jardin des Plantes. Ce qu'ils virent d'abord ce fut le mont Saint-Michel, dressant sa masse sombre sur le ciel plein de l'embrasement d'un coucher de soleil. Puis ils cherchèrent la mer... La mer! On ne pouvait la voir dans l'éloignement où elle s'était retirée; d'Avranches au Mont, il n'y avait qu'une plage immense, sablonneuse, boueuse, tachée çà et là de la végétation des marais salants. Nos gens maudissaient le reflux qui leur avait emporté l'Océan ; mais ils se sentaient dans son domaine ; ils aspiraient à pleins poumons le bon vent frais et vivifiant qui leur venait du large, s'extasiaient devant cette étendue de tant de ciel et de tant de sable. De leur place ils embrassaient toute la baie. Le rivage leur montrait ses terres fertiles, ses châteaux, ses églises, sa belle rivière, la Sée. L'enthousiasme les prenait ; ils admiraient la beauté de leur pays et s'en enorgueillissaient. Vers les confins de l'horizon, la mer féconde qui donne à l'homme et les voyages lointains, et ses innombrables habitants et les curiosités de ses profonds abîmes, et les amendements qui complètent dans la terre la substance d'où sortent les céréales ; — sur la grève, la merveille de l'art catholique, la citadelle imprenable qui jamais ne fut aux Anglais ; — sur la terre, toutes les richesses de la grasse Normandie : les pâturages qui font ses bœufs, les pommiers d'où elle tire sa gaieté narquoise, les chemins de fer qui lui apportent les baigneurs plus productifs que le homard et le hareng, les toits de chaume, les toits d'ardoises, les casinos, les fabriques. Des uns aux autres, allaient leur regard et leur pensée.

— Dans quelques siècles, dit une voix derrière eux, tout cela — sauf la mer — aura disparu.

Ils se retournèrent, presque effrayés, vers Charles Marquat.

— Oui, reprit-il, tout le littoral qui borde ce qu'on peut appeler le golfe normanno-breton, c'est-à-dire l'enfoncement compris entre l'ouest du Cotentin et le nord de la Bretagne, — tout le littoral sera submergé par la mer sans cesse envahissante. Chaque jour, il s'affaisse d'une manière insensible pour l'ignorant, mais que le savant apprécie en retrouvant sous l'eau les terres qu'occupaient nos pères, et que nos neveux apprécieront, à la vue de nos rivages submergés. Cette grève aride, qui n'offre aux pieds du voyageur qu'une consistance incertaine, ni solide, ni liquide ; — que des cours d'eau, à lit peu fixe, minent, sèment de fondrières, de pièges et de sépulcres pour les imprudents oublieux de ses perfidies ; — cette grève était autrefois couverte d'une forêt épaisse, infestée de bêtes fauves, habitée par des ermites. Peu à peu, mais plus vite qu'ailleurs, à cause de sa faible pente, elle est devenue la proie des flots ; et quand de grandes tempêtes ont bouleversé le sable, on peut en apercevoir les débris : troncs, feuilles, fruits, racines. Les Romains y avaient fait des routes dont on retrouve maintenant les tracés ; petit à petit on les abandonnait ; on en recommençait d'autres : c'est le sort qui attend nos chemins de fer. Lorsqu'en 708 saint Aubert vint fonder une église sur le *Mons Jovis* (le mont de Jupiter) des Romains, il choisissait le centre d'une région, qui passait déjà du régime terrestre et fluvitiale au régime marin. C'est en 811 que furent emportés les derniers vestiges de forêts qui joignaient le mont Saint-Michel au continent. Pendant de lointaines époques géologiques un affaissement du sol s'était déjà produit, puis il y eut une période d'exhaussement. L'affaissement a recommencé, et il se continuera longtemps encore. C'est une sorte de mouvement de bascule, car tandis que nous tombons, d'autres montent.

M. Alexandre Chèvremont, un habitant du pays, termine un ouvrage considérable sur ces rivages, en décrivant l'avenir sinistre qui les attend...

„Le sol de la Scandinavie aura été soulevé assez haut pour se couvrir, comme pendant la seconde période glaciaire, d'un manteau de neiges et de glaces perpétuelles; les Iles Britanniques ne laisseront plus paraître au-dessus des flots, comme à la même époque, qu'un petit nombre de pics désolés, seuls témoins de l'existence d'une grande terre aujourd'hui si florissante; enfin, le golfe normanno-breton, accru en étendue aux dépens de ses îles et de ses rivages, n'aura plus pour rompre la monotone uniformité de sa surface que les cimes du mont Dol, du mont Saint-Michel et des Iles anglo-normandes."

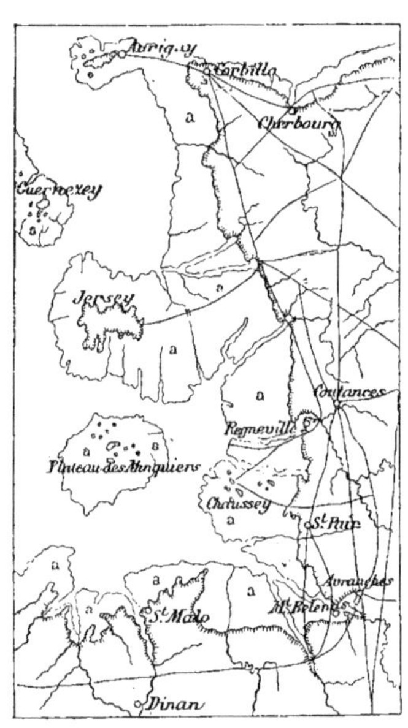

Fig. 94. — Ancien Rivage de la France, d'après la Carte de Dèschamps Vadeville (Pag. 61). *a, a, a.* Anciennes Forêts.

— Ah! dit Marie, la terre, aussi bien que la mer, est l'élément perfide, puisqu'elle se dérobe ainsi sous les pas de l'homme.

— Vous avez bien raison, Mademoiselle. Rien de moins stable que le plancher des vaches.

— Mais pourquoi ces défaillances d'un sol en apparence si résistant?

— Parce qu'il ne forme qu'une écorce mince autour de la masse incandescente de notre planète, où l'on retrouve un reste de la très haute température dont était douée la nébuleuse primitive. Comme vous le pensez bien, personne n'a mesuré directement l'épaisseur de l'enveloppe solide; mais par divers moyens détournés on a pu l'apprécier avec beaucoup de chances d'exactitude.

Quand vous entrez dans une cave en été, vous la trouvez froide; en hiver, elle vous semble chaude; mais ces impressions si différentes sont des effets de contraste: une cave, suffisamment profonde, celle de l'Observatoire de Paris, par exemple, n'est pas soumise aux changements des saisons.

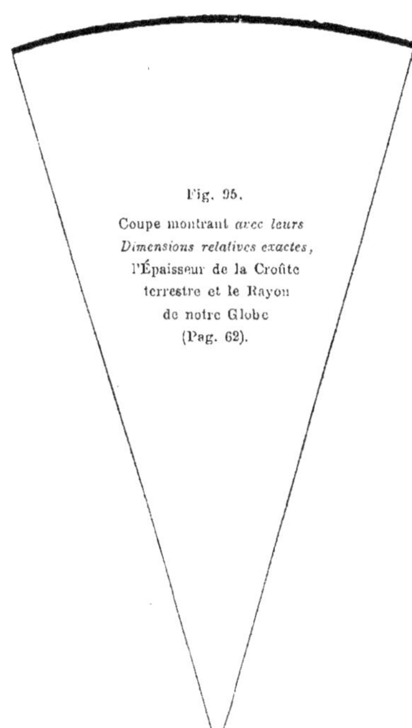

Fig. 95.

Coupe montrant avec leurs Dimensions relatives exactes, l'Épaisseur de la Croûte terrestre et le Rayon de notre Globe (Pag. 62).

C'est qu'à une certaine profondeur (10 mètres environ), il existe une couche de température invariable. Si l'on descend davantage, la température augmente, et d'une façon très sensible, de 1 degré pour 30 mètres. Les premières expériences ont été faites dans les puits de mine; on les répète, avec infiniment plus d'exactitude, en comparant la température des puits artésiens à la profondeur d'où viennent leurs eaux.

Un degré par 30 mètres, cela veut dire 1/30 de degré par mètre ou 0°,033; pour un kilomètre on aura donc 33 degrés, et pour 60 kilomètres, c'est-à-dire pour une distance bien faible auprès des 6000 kilomètres qui nous séparent du centre du globe, une température de 2000 degrés. Nous savons la produire dans nos fourneaux, et nous avons vu ses effets; ils consistent dans la fusion de toutes les substances connues. Nous avons donc le droit de dire que la portion solide du globe ne peut pas avoir plus de 60 kilomètres d'épaisseur. Et pour montrer combien c'est peu de chose, on a fait la comparaison suivante: „Figurons en petit la terre par une sphère de un mètre de diamètre, la croûte actuelle n'aura sur cette image réduite que trois millimètres d'épaisseur environ, l'épaisseur d'une feuille assez mince de carton. Quant aux montagnes, elles ne formeraient sur la boule en question que des rugosités à peine perceptibles, les plus hautes ne dépassant guère, comme saillies, la moitié d'un millimètre...“

Cette couche si mince ne peut opposer qu'une bien faible résistance aux actions qui réagissent contre elles de l'intérieur. Parfois elle est déchirée par l'explosion des gaz, par la poussée des laves, et des volcans apparaissent pour s'éteindre d'ailleurs bientôt comme en Auvergne; parfois, elle est secouée violemment, d'une façon imprévue et terrible; le sol oscille, tournoie; des gouffres s'ouvrent, des montagnes se dressent; les catastrophes se comptent par milliers; c'est le tremblement de terre, qui ne dure ordinairement qu'un temps très court, et qui remet en place ce qu'il a dérangé, — sauf, bien entendu, les ouvrages de l'homme qu'il ne tire pas de leurs ruines. D'autres mouvements sont si lents qu'il faut de longues suites d'années pour qu'on s'aperçoive de leur existence; tels sont ces affaissements dont nous avons sous les yeux un si frappant exemple; tels sont les exhaussements, en quelque sorte parallèles, comme celui de la Scandinavie, dont je vous parlais tout à l'heure.

Elle comptera parmi les journées mémorables de leur existence, celle que les Bravandas passèrent au mont Saint-Michel

Fig. 96. — Un Volcan (Pag. 63).

et dans ses alentours. Nous renonçons à décrire leur enthousiasme à la vue imposante de l'abbaye-citadelle. Elle est, en effet, le triomphe du granit. Sur le roc, piédestal de même substance, on a construit des tours massives, des voûtes hardies, un clocher, des clochetons, des colonnettes, des escaliers de *dentelle*, des ogives très pures; on a fait la *Merveille;* on a prodigué les sculptures délicates, les vives arêtes, les moulures aux courbes harmonieuses. Le mont Saint-Michel est un immense bijou de pierre dure. La difficulté du travail a élevé l'ambition de l'homme; il a dompté la roche rebelle, lui a imposé toutes les formes, l'a rendue aussi souple que le marbre

Fig. 97. — Un Tremblement de Terre Pag. 63).

qui exprime si bien les plus extravagantes fantaisies, les plus fugitives pen-
sées. Et dans quel temps ces prodiges? Aujourd'hui, sans doute, sous l'irrésistible pointe de diamant mue par la vapeur, qui, en quelques heures,
tire d'un bloc informe une élégante colonne? Non, certes. C'est le travail
du ciseau de fer tenu par la main frêle; c'est l'art ancien dans toute sa
gloire, dans toute sa fécondité, qui prodigue les détails, couvre les colos-
sales murailles d'enjolivements bizarres, ajoutant sans cesse, ne trouvant
jamais son œuvre assez finie.

Fig. 98. — Les Volcans d'Auvergne. (Pag. 65).

Nous ne dirons pas non plus les impressions de ces pauvres Parisiens,
lorsque ayant franchi l'étroite passerelle qui porte si justement le nom d'escalier de dentelle, ils se virent sur la balustrade extérieure du chœur, et
qu'ils eurent le spectacle magique de la mer montant avec une vitesse
appréciable, refoulant les cours d'eau de la plage, contournant les bancs,
s'étendant en nappes irrégulières, envahissant tout avec une impétuosité contenue. Houleuse, sans fureur, elle formait des lames qui, l'une après l'autre,
s'écroulaient sur la plage. Le flot s'allongeait, reculait, s'installait sur le
sable avec un balancement insidieux, qui semblait abandonner autant de
place qu'il en prenait. Mais, si un instant, les yeux se portaient au loin sur
la nappe liquide et moutonnante, puis revenaient à l'îlot laissé sec quelques
minutes auparavant, l'îlot avait disparu sous l'irrésistible invasion.

— Que c'est beau ! que c'est beau ! répétaient-ils.

Ils n'en croyaient pas leurs yeux. Ils avaient peine à se figurer qu'ils étaient bien là, en personnes naturelles, suspendus entre le ciel et l'eau, battus par le vent, étourdis par la masse architecturale qui leur offrait à peine de quoi poser le pied, et par la masse de l'Océan qui montait, montait, battait les murs de la ville, menaçait de s'élever jusqu'aux aériennes balustrades, jusqu'au massif clocher posé sur l'édifice.

Fig. 99. — Le Mont Saint-Michel (Pag. 66).

Voici ce que murmurait Marius Bravandas, artiste, donc poète :

— *Mons sancti Michaëlis, in periculo maris, immensi tremor Oceani* [1], effrayant géant qui as une plate-forme de fous, „maison de vertige“, comme t'appelle Michelet, tu donnes l'émotion de la tempête éternelle, l'horreur du gouffre de la mer, du gouffre de la plage sans fond, et l'inquiétude des siècles dont chacun te pousse plus avant dans l'abîme !

Pour arriver à l'abbaye, ils avaient dû marcher pendant longtemps sur l'interminable grève. Elle est peu riche en êtres vivants ; mais les déterminés naturalistes lui prirent tout ce qu'elle était susceptible de donner.

[1] Mont-Saint-Michel, au péril de la mer, dans la terreur de l'immense Océan.

Fig. 100. — Salle des Chevaliers au Mont Saint-Michel (Pag. 66).

Fig. 101. — Cloître du Mont Saint-Michel (Pag. 68).

Leur première trouvaille fut une petite coquille bivalve, d'ailleurs dépourvue de son habitant, d'une vénus ou pallourde, mollusque acéphale, comme la plupart des bivalves, et Julien ramassa un os de seiche, fortement roulé.

Fig. 102.
La Vénus ou Pallourde (Pag. 68).

Puis ils furent longtemps sans trouver autre chose.

— Eh bien, dit Scabieuse, préoccupons-nous de la production qui donne à cette grève un cachet si exceptionnel, du sable que nous foulons aux pieds et que l'on appelle la *tangue*.

C'est, vous le savez, une richesse pour le pays. Si nous allions vers Pontorson, nous passerions à Moidrey, où elle est exploitée avec une grande activité. Elle est de composition très complexe. Outre la partie purement minérale qui est surtout calcaire, on y trouve des substances organiques et une forte proportion de sel.

Or les terres cultivables de toute la région littorale qui nous avoisine se sont faites aux dépens de roches granitiques et manquent de chaux et de matières organiques.

La tangue les leur fournit, et son emploi a substitué en maints endroits des cultures plantureuses à des landes à peu près stériles. Dans certains cas, on fait avec la tangue des briques propres à la construction des maisons.

Ensuite les pèlerins se donnèrent le plaisir de la chasse. M. Marquat possédait un permis et un fusil, il en profita pour abattre quelques oiseaux de mer, car la loi abandonne toute l'année ce gibier aux Nemrods.

Le butin fut abondant: il y avait des mouettes, des mauves, un cormoran, un fou, des goélands, des pétrels.

— Tiens! dit Alice, toutes ces bêtes-là ont des pattes d'oie.

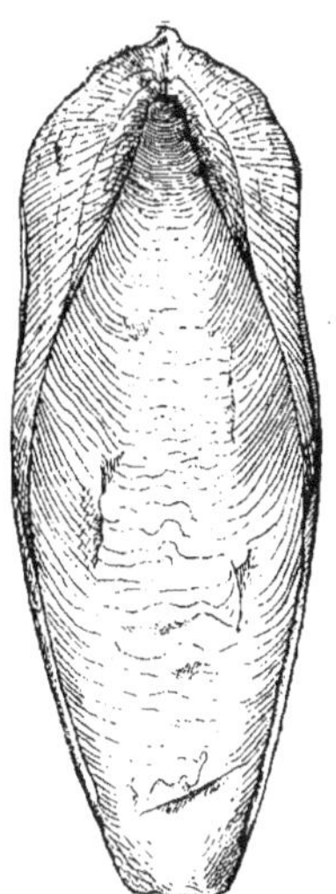

Fig. 103.
Os de Seiche (Pag. 68).

On admira l'esprit d'observation de la petite, et Scabieuse prit la peine de lui expliquer l'emploi de ces pattes.

— Vois-tu, lui dit-il, elles leur servent de rames pour avancer sur l'eau. Tous les oiseaux qui nagent en sont pourvus. Au Jardin d'acclimatation, tu as vu nager les petits canards, n'est-ce pas? Ils battaient l'eau de leurs pieds comme avec de vraies rames. Et le corps même de l'animal

Fig. 104. — La Tangue est une Richesse pour le Pays (Pag. 68).

avait un peu la forme d'un petit bateau. La membrane qui réunit les doigts de ces oiseaux est une palmature; on dit qu'ils ont les pieds palmés,

Fig. 105. — Le Goëland (Pag. 66).

qu'ils sont des palmipèdes. Si l'oie qui ne fait que barboter en est munie, juge combien plus en ont besoin ces pauvres oiseaux de mer qui s'en vont très loin sur les flots pêcher le poisson.

Alice assura qu'elle avait compris. Quant à Pierre, il appuya sur les détails. Il fallut qu'il classât les oiseaux abattus, qu'il mît les mouettes, les mauves, les pétrels, les goélands parmi les longipennes, d'ailleurs très différents des autres palmipèdes par la structure de leur pied dont le pouce reste libre. Ainsi que leur nom l'indique, ce sont de bons voiliers qui volent avec une incroyable facilité pendant les plus fortes tempêtes. Grands nettoyeurs, en outre, qui purgent les côtes d'une quantité de matières en décomposition. Ainsi les mouettes furent prises sur le cadavre d'une

Fig. 106. — La Mouette (Pag 70).

Fig. 107. — Le Canard (Pag. 68).

roussette ou chien de mer (Pl. III, fig 1), vrai petit requin, que nos amis ne craignirent pas d'examiner avec détail, et dont ils remarquèrent la peau granuleuse, résistante, d'un contact rude, et contrastant avec la mollesse du squelette de l'animal entièrement cartilagineux; — et la bouche, placée sous la tête et armée de dents acérées et nombreuses.

Tous les longipennes avaient le bec robuste, allongé et légèrement arqué vers le bout.

— Le cormoran et le fou sont des totipalmes, dit Pierre, parce que la palmature s'étend à tous les doigts du pied. Tous deux tranchent par leur plumage noir sur les couleurs claires de la tribu voisine; leur bec est fortement crochu. Ce qu'il y a de curieux, c'est que les totipalmes

Fig. 108.
Patte de Palmipède
(Pag. 70).

sont souvent plus longipennes que les longipennes. La classification est une chose bizarre, n'est-ce pas, Scabieuse?

— C'est vrai, mon ami.

— Le fou, dit M. Marquat, est la victime du cormoran; quand il a fait bonne pêche, celui-ci le poursuit pour dévorer les poissons qu'il ne manque pas de rejeter dès qu'il se voit poursuivi.

On ne revint à Avranches que fort tard, par un chemin sablonneux, malaisé, dans lequel la voiture-maison se fût à peu près enlisée, et dont se tirait assez mal le petit omnibus qu'avaient loué les promeneurs.

Fig. 109. — Le Cormoran (Pag. 71).

M. Marquat dîna avec ses amis, puis leur dit adieu, en leur promettant de les rejoindre avant peu.

Granville à la Marée basse

CHAPITRE III.

BRAVANDAS OPÈRE A GRANVILLE-LA-VICTOIRE.

Les Bravandas arrivèrent à Granville, un samedi, jour de marché et veille de foire. Aussi, l'agitation et le tumulte étaient-ils grands dans cette ville toujours active et bruyante. Une averse, tombée le matin, avait mis dans les rues une boue noire et collante. La caravane, qui sortait du calme des grandes routes, et de l'embaumement des prairies en fleurs, eut un moment d'ahurissement. Sa voiture provoquait dans les rues étroites des encombrements tels, qu'un sergent de ville vint inviter Bravandas à faire un détour considérable pour gagner le champ de foire.

L'artiste répondit qu'il voulait s'installer autre part. A quoi le sergent de ville répliqua que la chose était impossible, et qu'on ne laisserait stationner de voiture de cette sorte que sur le cours Jonville. Comme la nuit venait, Marius se résigna, et gagna l'endroit désigné, qui était large et planté de beaux arbres. Il n'y trouva qu'une voiture dans le genre de la sienne, plus des charrettes qui avaient apporté le matériel d'un *chevaux de bois* et d'un guignol; les autres marchands, dont l'installation était des plus sommaires, ne se permettaient de véhicules d'aucune sorte.

La famille dîna fort enfermée, car maint curieux rôdait autour de sa demeure, cherchant à en pénétrer le mystère. Pour empêcher qu'on approchât de trop près, on lâcha Barbe-au-vent, qui s'égosilla contre les polissons.

Cependant les voisins des Bravandas, saltimbanques de profession, bohêmes endiablés, drôles sans foi ni loi qui, jusque-là, n'avaient échappé à la police correctionnelle qu'à force de chance, devinaient dans les nouveaux venus des émules d'une nature particulière. Ils voulurent s'en assurer. Le chef de la famille, un Hercule qui portait avec ses dents une barrique pleine et dont les biceps faisaient des hernies sur ses bras, alla sans façon frapper à la porte de nos promeneurs.

Scabieuse ouvrit, mais avec précaution. Le saltimbanque aperçut et cette jolie chambre reluisante garnie d'étoffes et de fleurs, et la table couverte d'une nappe blanche, autour de laquelle dînaient confortablement des gens qui n'étaient point de son espèce. Cela l'interloqua. Il était venu gouailleur; il s'en retourna respectueux, après avoir demandé seulement ce que ses voisins comptaient faire le lendemain.

— De la photographie, répondit Scabieuse, pour dire quelque chose à ce géant devant qui, lui chétif, se trouvait nain.

La famille de cet homme se composait: de sa femme, âgée de quarante ans, plus vieille que lui de dix ans; du frère de sa femme, grand garçon pâle, crasseux, fainéant; d'une fille issue d'une première union de sa femme; enfin, de son fils, petit monstre de méchanceté.

La dame de la maison, somnambule de son métier, avait pour magnétiseur son frère Arthur, dit Patte-en-l'Air. Laide, paresseuse, gourmande, menteuse, querelleuse, elle dominait entièrement et rendait malheureux comme les pierres le superbe Tombe-la-Mort qui, plein de bravoure à la parade, remplissait chez lui l'emploi de cireur de bottes et de laveur de vaisselle.

— Eh bien! as-tu découvert de quel acabit sont ces princes dont la voiture est si neuve et le cheval si gras? lui demanda-t-elle, lorsqu'il rentra après sa visite aux Bravandas

— Oui, cocotte, c'est des photographes.

— Ah! malheur! i pouvaient bien rester ousqu'ils étaient. Les gens qu'auront dépensé leur argent chez eux n'iront pas met' leu sou dans la casquette du petit.

— J'crois pas pourtant qu'i nous gêneront beaucoup... C'est des Anglais, des originaux, quoi! qui voyagent pour leur plaisir, et qui sont photographes comme moi.

— Grosse bête! va! Voyager pour son plaisir dans une baraque comme ça!...

— C'est que, vois-tu, cocotte, leur baraque ne ressemble pas beaucoup à la tienne. I sont là dedans comme dans un salon, ou plutôt comme dans une cabine de tran... *transe à l'antique...* Tu sais, ces beaux navires de guerre qu' nous avons visités au Havre.

— En v'la assez! Mangeons la soupe.

On s'installa autour de la table boiteuse, maculée et brûlée, assis, l'un sur une chaise défoncée, l'autre sur une vieille caisse, le troisième sur la barrique de Tombe-la-Mort, la jeune fille sur un petit banc, le garçon par terre. Le couvert se composait d'assiettes ébréchées et rayées par le couteau, de fourchettes de fer tordues et rouillées. Au fond de la

Fig. 113. — Le Macaque (Pag. 74).

voiture, un lit défait étalait ses draps sales. Trois grandes boîtes superposées et qui contenaient chacune une paillasse s'alignaient le soir pour servir de lit aux autres membres de la famille. Le plancher était couvert de poussière, de petits morceaux de charbon craquant sous les pieds, d'épluchures de légumes, de taches de graisse. Enfin, une odeur épouvantable régnait dans cet antre. Elle venait, non seulement des hommes gourmands d'ail, d'eau-de-vie, de pipe; mais aussi des animaux qui y grouillaient. Les saltimbanques, en effet, possédaient trois chiens savants, un singe et un ours. Ce dernier seul demeurait en dehors de la voiture, dans une cage qui y était solidement attachée. Le singe, phthisique, toussait, cherchait ses puces, les attrapait, les mangeait. Il avait tous les vices et toute l'intelli-

gence de ses pareils. Le plus souvent, on le tenait attaché pour se mettre
à l'abri de ses méfaits. Le soir l'animal était heureux dans cette atmosphère empestée, parce qu'il y avait chaud. Ce qui le tuait c'étaient les
séances en plein air. Les chiens (un basset tournebroche, et un lévrier)
reconnaissaient pour institutrice et pour maîtresse, la pauvre Lise, souffre-
douleurs de la famille, parce qu'elle était bossue et douce. C'étaient pourtant les exercices de ses élèves qui faisaient pleuvoir le plus de sous dans
la caisse de la troupe. Elle leur avait appris de si jolis tours; et ils la com-
prenaient si bien ! Elle avait aussi dressé le singe et dompté l'ours.

Fig. 114. — Lévrier (Pag. 75).

Martin tremblait devant Tombe-la-Mort, montrait les dents dès qu'approchaient Cocotte, Patte-en-l'Air et Alfred le petit monstre; mais il
faisait le beau au moindre signe de Lise. Elle le nourrissait tant bien que mal
de croûtes de pain, d'os, de basses viandes; de temps en temps, elle lui
passait sur le dos une grosse brosse, pour lui éviter la lèpre et une trop
grande abondance de parasites... Et Martin, reconnaissant de ces bons
soins, vénérait Lise, se couchait à ses pieds. Il n'avait d'amitié plus vive
que pour le macaque, parce que celui-ci usait, quoique taquin, de bons
procédés à son égard.

Lise, fort ignorante, hélas ! ne se doutait guère des goûts de son ours;
par conséquent, ne songeait pas à les satisfaire. Or l'ours, un omnivore

dans toute la force du terme, a besoin de beaucoup de viande; mais fait
ses délices des fruits, des légumes, du sucre, des confitures. Quelques
morceaux de pain sale ne satisfaisaient pas suffisamment à la seconde
partie de l'alimentation de Martin, bien malheureux de n'avoir jamais un
fruit sous la dent. Un jour la voiture côtoyait une vigne pleine de beaux
raisins dorés, et l'ours enchaîné jetait avec des grognements des regards
d'envie sur le singe qui, plus alerte, pillait et se régalait. L'intelligent
quadrumane le comprit, et lui jeta dans la gueule un des plus beaux fruits
du champ. Oh! ce raisin!... quel divin rafraîchissement aux lèvres du
pauvre ours pelé! Depuis des années, depuis qu'on l'avait enlevé de ses

Fig. 115. — Un Basset (Pag. 75).

belles Pyrénées aux penchants desquelles mûrissent des grappes si lourdes, il n'avait savouré ce sucre et cette ambroisie. Le singe, ayant deviné le succès de son cadeau, lui cueillit une seconde grappe, puis une troisième. Il l'en eût enivré; mais Tombe-la-Mort, ayant cru apercevoir dans le lointain le chef d'un garde champêtre, renfonça le singe
dans la voiture, et pour ce jour-là, l'ours en eut fini avec son dessert.
Mais, par la suite, il reçut sa part de tous les larcins du singe. Quand du
pays du vin on passa dans celui du cidre, le singe se fit un jeu de monter
sur le haut de la voiture, de cueillir des boisseaux de pommes, et de les
envoyer une à une sous le nez de l'ours ravi. Quelquefois le macaque
dérobait du sucre à Mme Tombe-la-Mort, et sur quatre morceaux en gardait un pour Martin. La mégère trouvait mauvais que l'instinct pillard de la
bête s'exerçât sur elle, et l'en châtiait cruellement, mais sans lui enlever
l'envie de recommencer.

Cependant les Bravandas, après avoir dîné, et remis chaque chose
dans l'ordre accoutumé, étaient sortis, à l'exception de Marius, pour faire
un tour dans le port.

Il y a deux villes dans Granville: la ville basse et la ville haute. La
première est celle des marchands, des marins, des pêcheurs, des baigneurs;

Fig. 116. — On l'avait enlevé de ses belles Pyrénées (Pag. 76).

l'autre, une forteresse qu'habitent la bourgeoisie, la noblesse et l'extrême misère; de leurs fenêtres, les habitants jouissent d'une vue sublime: ils ont sans cesse sous les yeux les gloires et les horreurs de l'Océan; ils sont les premiers à supporter l'orage, le choc et le bruit du vent qui fait rage contre leurs murailles.

Nos voyageurs prirent d'abord beaucoup de plaisir à visiter la ville basse. La soirée était magnifique et très chaude; un clair de lune magique argentait les flots, blanchissait les vaisseaux, en laissait voir tous les détails. Même à cette heure tardive, on travaillait en toute hâte dans le port. Des pêcheurs partaient, profitant de la marée; des barques et des bricks arrivaient.

Le port de Granville, qu'on a construit dans une anse très large, au moyen de deux jetées, dont l'une, fort longue, est pour son importance le septième de la France. Sur ses trois bassins, deux restent toujours à flot. La petite troupe, qui n'avait pas encore vu de port, s'intéressait à celui-ci. Les dames protestaient bien contre l'odeur compliquée et détestable qui s'exhalait des alentours; mais elles allaient toujours leur chemin, accablant de questions le bon Scabieuse.

On passa devant une grande halle bien lavée où s'entassaient les poissons. Les Parisiens, qui peut-être n'avaient jamais songé à admirer le marché de Paris, où, cependant, arrivent chaque matin des trésors ichthyologiques, voulurent entrer dans celui de Granville; et il fallut que Scabieuse leur fît là un véritable cours qui finit par intéresser les ouvriers eux-mêmes, dont les visiteurs gênaient pourtant un peu les mouvements. Cela flatte toujours les gens de voir des personnes intelligentes s'intéresser à leur industrie, et dire merveilles des choses qu'ils manient tous les jours.

Un rouget barbet *(Mullus barbatus)* attira tout d'abord leur attention. Ce poisson est, en effet, fort rare dans la Manche; il abonde, au contraire, dans la Méditerranée, où, connu sous le nom de *Routjet*, il joue sa partie dans le concert de la bouillabaisse. Il paraît que nos Marseillais actuels, en accordant ainsi leur estime à cet acanthoptérygien, n'ont fait que suivre l'illustre exemple des patriciens de l'ancienne Rome, les plus grands goulus de l'univers, qui ne craignaient pas de payer un seul rouget jusqu'à 6000 sesterces (soit près de 1200 francs de notre monnaie). On ajoute qu'ils poussaient le raffinement jusqu'à mettre le malheureux, vivant encore, sous les yeux de leurs convives, afin de les charmer par les changements de couleur qui accompagnent sa lente agonie.

Non loin du rouget, une dalle était couverte de soles, de limandes, de plies, auprès desquelles s'étalaient d'énormes turbots (Pl. II, fig. 2). On sait

Fig. 117. — Le Rouget (Pag. 78).

que tous ces poissons se distinguent par la forme aplatie de leur corps, dont les deux faces, mutuellement fort différentes, sont, l'une à peu près blanche,

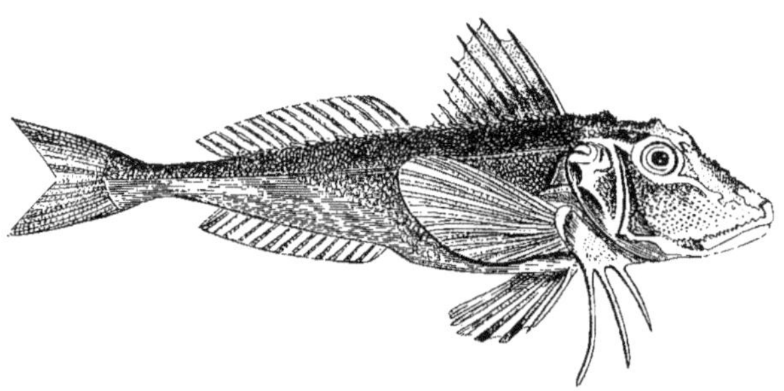

Fig. 118. — Le Grondin (Pag. 80).

l'autre fortement colorée. Leurs deux yeux sont placés sur cette dernière face ; leur bouche est contournée : ce sont des poissons monstrueux que les savants réunissent sous l'appellation de pleuronectes. Scabieuse révéla à ses jeunes compagnons qu'au moment de la naissance le corps des pleuronectes est parfaitement symétrique. C'est peu à peu, et par une sorte d'adaptation au genre de vie de l'animal, que l'un des yeux s'enfonce dans

Fig. 119. — Espadon (Pag. 81).

la cloison membraneuse qui sépare les deux orbites pour sortir de l'autre côté de la face. L'animal, se tenant presque toujours au fond des eaux et couché sur le sable ou dans la vase, l'un des côtés de son corps se décolore, à peu près comme l'intérieur d'une salade qu'on a bottelée.

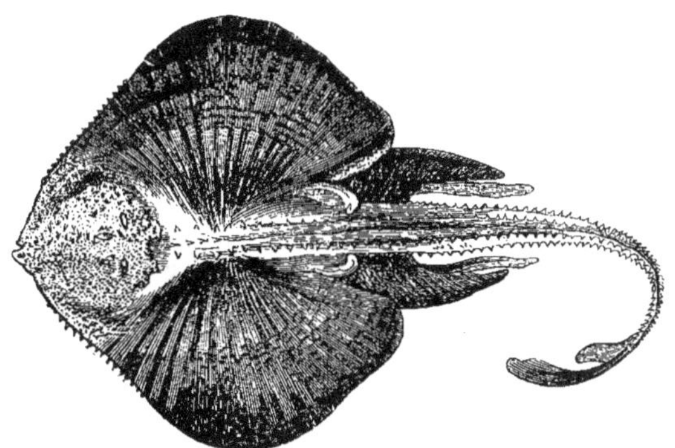

Fig. 120. — Raie ronce (Pag. 81).

Un tas de grondins faisaient resplendir leur dos rouge vif, leur ventre blanc et leurs nageoires multicolores. Les pêcheurs les appellent *coucous*; et pour beaucoup de gens, ce sont les véritables rougets; à côté d'eux brillaient des vieilles (Pl. I, fig. 5), et plus modestes étaient amoncelés des merluches (Pl. III, fig. 3), des harengs (Pl. III, fig. 4).

Outre des daurades (Pl. III, fig. 6) et des maquereaux (Pl. III, fig. 5) aux écailles irisées, nos visiteurs remarquèrent plusieurs espadons dont la mâchoire supérieure, prolongée en forme de bec aigu, leur a fait donner leur nom qui signifie *porte épée*.

Fig. 121. — Murène ondulée (Pag. 81).

Certains étalages étaient surtout riches en raies (raie bouclée Pl. II, fig. 3 et raie ronce) et en congres (Pl. I, fig. 3) ou anguilles de mer, dépourvues d'écailles et d'un gris blafard ; il y en avait qui dépassaient deux mètres de longueur. Ce sont des poissons du genre mu-rène, dont une autre espèce est la *murène ondulée*. Une torpille (Pl. II, fig. 1) gisait, désormais inerte.

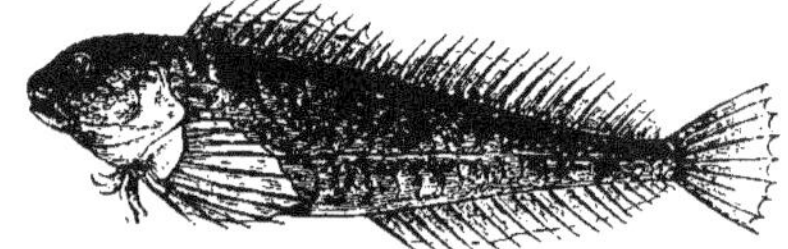

Fig. 122. — Blennie (Pag. 81).

— Vous pouvez la toucher sans crainte, dit Scabieuse ; elle ne vous donnera pas la décharge élec-trique dont elle n'eût pas manqué de vous étonner durant sa vie.

Côte à côte se montraient une blennie (Pl. I, fig. 2), dont le corps

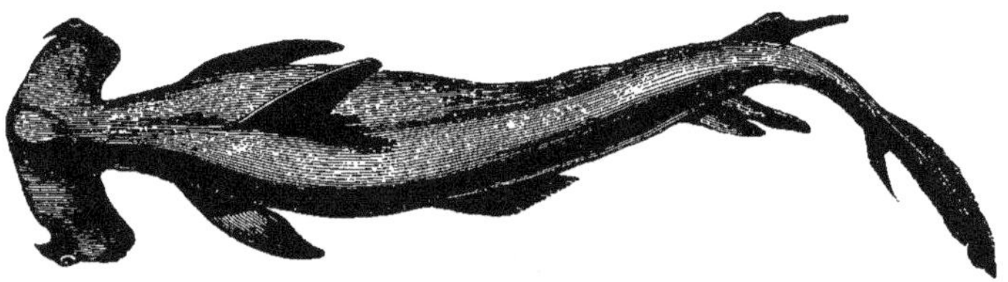

Fig. 123. — Marteau (Pag. 81).

bizarre était recouvert d'une peau visqueuse ; des chimères, ou chats de mer ; un marteau à la tête ornée de chaque côté d'une volumineuse proéminence charnue à l'extrémité de laquelle se trouve un œil ; un squale ange dont les grandes ailes justifient mal le nom (Pl. II, fig. 4) ; une scie terriblement armée.

Scabieuse signala une orphie vulgaire dont le squelette coloré en vert inquiète les personnes qui le rencontrent pour la première fois dans leur assiette.

Enfin il y avait en abondance des poissons volants ou exocets, dont les nageoires pectorales extrêmement développées ont les rayons sous-tendus par des replis membraneux de la peau qui permettent à ces animaux de se soutenir quelque temps au-dessus des flots.

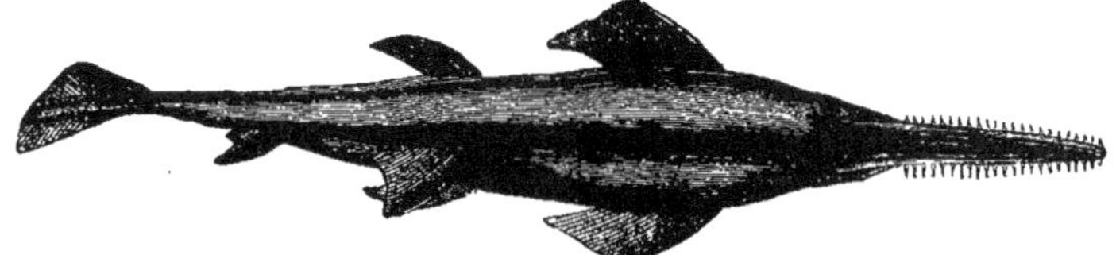

Fig. 124. — Scie (Pag. 81).

Dans un panier mis à l'écart était accumulée toute une collection bien faite pour tenter de jeunes zoologistes. On y voyait des seiches, mollusques céphalopodes aux gros yeux éteints, aux bras flasques, au corps en forme de sac, mêlés à des poissons de rebut, parmi lesquels on

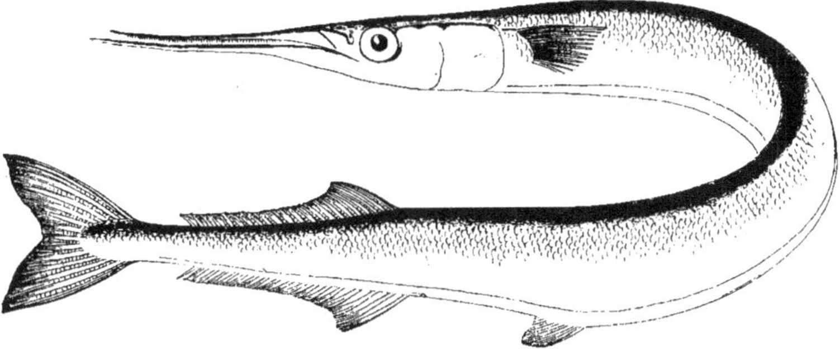

Fig. 125. — Orphie (Pag. 81).

distinguait surtout des hippocampes ou chevaux marins, rappelant en miniature les coursiers bardés de fer du moyen âge et les syngnathes ou aiguilles de mer (Pl. III, fig. 2); et des cépoles (Pl. I, fig. 3) éclatants de couleur que les pêcheurs ont bien su caractériser par les noms expressifs de flammes et de rubans rouges, et qu'ils appellent aussi : qui dira pourquoi?... des demoiselles.

Devant tant de beaux échantillons, Scabieuse ne put s'empêcher de donner à ses amis une idée élémentaire de la classification des poissons.

— Le caractère le plus général, dit-il, a été fourni par la consistance du squelette, lequel, suivant les cas, est composé de véritables os ou de simples cartilages. Le maquereau, le thon, la plie sont des poissons osseux; le requin, la raie, la chimère, le marteau sont des poissons cartilagineux. Les poissons cartilagineux sont d'ailleurs en minorité dans le monde ichthyologique.

Fig. 126. — Exocet, l'oisson volant (Pag 82).

Vous pouvez remarquer que les nageoires des poissons osseux varient beaucoup de l'un à l'autre. L'espadon, la daurade, le grondin, le rouget, le maquereau présentent comme charpente de leur nageoire dorsale des rayons raides, durs et aigus, comparables à des épines. C'est ce qu'on a voulu exprimer en réunissant tous ces poissons et ceux qui ont le même caractère sous le nom d'acanthoptérygiens.

Au contraire, les autres poissons que nous avons sous les yeux ont leur nageoire dorsale tout à fait molle. Ce sont les malacoptérygiens; mais comme ils sont très nombreux, on a eu recours, pour les classer, à la place relative des nageoires ventrales et des nageoires pectorales. Quand les nageoires ventrales sont placées sous la gorge, en avant ou au-dessous des pectorales, on a affaire à des malacoptérygiens subbrachiens: tous nos pleuronectes, soles, limandes, plies, turbots, sont dans ce cas. Quand les nageoires ventrales sont en arrière des pectorales, on a les malacoptérygiens abdominaux représentés ici par l'orphie et l'exocet. Enfin, il peut arriver que les nageoires ventrales manquent absolument; c'est ce qui a lieu chez les malacoptérygiens apodes dont les murènes et le congre en particulier font partie.

Cette classification, dans laquelle trouve place l'immense majorité des poissons, laisse cependant de côté quelques formes exceptionnelles. L'hippocampe, par exemple, ne fait partie d'aucune des catégories précédentes; ses branchies en houppes, au lieu d'être en peigne, justifient son admission dans le très petit ordre des lophobranches.

Fig. 127. — Seiche (Pag. 82).

Au sortir de la halle, les promeneurs suivirent tous les bassins, et arrivèrent sur la grande jetée, vaste chaussée de granit, à parapets fort hauts, et épais de deux mètres, au moins. Tout le long étaient attachés des engins de sauvetage, des cordes, des ancres, des bouées, un bateau insubmersible. Des marches permettent de s'élever assez pour voir la mer, superbe sous le beau ciel resplendissant, animée par les voiles blanches, par les lanternes de couleur des bateaux grands ou petits. Très calme, elle faisait entendre seulement contre le mur de pierre un léger clapotement.

— Ce n'est pas de cette jetée qu'il nous faut regarder la mer, dit Scabieuse; mais du pied de l'église qui couronne le roc.

On gagna une enfilade d'escaliers menant au faîte de de la rue des Juifs. Cette rue, longue, noire et sale, est la pente douce qui va de la ville basse à la ville haute.

L'entrée de celle-ci est des plus pittoresques: un pont-levis, une voûte, une sorte de boyau avec des angles.

La rue qui y aboutit, et où se tient le marché, traverse la ville de part en part. A gauche, s'embranche le chemin assez raide qui conduit à l'église Notre-Dame, beau monument du style ogival flamboyant.

— Nous sommes ici, dit Scabieuse, au point culminant du promontoire de Lihou. Maintenant, appuyez-vous sur ce parapet, et admirez !

Fig. 128.
Hippocampe (Pag. 82).

Le lendemain Bravandas voulut encore rester seul, et conseilla à Scabieuse et à sa famille de faire la promenade de Saint-Pair, célèbre parmi les Granvillais. Il alléguait, pour ne pas les accompagner, de la fatigue, du mal de tête. Sa femme s'inquiéta. Sans le croire sérieusement malade, elle ne s'expliquait pas sa mine abattue et mélancolique.

Mme Bravandas tenait d'ordinaire les cordons de la bourse, mais pour le voyage elle les avait laissés aux mains de son mari, n'estimant pas ses propres poches assez sûres pour la garde du trésor. Et Marius, qui dans les moindres détails voulant être équipé en parfait voyageur, avait acheté une ceinture de toile divisée en petits compartiments, et y cachait ses louis d'or et ses billets de banque. Quelquefois Marguerite lui demandait :

— Où en sommes-nous de notre argent ?

Et lui, toujours, répondait :

— Je ne peux pas te le dire au juste en ce moment; car ma ceinture n'est pas facile à atteindre. Mais sois tranquille, nous sommes encore riches.

Et Mme Bravandas le croyait. On vivait si économiquement qu'elle se figurait de bonne foi la réserve peu entamée.

Fig. 129. — Requin (Pag. 83).

La pauvre femme s'écriait pourtant bien souvent, quand elle vivait à Paris :

— Comme l'argent file vite !

Elle résolut d'avoir une explication avec Bravandas. Sous prétexte d'une réparation urgente à sa robe, elle demanda qu'on retardât le départ d'une demi-heure, et envoya Scabieuse et les enfants regarder à quoi ressemble la plage de Granville.

Elle eut vite pénétré le secret de son mari.

— Hélas! oui, ma pauvre Marguerite, j'ai été un mauvais caissier, et nous voilà à peu près sans argent. Je suis donc arrivé pour en gagner à la cruelle nécessité d'utiliser mes talents de photographe. Et comme je sais que cette manière de nous tirer d'affaire te répugne, je me tourmente; je voulais essayer de travailler à ton insu.

Mme Bravandas qui, un instant, s'était sérieusement alarmée, fut soulagée de cette confession. Son mari souffrant surtout à cause d'elle, il était facile de lui enlever son ennui.

— J'ai réfléchi, et j'ai fait justice de mon sot préjugé, dit-elle gaîment. Tout ce qui me fâche, c'est de penser que tu vas te donner beaucoup de mal. Ah! pauvre ami, es-tu donc condamné à travailler toujours?

— Le travail est une bonne chose, de quelque façon qu'il se présente. Ce qui mine, ce sont les préoccupations, les idées noires que l'on se contraint à cacher. Tu n'es pas fâchée contre moi, me voilà heureux.

— Je te tiendrai compagnie.

— Non! je saurai me tirer d'affaire tout seul, et j'aime mieux que tu ne sois pas en contact avec les gens qui vont envahir notre demeure. Le soir, vous m'aiderez tous à effacer les traces du désordre. Promenez-vous donc allègrement, et faites des vœux pour que les recettes soient abondantes.

Malgré cette recommandation, Mme Bravandas eut le cœur serré toute la journée. Pour son compte, elle commençait à prendre en grippe ce voyage où les soucis d'argent les poursuivaient plus âprement qu'à Paris. Et elle enrageait, la pauvre femme,

Fig. 130. — «La Mer montante écumait contre les Rochers».... (Pag. 86).

de penser que son cher grand artiste faisait, pour de maigres sommes, une vile besogne. En même temps elle ne pouvait se défendre d'un peu d'amertume contre lui qui les avait embarqués dans cette galère (c'était ainsi qu'elle se mettait à appeler leur voiture). Que n'avaient-ils eu l'idée de voyager tout simplement comme tout le monde, au lieu de se conduire en originaux dont l'orgueil naïf juge que la sagesse des nations a tort?... Ils auraient été moins longtemps en route (le beau mal après tout!), mais ils auraient vécu dans de confortables hôtels, bien couchés, bien nourris, bien servis. Tandis qu'avec leur belle combinaison, il fallait s'éreinter à la cuisine, au ménage, si bien que sa fille et elle se gâtaient les mains comme des cuisinières.

Elle ne profita pas du tout de la promenade de ce jour-là. On suivait une belle route, élevée sur les falaises abruptes. La mer montante écumait contre les rochers de la grève. Un bon vent, frais et salé, éventait les joues des promeneurs. La route était remplie de gens qui allaient à Granville : belles femmes hâlées et rieuses, hommes grands et solides, vieillards ridés et courbés, marmots, ce jour-là bien peignés, bien lavés. La petite foire attirait tout ce monde des environs.

En moins d'une heure on arriva à Saint-Pair, dont on admira la plage, grande et de sable fin. Quelques cabines annonçaient que, dans la saison, on y prenait des bains. De la plage on monta à l'église, qui valait bien la peine d'une visite. Elle date des onzième et douzième siècles, et se compose de deux parties, qui font comme deux chapelles distinctes. Dans la première, les jours de grande fête, la circulation est considérablement gênée par deux statues, couchées à terre sur deux tombeaux. Ce sont celles des grands saints du pays, saint Pair et saint Gaud. Les matelots et les pêcheurs y ont une dévotion toute particulière, et aiment à les prendre pour but de pèlerinage. On déjeuna à Saint-Pair. Puis, comme Alice se plaisait beaucoup sur le beau sable, dans lequel elle creusait des fossés et des canaux, Mme Bravandas y resta avec elle, tandis que Scabieuse, Marie, Pierre et Julien allaient jusqu'à la pittoresque mare de Bouillon, située à 4 kilomètres.

Dans cette vaste dépression s'est, dit une légende, abîmée une ville maudite. Elle est en partie entourée d'éminences arrondies, couvertes d'une herbe courte et fine, et sur ses bords croissent des roseaux à balai toujours ondulants et ployés sous le vent soufflant presque continuellement dans ces parages. Les enfants cueillirent quelques-unes de ces belles graminées, qui atteignent deux mètres de haut, et remarquèrent leurs feuilles pointues et leur épi noirâtre.

Suivant le désir de Marius, les promeneurs ne rentrèrent qu'assez tard à Granville. La foire était dans toute son animation, et les petites boutiques commençaient à s'allumer ; mais la voiture du photographe était fermée et obscure. On ouvrit précipitamment la porte, et on le trouva étendu très fatigué sur le divan. A la vue de sa femme et de ses enfants, un sourire joyeux éclaira son pâle visage. Il se leva et les embrassa tendrement.

— Eh bien, mes amis, s'écria-t-il, la photographie est une belle chose. Savez-vous que je viens de gagner une centaine de francs dans ma journée ?... Je ne les ai pas encore touchés ; mais après demain nous les aurons en poche. Voici : j'ai annoncé ma marchandise au prix de cinq francs la douzaine, et il m'est venu une vingtaine de commandes. Ces Normands sont défiants, et je n'ai pas voulu les faire payer d'avance. Seulement, pour m'assurer contre leurs repentirs, je leur ai fait déposer, comme arrhes, la somme de deux francs, ce que chacun a trouvé très juste. Tout n'a pas été désagrément dans mon métier; j'ai eu affaire à de bons types, à de gros pêcheurs rouges comme des homards cuits, à de jolies femmes, très majestueuses sous leur cape noire, avec leur coquet bonnet qu'on appelle une bavolette; il y en avait deux dont les maris étaient partis à Terre-Neuve pour la grande pêche de la morue, et afin de les consoler dans cette longue absence, elles voulaient leur faire la surprise de leur portrait. Si demain nous avons un beau temps, il faudra que Scabieuse et moi nous travaillions comme des enragés pour tirer cette masse de photographies.

— Papa! je t'aiderai, s'écria Marie.

— Moi aussi, dit Mme Bravandas.

— Eh! ma foi, je le veux bien. Vous n'êtes pas maladroites, et vous me rendrez grand service. Je vous assure, mes chers amis, qu'il n'y a rien de déshonorant à ouvrir de temps à autre sa maison au public. Si je consacre à la photographie un jour par semaine, nous aurons de quoi vivre très largement. Alors plus d'inquiétudes! plus d'arrière-pensées! ce sera délicieux.

On acheta chez un restaurateur des plats tout préparés et l'on dîna avec beaucoup de gaieté.

— Parmi mes clientes, j'en ai eu une assez extraordinaire: notre voisine de foire, qui est venue poser en costume de somnambule: une large tunique bleue semée d'étoiles blanches. Elle a essayé de me faire causer, de savoir qui nous sommes. Mais je suis resté muet comme un poisson, et je l'ai expédiée au plus vite. Elle est sortie mal satisfaite de moi, sans me donner d'arrhes, et en me disant qu'elle ne me payerait que la moitié du prix ordinaire.

Le lendemain Pierre et Julien reçurent la permission de se promener seuls sur la plage et aux environs de Granville. Pour employer agréablement leurs loisirs, ils commencèrent par le tour du Roc.

Ils durent remonter dans la ville haute; mais, peu sensibles au panorama, ils s'occupèrent surtout de la caserne dont les bâtiments se trouvent au-dessous de l'église; les cours contenaient des boulets et des pièces de canon, hors d'usage pour la plupart. Puis, en poursuivant leur chemin, ils se trouvèrent sur des terrains à peu près horizontaux, mais creusés de longs fossés en divers sens. Les pioupious y faisaient l'exercice; ce spectacle, tout nouveau pour elle, amusa fort Mlle Alice, qui accompagnait ses frères. A regret, les trois enfants quittèrent les beaux militaires. Ils passèrent devant une interminable corderie dont le bout touchait presque à un phare fièrement campé à l'extrémité du roc. Alors ils prirent un sentier abrupt qui descend au travers de l'escarpement. Une sorte de petit poste suspendu au flanc de la falaise et dont l'architecte a pittoresquement emprunté à la roche vierge une partie de ses matériaux, les arrêta au passage. Cet endroit est si favorable à la contemplation de la mer, que les enfants en subirent l'influence ; et, sans y songer, se laissèrent subjuguer par le magnifique spectacle qu'ils avaient sous les yeux.

Les marées sont très fortes à Granville ; elles envahissent complètement la plage, et s'élèvent souvent fort haut le long de la falaise ; les jours de tempête, l'écume et l'éclaboussure des vagues jaillit jusque sur l'herbe, maigre et courte, qui pousse aux sommets du roc, et dont se nourrissent quelques chèvres sèches et plaintives. La ville basse fut souvent inondée par de grandes marées poussées par de grands vents. Les Bravandas étaient arrivés à Granville un jour avant la pleine lune ; c'était, par conséquent, une époque de flux assez considérable. De leur petit observatoire, les enfants entendaient le bruit formidable de la masse d'eau se brisant, se pulvérisant contre la falaise inébranlable, lavant infatigablement ses grands murs noircis, recommençant, avec une sorte d'impatience indignée, son éternel travail. Ils la regardèrent tant qu'ils en avaient la tête fatiguée. Enfin ils la virent baisser. Cela leur fit plaisir. Après avoir semblé de taille à submerger la montagne, son heure étant finie, elle regagnait ses plus étroites limites, ne laissant de son passage d'autres traces appréciables qu'un peu d'humidité sur les rochers.

Les jeunes touristes achevèrent la promenade du roc, en reprenant le sentier, qui peu à peu s'élargit, et se termine à l'amorce même de la grande jetée.

Comme la mer tenait sur la grève encore trop de place pour qu'on pût s'y promener, et qu'ils avaient, avant de rentrer, deux heures devant eux, ils allèrent explorer une autre falaise : celle qui commence au delà de la Tranchée des Anglais, porte artificielle de la plage de Granville.

Grande eût été l'inquiétude des parents s'ils avaient deviné à quels escarpements cette folle jeunesse consacrait sa matinée. Cependant Julien, rempli de prudence, veillait bien aux petits pas de sa sœur, et ne cessait de lui tenir la main.

Les hautes falaises s'abaissèrent enfin, et un chemin mena, par une pente assez douce, les petits promeneurs sur la grève, accessible depuis quelques minutes, et le long de laquelle ils revinrent.

Fig. 131. — Lychnis (Pag. 90).

Du haut de la falaise, ils avaient observé la mer ; du bord de la mer, ils observèrent la falaise. Elle s'élève à environ trente mètres. Dans le haut, où la vague n'atteint pas, pousse une végétation, jamais assez touffue pour recouvrir entièrement la roche, qui laisse sortir ses angles et ses feuillets. Parmi ces pauvres plantes, toujours battues par les vents chargés de sel, brillent çà et là, dans quelques encoignures, des touffes d'œillets, des branches de lychnis ; le reste consiste surtout en ajoncs, en trèfle nain. Comme une lèpre dont ils portent le nom, des lichens apparaissent en hideuses plaques : on serait à Paris, que l'on croirait à des taches de couleur blanchâtre, répandues par des peintres en bâtiments. Plus bas, à mi-hauteur, est la roche que la mer ronge régulièrement deux fois par jour. C'est, comme sur tout le littoral de Granville, de la grauwacke cambrienne, un des plus anciens terrains stratifiés ; elle est dépourvue de fossiles, les êtres organisés ayant été bien rares à l'époque de son dépôt. Tous les tons de couleurs tristes s'y rencontrent : pas la moindre paillette, pas la moindre étincelle sur ces blocs rayés en tous sens comme par une griffe immense. Ce qu'il y a de plus éclatant, c'est la rouille ; puis, viennent le brun foncé, le vert si sombre qu'il passe au noir ; plus loin la roche semble maculée d'encre ; le gris ardoise domine ; mais sans l'éclat, d'ailleurs

Fig. 132. — Œillets (Pag. 90).

discret et satiné, qu'il donne parfois à la toiture des maisons.

Vraiment Satan, avec une armée d'horribles forgerons, a dû passer par là pour river dans le sol, et les uns sur les autres, ces blocs aux formes d'enclume; et le malheureux qui se trouve la nuit au milieu de cette *pétrée* doit se croire aux trois quarts sorti du monde des vivants.

Sur beaucoup de ces rochers, rendus glissants par la gluante végétation des plantes marines, les enfants avaient grand'peine à se tenir, ce qui du reste ne les empêcha pas de faire une fructueuse herborisation. Il y avait surtout des *Fucus*, d'une couleur noirâtre passant à la rouille. Tandis que le botaniste y distingue plusieurs espèces fort nettes, les habitants des côtes les confondent tous sous les dénominations de goëmons et de varechs, et les récoltent pour divers usages, tels que la fabrication des paillasses, l'extraction de la soude et surtout de l'iode.

Nos trois Parisiens rencontrèrent un gamin granvillais qui faisait l'école buissonnière dans ce coin écarté de la plage. Il fuyait le regard des grandes personnes; mais ces enfants le rassurèrent, et, liant conversation avec eux, il leur apprit l'usage des goëmons. En ce moment ils foulaient aux pieds le *Fucus vesiculosus*.

— Ça, dit le Granvillais, c'est du *craquet*, parce que ça craque sous les pieds; voyez-vous c'est rempli de petites ampoules qui font *crac* quand on les écrase. Y a des gens qu'en mangent pour se faire maigrir. Mais c'est pas ces

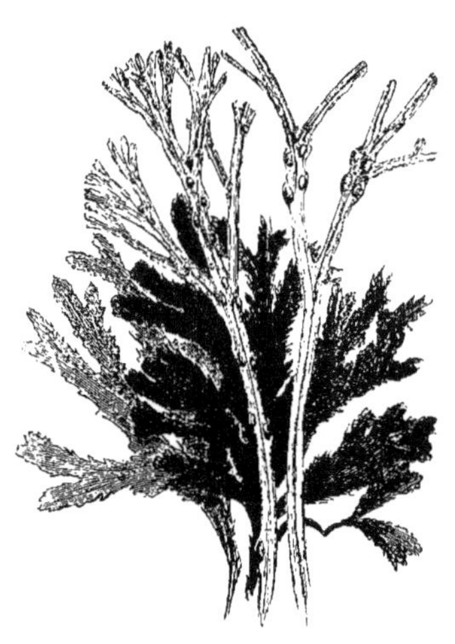

Fig. 133. — Varech (Pag. 91).

goëmons fragiles qu'i m' faut. J'en cherche des meilleurs pour fabriquer des sifflets. J' crois qu'en v'là. Tenez les p'tites boules sont si solides qu'on crérait qu'a sont en corne; a f'ront m'n affaire. Donnez-moi vot'.. adresse, mes p'tits messieurs, j'irai vous en vendre. Maintenant un conseil: si vous voulez faire une bonne farce à vos parents, emportez-moi d' ces gros goëmons, et jetez-les dans le feu: i pèteront avec un bruit épouvantable.

Le polisson était trop préoccupé de ses sifflets pour donner des renseignements sur des plantes qui ne pouvaient point lui en fournir, et Pierre le regrettait d'autant plus que lui-même était d'une ignorance absolue sur la végétation des algues. Il observa avec grand soin l'allure de ces plantes sur leurs rochers, et résolut de recourir à la science de Scabieuse.

Il se rappela pourtant que les éclatantes plaques d'un vert émeraude qui
par places couvrent le rocher d'une sorte de membrane mince comme de
la baudruche, sont des *ulves*. Il y en avait qui sous l'action du soleil se

Fig. 134.
Fucus vesiculosus (Pag. 91).

tendaient, se desséchaient, au point d'être méconnaissables. Pierre leur jeta
de l'eau ; et pendant un instant, elles reprirent la souplesse et la vie.
Normalement, c'est le flot montant qui les ressuscite.

A côté des ulves brillait le rouge de feu d'algues bien supérieures : les *Rhodymenia,* les *Halymenia,* les *Delesseria* et les *Phyllophora.* Moins vives de couleurs, des *gigartines* formaient des expansions cornées et ramifiées portant çà et là de petites granulations.

Le long des parois des mares, des gazons d'une finesse merveilleuse mariaient leurs couleurs et leurs formes variées. Il y en avait d'un rouge foncé ; c'étaient les *Callithamnion tetricum* ; d'autres, presque noirs : les *Rhodymenia,* et plusieurs d'un joli vert de mousse : les *Sporochnus,* les *Ectocarpus,* etc.

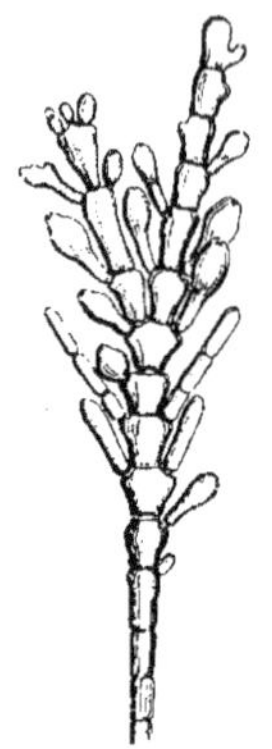

Fig. 135.
Coralline officinale
(Pag. 93).

Les corallines officinales formaient de petites touffes toutes blanches. Pierre, en les prenant, crut mettre la main sur des polypiers, et voulut même faire partager son opinion à Alice. Mais Scabieuse devait le détromper. Ces algues, de nature essentiellement calcaire, sont constituées par des articles successifs qui forment des rameaux très élégants. Les savants, longtemps hésitants à leur égard, les ont successivement ballottées entre les deux règnes. C'est à la suite des travaux de Decaisne qu'on s'est accordé pour y voir ce qu'elles sont, des plantes.

Fig. 136.
Delesseria (Pag. 93).

Julien détacha une laminaire ; lanière brune de deux mètres de long, de quinze centimètres de large, gaufrée et tuyautée sur les bords, se terminant en pointe et portée sur une espèce de grosse tige cylindrique attachée par une touffe de crampons au rocher. Mouillée, cette plante a la transparence d'une feuille mince de caoutchouc. Certaines laminaires sont beaucoup moins longues, mais beaucoup plus larges, et divisées en nombreuses lanières qui donnent à la plante une apparence digitée.

Pierre remarqua sur quelques-unes de ces plantes de petites plaques d'apparence pierreuse qu'on retrouve sur les rochers, sur les coquilles et même sur la carapace des crabes. Le jeune naturaliste prit sa loupe, et vit que ces plaques étaient constituées par l'assemblage de cellules d'une régularité extraordinaire, dans chacune desquelles se trouve un animal qui la secrète. Pierre fut très content de son observation ; mais il ne savait quel nom donner à ces êtres : c'étaient

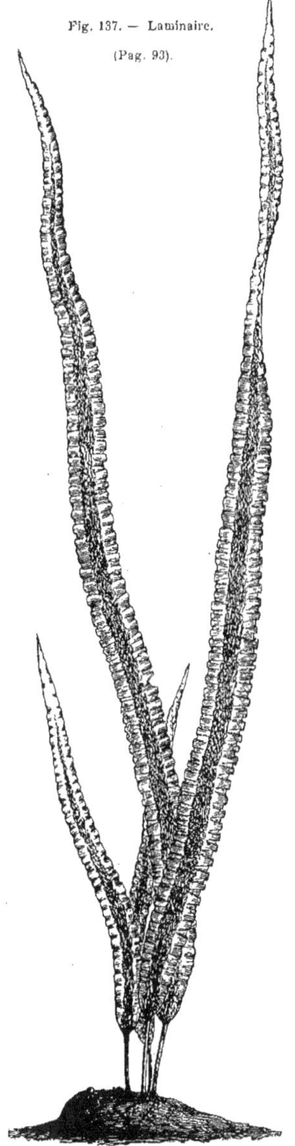

Fig. 137. — Laminaire.
(Pag. 93).

des *flustres* et des *escharres*, c'est-à-dire des bryozoaires, voisins immédiats des mollusques, et dont le nom signifie *animaux-mousses*.

Alice, poussant des cris d'admiration, attira ses deux frères auprès d'elle. Elle regardait une mare entièrement tapissée de sortes de feuilles cornées fixées horizontalement au

Fig. 138. — Ulve (Pag. 92).

rocher par l'un de leurs bords, et dont l'ensemble donnait tout à fait l'idée d'une queue de paon à zones concentriques, la couleur était le gris perle, plus clair sur les bords que dans les zones; les botanistes appellent très justement cette jolie plante *Padina pavonia*.

— Voici des lacets de cuir pour vos souliers, dit Julien.

Et tout en parlant il détachait du milieu de la mare, devant laquelle il

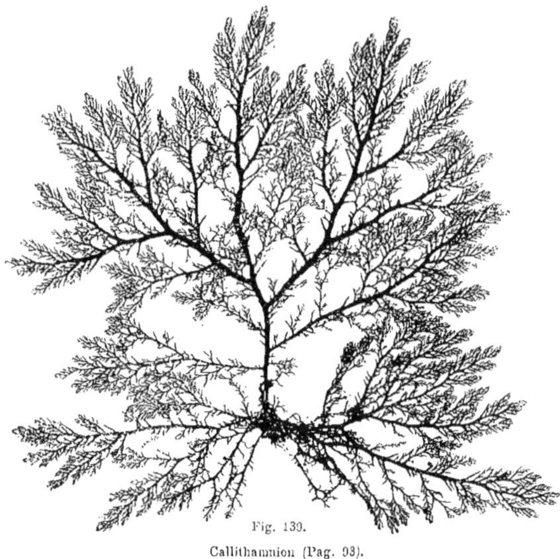

Fig. 139.

Callithamnion (Pag. 93).

se trouvait, une grande quantité de longs fils d'un brun d'olive. Les en-

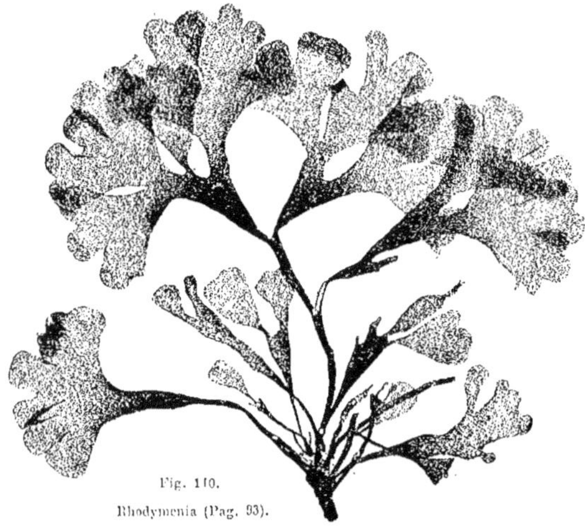

Fig. 140.

Rhodymenia (Pag. 93).

fants, ajouta-t-il, en font très souvent des lignes à pêcher, et les désignent sur nos côtes sous le nom de *fil de mer* ; les savants les distinguent sous celui de *Chorda filum*.

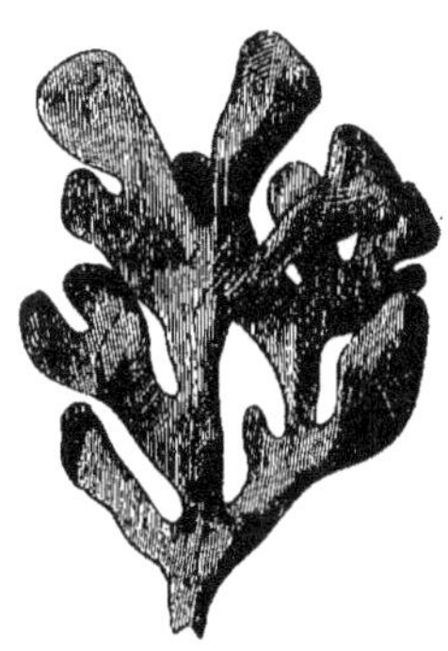

Fig. 141. — Flustre (Pag. 94).

La moisson de plantes était si magnifique qu'elle détourna un peu l'attention de Pierre et de Julien des mollusques, crustacés et poissons. Cependant ils ramassèrent un certain nombre de coquilles bivalves. Là-dessus Pierre était très fort, et il poursuivit Julien de ses explications.

— Vois-tu, lui dit-il, tous les mollusques bivalves sont des acéphales, ou plutôt des lamellibranches. Toi, qui cultives le jardin des racines grecques, tu dois savoir ce que veut dire le mot acéphale.

— Sans tête, parbleu !

— Eh bien, cette dénomination n'est pas absolument exacte ; car, si en effet, on ne trouve pas de tête dans une huître, en regardant avec un peu d'attention, on s'aperçoit qu'elle en possède tous les éléments essentiels ; mais que ces éléments, situés autrement que chez les animaux supérieurs, sont, pour ainsi dire, éparpillés. L'huître a une bouche suivie d'un œsophage et d'un estomac ; elle a des yeux disséminés en très petits points ; elle a surtout une espèce de noyau nerveux qui correspond, quoique de très loin, au cerveau, à la partie la plus caractéristique de la tête. J'aime donc mieux, pour les désigner, le mot *lamellibranches* tiré de la forme des branchies disposées chez ces mollusques en lamelles su-

Fig. 142. — Padina pavonia (Pag. 94).

perposées. Tu as bien vu, n'est-ce pas, ces organes respiratoires de l'huître suivre en dedans les contours de la coquille ? Les deux valves du lamellibranche sont réunies pendant la vie par une charnière ; après la mort, elles se vident ; et presque toujours la charnière se rompt, laissant libres les

deux parties du test. Tiens! ma petite Alice, voici un manche de couteau ;
ce sera joli pour ta dînette. A toi, Julien, je dirai que c'est un *Solen.*

— Un *tuyau ?*

— Parfaitement : les deux valves de cette coquille laissent, en effet,
entre elles un intervalle, un véritable canal que remplit le mollusque. Celui-ci, que beaucoup de per-
sonnes mangent avec plaisir, est en-
foui verticalement dans le sable ; pour
le trouver vivant, il faudrait aller
beaucoup plus loin ; contentons-nous
de ces valves détachées.

— Tenez, mes p'tits m'sieurs, dit
le jeune Granvillais, v'là des *flas !*

— Ça, répliqua Pierre, c'est la
mactre glauque, je la reconnais à ses
valves en triangles arrondis et à sa
charnière dont les deux dents dessinent une sorte de V.

Quand les enfants rentrèrent pour
le déjeuner, Alice était horriblement
sale ; elle avait sa robe et ses bras
trempés ; il fallut la changer à peu
près complètement. Mme Bravandas
avait bien envie de gronder ; mais les
trois étourdis montraient une mine
si souriante et si rose qu'elle n'eut
que le courage de les embrasser.

On félicita grandement Pierre
de son abondante récolte ; mais Scabieuse, trop occupé de la photographie, ne put lui donner sur ses algues

Fig. 143. — Chorda filum (Pag. 96).

tous les renseignements qu'il demandait, et lui conseilla de les coller sur
les cartons, afin de les étudier plus tard. Les deux garçons passèrent donc
une partie de leur après-midi à préparer leur collection. Ils plongèrent
d'abord les plantes marines dans de l'eau douce, afin d'en séparer le sel ;
puis ils les pressèrent et avec de la gomme les fixèrent sur de jolies cartes
blanches. Pour les plus délicates, ils déposèrent chaque échantillon à part
dans une soucoupe d'eau fraîche ; avec le bout du doigt ou l'extrémité

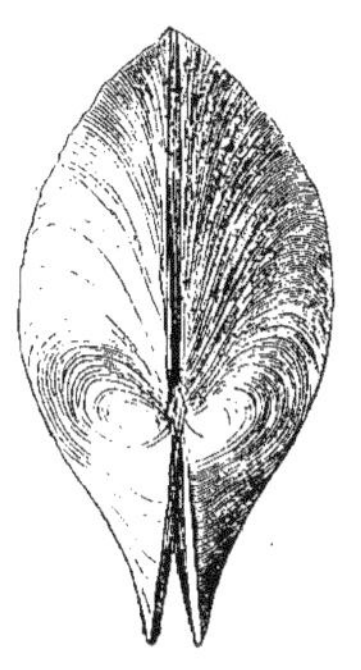

d'une plume ils séparèrent les rameaux jusqu'à ce que la plante prît son port habituel. Puis ils glissèrent dessous une feuille de papier blanc qu'ils tinrent quelque temps inclinée pour laisser écouler l'eau; enfin ils la mirent entre un matelas de papier à filtrer et un morceau de toile.

Alternativement ils disposèrent ainsi, les uns sur les autres, des échantillons sur papier blanc et des coussins de papier à dessécher. La pile complète, ils la pres. sèrent en y déposant des sacs de sable.

Le lendemain ils transportèrent les plantes sur du papier à filtrer sec, et les soumirent à une pression un peu plus forte que la veille.

Les jours suivants ils répétèrent ces opérations deux fois par jour, en augmentant toujours le poids, et ache. vèrent leur besogne, quand les plantes furent sèches, en fixant au papier, par de la colle, celles qui ne s'y étaient point déjà agglutinées par leur propre mucilage.

Fig. 141.
Mactre (Pag. 97).

Une Excursion en Mer.

CHAPITRE IV.

EN MER.

Toutes les photographies furent livrées à l'heure dite, et Bravandas toucha sans difficultés les sommes qui lui revenaient.

Joyeux de son aubaine, il se rendit avec sa famille sur la plage. Cela lui semblait bon de respirer après ces deux jours de captivité et d'âpre travail. Comme il considérait avec ravissement l'horizon lumineux, au fond duquel apparaissaient des îles semblables à une vapeur légère, un homme s'approcha et lui dit :

— C'est les îles Chausey que vous regardez là, Monsieur. Vous plaît-il d'y aller ?

— Je serais ravi d'une telle promenade; mais comme ma famille est nombreuse, elle me coûterait un peu cher.

— Non, presque rien! trois francs par personne.

— Nous sommes sept. C'est impossible.

— Eh! mais, dit ce Granvillais, qui était un gros homme court, cuivré et jovial, je vous reconnais. Vous êtes le photographe! Nous vous avons aperçu en passant devant votre voiture, et nous avions ben envie de vous demander de nous tirer. Mais, nous aussi, nous sommes nombreux: un de moins que chez vous. C'est pas la peine d'en parler; pas vrai? Eh ben, si vous voulez, nous pouvons faire affaire. J' vous mènerai dans les îles; vous ferez mon portrait et celui des miens. Ça y est-il?

— Ça y est; mais vous ne perdez pas au marché, gros père!

— Ni vous non plus, grand malin! Vous aurez ben en tout pour quarante sous de fournitures dans vos photographies. Voyons, pour que vous soyez content, vous dînerez avec nous à la Grande-Ile.

— A la bonne heure! Vous êtes un brave homme. Quand partons-nous?

— A l'instant. Il faut profiter de la marée. Nous rentrerons ce soir à onze heures. Vous en aurez cinq pour visiter l'archipel: c'est plus .qu'il n'en faut.

Les autres membres de la famille Bravandas qui, au moment de cette conversation, s'étaient un peu écartés à ramasser des coquillages, furent dans l'enthousiasme à l'idée de la promenade en mer. Mme Bravandas et Marie coururent chercher quelques vêtements en prévision de la fraîcheur du soir, et l'on rejoignit le marin au port.

C'était le patron d'une grande barque qui faisait presque journellement le voyage entre Granville et les Chausey. Il portait à la Grande-Ile des denrées et en rapportait des homards et des crevettes. En outre, pendant la saison, il recueillait des touristes, sur son petit bâtiment qui „roulait comme une pomme“, selon sa propre expression.

Ce jour-là, heureusement, la mer était aussi calme que notre paisible Seine, et il y avait tout juste assez de vent pour gonfler les voiles de la barque. Elle n'allait pas vite; mais le plaisir de la navigation était si nouveau pour nos voyageurs, et ils en jouissaient si bien sans la moindre inquiétude, que les trois heures de route passèrent très rapidement.

A marée haute, on compte dans l'archipel des Chausey cinquante-trois îlots; à marée basse, il s'en découvre trois cents. Le principal porte le nom de Grande-Ile, et, comme le dit M. de Quatrefages, qui l'a habité pendant

trois mois, il a un peu moins de surface que le Jardin des Plantes. Dans la
Grande-Ile se trouve le Gros-Mont, point culminant de l'archipel. On voit
que si les choses sont minuscules, les noms sont ambitieux. La Grande-Ile
est la seule habitée. Quelques îlots sont absolument nus; d'autres, au contraire, assez étendus pour qu'il y pousse de l'herbe. La Grande-Ile a un
port naturel dans un petit bras de mer, le Sound-de-Chausey. C'est là
que la barque jeta l'ancre.

Une fois à terre, les hardis navigateurs n'eurent rien de plus pressé que
de gravir le Gros-Mont, d'où la vue est magnifique, par les temps clairs.
Ils purent, en effet, distinguer Jersey, les tours de la cathédrale de Cou-
tance et les rives de Bretagne. Marius en extase ne voulait pas sortir de
sa contemplation. Après avoir considéré comme des curiosités, ces côtes
déjà lointaines, il se tournait vers l'ouest où la masse liquide ne présentait
rien qu'elle-même; c'était presque l'infini qui se mouvait là sous ses yeux:
mille lieues de mer! mille lieues d'abîmes sur ce globe où l'homme occupe
si peu de place!

Mais Scabieuse, lui, n'était pas un homme de rêverie. Il lui fallait tenir
les choses dans ses mains, entre ses pinces. L'infini qui l'*empoignait*, c'était
l'infiniment petit dont son microscope lui montrait les profondeurs, lui laissait deviner les mystères.

— Allons! disait-il, allons! ne perdons pas de temps. Nos heures sont
comptées. Sachez que nous avons des richesses à ramasser ici. Voyez! la
mer se retire. Elle va mettre à découvert les demeures de mille bêtes
extraordinaires, de plantes dont vous n'avez aucune idée. Descendons!

Il finit par entraîner toute la bande qui, selon l'expression de Mme Bravandas, s'en alla patauger.

Dans la claire eau tiède des flaques nageaient avec vélocité de jolies
crevettes, qui se prenaient une à une aux mailles d'un filet dont Alice
s'était emparée. Elle poussait des cris de joie.

— Laisse-nous les regarder, dit Scabieuse. Tenez! mes enfants, en
voici de deux espèces: celle-ci, que les pêcheurs appellent chevrette, est le
crangon vulgaire; en voici une autre beaucoup plus belle et que tout le
monde désigne sous le nom de *bouquet;* c'est le palémon à dents de scie.
Ces bêtes appartiennent à la grande catégorie des crustacés décapodes
macroures. Crustacés, parce que leur corps est enveloppé d'une vraie
croûte résistante qui les protège comme une cuirasse; décapodes, parce
qu'ils ont dix pattes; macroures, parce qu'ils sont pourvus d'une queue
énorme. Mais il y a plusieurs remarques à faire sur chacun de ces carac-

tères. La carapace est très inégalement résistante suivant les points. Énorme sur le dos du homard et surtout sur celui de la langouste, et même couverte d'épines évidemment excellentes comme moyens de défense, elle rappelle tout à fait les solides armures d'autrefois. En arrière, sur la prétendue queue, la croûte est composée d'une série d'anneaux entre lesquels se trouvent des zones étroites relativement peu solides. Le dessous du corps est moins protégé que le dessus. Maintenant, pour les pattes, comment les compterez-vous? A première vue, il y en a bien plus de dix...

Fig. 148. — Palémon à Dents de Scie. — Crangon (Pag. 101).

— Oui, mais, interrompit Pierre, qui ne laissait jamais dire aux autres ce qu'il savait lui-même, il faut mettre à part les pattes-mâchoires, organes ambigus qui servent à la fois à la locomotion, à la préhension des aliments et même à leur mastication; les pattes employées seulement à la marche sont bien au nombre de cinq paires dont la première porte les grosses pinces.

— Tout cela est très vrai; mais tu oublies encore chez nos décapodes cinq paires de pattes abdominales ou plutôt de fausses pattes, de pattes atrophiées sur lesquelles et entre lesquelles les œufs sont fixés. Vous avez tous remarqué la collection énorme de petits œufs que dans certaines saisons on trouve sous la queue des homards ou sous celle des crevettes.

— Tu as oublié aussi, Pierre, d'autres organes qui ne sont que des modifications de pattes, par exemple les palpes dont la crevette est si bien pourvue, ses antennes, ses yeux portés sur un pédoncule, ce qui lui a valu, ainsi qu'au homard, à la langouste, à l'écrevisse, la qualification de podophthalmaire. De sorte que l'on est bien autorisé à dire qu'*en principe,* chaque anneau du décapode macroure porte une paire de pattes; et il a vingt et un anneaux.

Quant à ce que vous appelez la queue du homard ou de la crevette, ce n'en est pas une ; mais bien un abdomen qui, outre ses muscles blancs et succulents, contient une partie de l'appareil digestif. La véritable queue

Fig. 149. — Homard (Pag. 103).

est cette sorte d'éventail qui termine l'abdomen du crustacé, et constitue pendant la nage un précieux gouvernail. Et chose curieuse, on y trouve de petits corps dits *otolithes* qui semblent des organes utiles à l'audition. Ce n'est pas là, sans doute, que vous eussiez cherché l'oreille d'une langouste. Dans la partie antérieure du décapode macroure sont confondus la tête et le thorax; là vous rencontrez les branchies, organes respiratoires des animaux qui vivent dans l'eau, et dont les formes sont variées à l'infini.

Je vous ai parlé du homard, comme d'une bête que vous connaissez ; nous en avons, en effet, mangé ensemble. Si vous voulez voir les pièges où on les prend, donnez-vous la peine de faire encore quelques pas... Ce sont des paniers, tels que vous en avez vus chez tous les marchands d'engins de pêche. L'ouverture de cette sorte, de cône tronqué laisse entrer facilement l'animal, attiré par un appât, et qui tombe dans le panier comme par un entonnoir. Mais, quand il est au fond, il faut qu'il y reste, car il ne saurait remonter par le petit diamètre de l'entonnoir : c'est très simple et très ingénieux. On prend ici des homards en abondance. Des pêcheurs viennent aux Chausey passer toute la bonne saison pour en faire la récolte. Maintenant, cherchons activement. Ces rochers sont des mines inépuisables de mollusques, de zoophytes, de protozoaires. Oh! ma petite Alice, tu as la main heureuse. Ce que tu tiens là, c'est une porcelaine, un coquillage d'une admirable beauté. Voyons, Pierre, dans quelle classe places-tu ce mollusque?

— Pardi! j'en fais un gastropode. Il a sous le ventre une sorte de *pied*, à l'aide duquel il se meut. Il a une tête distincte du corps, et sa coquille est univalve.

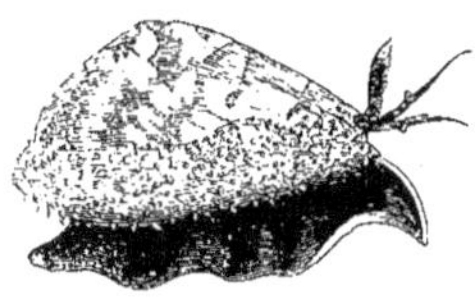

Fig. 150. — Porcelaine (Pag. 104).

— Parfait! mais tu sais, n'est-ce pas, qu'il y a des gastropodes dépourvus de test. Tiens! en voici justement un dans ce cas: c'est une thétis qui, comme tu vois, ressemble beaucoup à une limace; elle s'en distingue par ses branchies qu'elle porte sur le dos en touffes élégantes.

— Cette bête, dit Julien, mérite fort son nom de mollusque. Le contact du dur rocher doit lui être bien désagréable. C'est un animal très inférieur, n'est-ce pas, Scabieuse?

— Eh! pas tant que cela. Le mollusque occupe un bon rang dans la série animale; et le gastropode en est une forme des mieux caractérisées. Si nous pouvions faire la dissection de celui-ci, nous y trouverions une collection d'organes correspondant à ceux des animaux supérieurs: un canal digestif renflé dans une portion de son trajet en estomac volumineux; un appareil respiratoire fort comparable à celui des poissons; un cœur disposé en canal dans toute la longueur de la bête; un ganglion nerveux renfermé dans la tête, comme un cerveau auquel fait suite une chaîne nerveuse analogue à la moëlle épinière, etc. Seulement vous seriez frappés de ce grand fait que la situation de certains de ces organes est comme renversée par rapport à la structure des vertébrés. La prétendue moëlle épinière règne tout le long du ventre au lieu de se trouver sur le dos; et le cœur ou vaisseau dorsal a pris la place où vous vous attendriez à trouver le cordon nerveux. Celui-ci est relié au ganglion céphalique par deux branches ascendantes limitant un anneau dans lequel passe l'œsophage.

Recueillons une de ces haliotides mangées par les pêcheurs sous le nom d'ormier. A première vue, on dirait une huître qui aurait égaré l'une de ses valves, mais faites attention, et vous trouverez sur le bord la petite hélice, reste atrophié de la triomphante spirale du colimaçon, interdite à tout acéphale. D'ailleurs, laissez la bête marcher et vous la verrez étaler son pied, tendre la tête et brandir ses cornes. Logée dans le dernier tour prodigieusement élargi de sa coquille, elle n'y serait guère stable si une rangée de petits trous n'offrait à des tentacules de sûreté une prise solide. Les boutons de nacre sont fabriqués avec la substance de cette coquille verte et irisée ; on la découpe simplement en petits ronds que l'on perce de trous.

— Une étoile de mer ! s'écria Marie.

— Très bien, Mademoiselle ; ses bras sont très allongés ; c'est une ophiure. Voyons, faites-nous une petite conférence sur votre trouvaille.

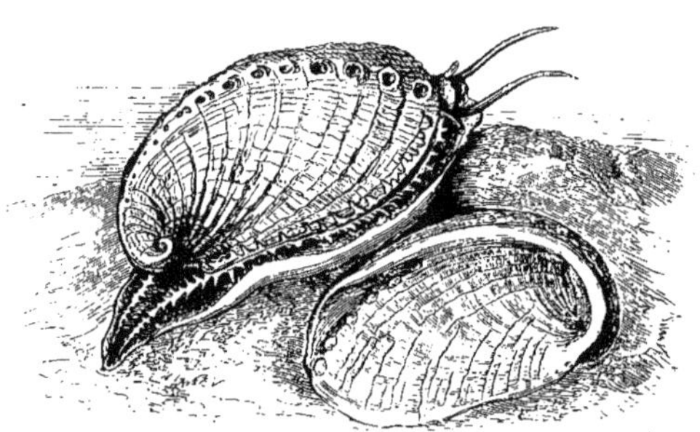

Fig. 151. — Haliotides (Pag. 105).

— Oh ! non ! Monsieur Scabieuse, je laisse la parole à Pierre.

— Il est triste, remarqua celui-ci, de constater combien peu les femmes ont d'aptitude pour les sciences.

— Voyez-vous ce petit pédant.

— Pédant, non, savant, oui, continua-t-il avec modestie ; car je peux t'apprendre que les étoiles de mer sont des échinodermes, c'est-à-dire des bêtes où la symétrie bilatérale est comme masquée derrière une apparence rayonnée, et qui se permettent d'avoir la peau recouverte de toutes sortes d'ornements si rudes au toucher que certains d'entre eux, les oursins, se laissent appeler par les pêcheurs du nom expressif de châtaignes de mer. Quelques-uns de ces piquants sont une simple protection, d'autres servent à la marche ; il en est qui contiennent des organes respiratoires, et la fonction de beaucoup consiste à conserver propre la surface de l'animal. Une impureté tombe-t-elle sur le dos de l'étoile de mer, le pédicellaire (tel est le nom qu'on donne à ces piquants), le pédicellaire le plus voisin la saisit entre les trois branches de la petite pince qui le termine et la passe délicatement à son voisin; celui-ci la transmet au pédicellaire suivant, et ainsi de suite, jusqu'à ce que le corps étranger ait été mis hors de l'animal.

— Tenez! voici un autre échinoderme, s'écria Scabieuse; c'est le cornichon de mer, ou si vous l'aimez mieux, l'holothurie. La plus grande partie de son corps est comparable à celui d'une sangsue; mais si vous examinez cet autre bout, vous apercevez des bras rayonnant autour du centre. Ici les holothuries ne sont pas recherchées: on n'en fait guère que des amorces pour la pêche; mais en Chine et en Indo-Chine, le trépang, cornichon marin de l'extrême Orient, constitue un mets estimé... Eh bien, mon ami Bravandas, vous ne trouvez donc rien? Vous regardez trop en l'air... Vous avez tort. Ce n'est pas de l'astronomie, morbleu! que nous faisons à cette heure.

Les joues de Scabieuse s'animaient; il était heureux, il était jeune au milieu de cette vie étrange de la mer; il s'émerveillait de la diversité des formes, de l'unité du fond. Il marchait courbé, la tête au niveau des genoux, les yeux dilatés, interrogeant toutes les particules du rocher, toutes les molécules de l'eau. Et ce qu'il voyait, il le montrait à ses jeunes amis; il voulait leur apprendre ce qu'il savait, leur faire partager ses impressions, ses émotions. Il arrachait des pierres gluantes,

Fig. 152. — Étoile de Mer (Pag. 105).

tout enveloppées de matière vivante, des éponges en forme de plaques, de boules, de branchages, à rapprocher des plantes marines. Il leur expliquait comment chaque atome de ces êtres inférieurs est un centre de vie, capable, une fois séparé, de reconstituer l'édifice tout entier.

L'enthousiasme est contagieux. Marius, qui dans ses promenades ne s'était jamais arrêté aux détails, et qui, lorsque les autres ramassaient, piochaient, collectionnaient, — regardait les grandes lignes du paysage, les effets de lumière, les lointains, — Marius finit ce jour-là par chercher, et qui mieux est, par trouver. Il montra à Scabieuse un corps cylindrique, transparent, de plus d'un demi-mètre de long, et d'un diamètre de trois centimètres environ.

— Est-ce un ver? est-ce un serpent? demanda-t-il.

— Ni l'un, ni l'autre. C'est encore une holothurie, la synapte de

Duvernoy, découverte ici même par M. de Quatrefages. L'illustre savant a décrit „ces cinq petits rubans de soie blanche qui le parcourent dans toute sa longueur, et l'appendice qui le surmonte, cette fleur vivante, dont les douze pétales, d'un blanc mat, se recourbent gracieusement en arrière“.

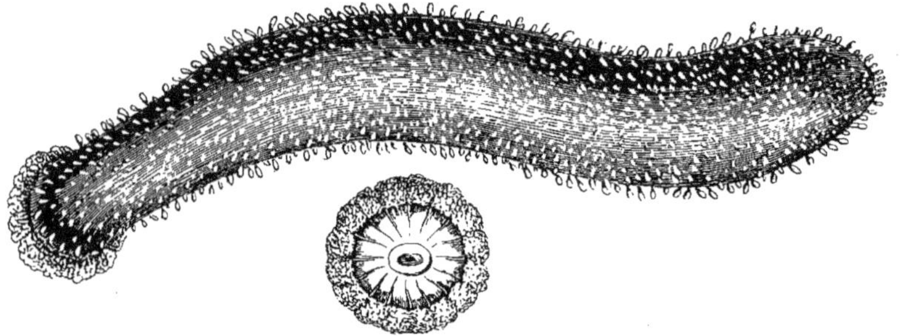

Fig. 153 et 154. — Holothurie (Pag. 106).

Il en a fait la dissection, et nous a révélé les détails les plus microscopiques de son organisation. Vous pouvez voir à l'œil nu l'intestin qui semble fait „de la gaze la plus ténue, et qui d'un bout à l'autre est gorgé de gros grains de granit à pointes vives et à arêtes tranchantes“. Est-ce donc là la nourriture de l'animal! Dans les parois du corps qui ont à peine un demi-millimètre d'épaisseur, M. de Quatrefages compta „sept couches de tissus distincts, une peau, des muscles, des membres.“ Sur les tentacules pétaloïdes, il aperçut „des ventouses qui permettaient à la synapte de s'élever contre la surface polie d'un vase de cristal“. Enfin cet être, si dénué en apparence de tout moyen d'attaque ou de défense, se montra protégé par une espèce de mosaïque formée de petits boucliers calcaires hérissés de doubles hameçons dont

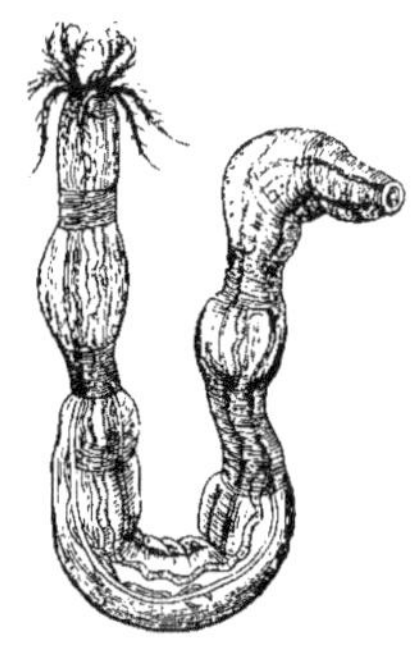

Fig. 155. — Synapte (Pag. 106).

les pointes, dentelées comme des flèches de caraïbe, ont prise jusque sur les mains.

M. de Quatrefages conserva quelque temps des synaptes vivantes dans un vase d'eau de mer, et les vit se „morceler d'elles-mêmes. Elles renflaient leur partie postérieure en y accumulant le liquide qui circule sans cesse entre l'intestin et les téguments; bientôt un étranglement se formait, et la séparation avait lieu brusquement. Le jeûne était la seule cause de ces amputations spontanées. On dirait que l'animal, sentant qu'il ne pouvait se nourrir tout entier, supprime successivement les parties dont l'entretien coûterait trop à l'ensemble, à peu près comme on chasse les bouches inutiles d'une ville assiégée. Singulier moyen de combattre la famine, et qu'il emploie jusqu'au dernier moment; car au bout de quelques jours il ne restait souvent qu'un petit ballon sphérique couronné par les tentacules. La synapte, pour conserver la vie à sa tête, s'était peu à peu retranché tout le corps." Si vous voulez bien, Marius, me confier votre trouvaille, je la mettrai dans ce petit bocal avec de l'eau, et nous vérifierons par nous-mêmes l'observation du célèbre professeur.

M. de Quatrefages, continua Scabieuse, a consigné une partie de ses découvertes, aux îles Chausey, dans un livre charmant, débordant de science aimable et claire, dans les *Souvenirs d'un naturaliste.*

— Hélas! s'écria Mme Bravandas, voyez le ciel!

Tout le monde se redressa et resta terrifié : les nuages s'étaient amoncelés sur l'horizon si pur quelques instants auparavant. Une lumière fausse et troublante tombait sur la mer, qui semblait figée ; l'air était lourd ; rien ne bougeait. La tempête allait sortir de cette concentration menaçante : c'était évident pour l'œil le moins exercé.

— Retournons au plus vite dans l'île, reprit Mme Bravandas.

Marie devenait toute pâle.

— Le ciel est si bas qu'on dirait qu'il nous tombe sur la tête ; le soleil s'éteint ; il va faire nuit !

— Enfant ! murmura son père, en passant son bras sous le sien.

Tout en cherchant et causant, on s'était fort éloigné de la Grande-Ile et aventuré dans un labyrinthe de rochers glissants où il fallait marcher avec les plus grandes précautions. Les voyageurs n'étaient pas encore à terre, lorsque le vent se leva, sifflant lugubrement à leurs oreilles, gênant leur marche, surtout celle des femmes dont les robes tour à tour se gonflaient et s'entortillaient. Ils se retournèrent et aperçurent au loin la mer qui devenait écumante. Ils hâtèrent le pas, et arrivèrent auprès de quelques hommes qui brûlaient des herbes marines, dont le vent rabattait violemment l'âcre fumée.

Pour maison, ces *barilleurs* n'avaient qu'une cahute dans laquelle la famille Bravandas n'aurait même pas pu entrer. Il fallut donc aller plus loin pour trouver un abri, c'est-à-dire jusqu'au village des Malouins. On appelle ainsi la réunion des cabanes habitées par les carriers qui exploitent le granit de l'île, et qui, presque tous, sont de Saint-Malo. Les Bravandas se réfugièrent dans une sorte de cabaret en planches.

Bientôt, au bruit du vent s'ajouta celui du tonnerre, un roulement lointain et grave.

— Mais nous ne pourrons pas partir ce soir, s'écria Mme Bravandas.

— Je le crains.

— Maudite expédition! Et la voiture, qui y veillera?

— Je ne sais. J'en suis très inquiet. La vieille marchande de journaux, notre voisine, m'avait promis d'empêcher les gamins de la prendre pour objet de leurs tours. Mais elle quittera son poste à la nuit.

Survint le patron de la barque, le digne père Laloue.

— Eh ben, dit-il, nous v'là amarrés à Chausey. C'est très gênant. Les signaux du port sont hissés; et, sous peine d'amende, il nous est défendu de prendre la mer. A-t-on idée d'inventions pareilles? Sous prétexte de protéger not' vie, on nous f'ra mouri de faim, pardi! J'avons acheté du poisson que j' pourrons pas vendre.

— Eh bien, et nous, qu'allons-nous devenir ici?

— Venez avec moi. Vous n' pouvez pas rester ici à cause de ces dames. Tout l' cabaret va être plein tout à l'heure d'ouvriers pas toujours très convenables. Puis j' vous avons invités à dîner.

— Vous êtes bien aimable, et je ne m'ennuierais pas ici, sans le souci de ma voiture.

— Eh! bon Dieu! qui qui pourrait voler ça à Granville. I gnia à s' tracasser qu' du temps.

Le père Laloue conduisit ses invités au bout opposé de l'île, sur le rivage. Les Bravandas se demandaient à quelle singulière promenade il les emmenait, car ils n'apercevaient pas de maison, mais seulement un vieux bateau, la quille en l'air. C'était là pourtant que le couvert se trouvait mis; le bateau était soutenu par des dalles de granit, qui étaient les murs, tandis que lui, faisait le toit de cette étrange habitation.

— Ne vous effrayez pas du dehors misérable du logis d' mes amis, dit Laloue. Vous ne s'rez pas trop mal, tout de même; car le dedans est ben arrangé. Et c'est solide, allez! la tempête peut hurler et l'orage tonner sans que rien soit ébranlé.

La maison-bateau appartenait aux époux Leperchois, deux Normands natifs de Blainville, village situé à peu de distance de Coutances. Ils passaient à la Grande-Ile une bonne partie de l'année, occupés de la pêche du homard et de la crevette, et comme c'étaient des gens aisés et industrieux, ils avaient confortablement installé le coin où ils logaient. Les murs énormes et bruts étaient, à l'intérieur, revêtus de planches de sapin. Le plancher, de terre battue, se cachait sous une couche de varech bien sec. Comme meubles, il y avait un lit fait d'un cadre de bois, d'une paillasse très haute et d'un matelas de plumes; une grande armoire de chêne pour le linge, les hardes et l'épargne, une table de noyer, quelques escabeaux, deux chaises; dans une grande cheminée, une marmite ventrue et une poêle; dans un coin, des engins de pêche. La pièce était assez vaste, mais sombre; ses deux petites fenêtres ressemblaient à des sabords.

La mer montait avec un bruit épouvantable. Des montagnes d'eau déferlaient sur les rochers, écumant, bondissant en jets, dont l'humide poussière mouillait les vitres de la maison. Ni le ciel, ni la terre n'avaient leur sphéricité. Le lointain était déchiré par les dents de scie dont se hérisse la mer dans ses moments de plus grande fureur. Parfois, le ciel s'entr'ouvrait, frémissait, flamboyait d'un éclair dont l'horrible lueur illuminait, jusque dans ses recoins, la maison des pêcheurs.

Les Leperchois qui, ainsi que beaucoup d'autres, vendaient leur poisson au père Laloue, étaient en même temps ses meilleurs amis; il mangeait chez eux à chacun de ses voyages. Il n'avait eu qu'à les prévenir des nombreux convives qu'il leur amenait pour que ces braves gens se disposassent à leur faire bon accueil. Ils avaient été emprunter au village des Malouins quelques assiettes et quelques couverts, et la table se trouvait assez agréablement mise.

On s'installait, lorsque la pluie se mit à tomber avec une telle violence qu'on eût dit qu'une immense trombe s'écroulait sur la petite île. Le voisinage inquiétant de la mer furieuse, ce déluge presque subit effrayèrent les enfants au point qu'ils se crurent entraînés aux abîmes avec le bateau retourné qui les contenait.

Leperchois s'aperçut de cette impression, et alla fermer les volets de ses sabords, tandis que sa femme allumait une petite lampe, en forme de navette, montée sur un long pied de fer : tout à fait la lampe antique; elle éclairait comme une veilleuse; mais de grosses bûches qui flambaient dans la cheminée illuminaient joyeusement les personnes et les choses. Cette chaleur, cette lumière étaient douces. On se sentait bien dans le vieux nid des pêcheurs; et la tempête, qu'on ne voyait plus, semblait s'émousser sur les flancs arrondis de la barque.

Leperchois était gai et vif; sa femme, grave et douce. Ils avaient tous les deux dépassé la cinquantaine, et portaient sur leurs visages hâlés la trace de bien des soucis et de bien des fatigues. Vivaient avec eux, leurs fils, deux gars de dix-huit à vingt ans, pêcheurs pour l'instant, marins pour l'avenir.

Le dîner se compose de soupe aux choux et à la graisse de bœuf, de homard et de galette de sarrasin. Tout est trouvé délicieux par les voyageurs affamés. On mange très lentement, avec de grands intervalles entre les plats. A ses frugals repas, le paysan sait donner la durée solennelle des festins.

La troupe des Parisiens est sympathique aux honnêtes Normands. Mme Bravandas s'intéresse à la cuisine, reçoit de Mme Leperchois la recette des bonnes galettes de sarrasin, et met elle-même la main à la pâte. Pour savourer ces galettes, on quitte la table, on s'asseoit en rond autour du foyer, chacun tenant son assiette sur ses genoux. Les galettes toutes chaudes sont absorbées dès qu'elles sortent de la poêle, à tour de rôle, par les convives. C'est très gai. Les enfants rient aux éclats, tandis que les hommes sentent vivement la poésie de cette réunion de quelques êtres chétifs, joyeux dans le chaos des éléments bouleversés.

Quand le dîner fut bien fini, les histoires commencèrent. Intarissable conteur, Leperchois était, l'hiver, à Blainville, l'un des orateurs de la veillée. Il en savait long sur la mer, sur ses habitants, sur ses monstres, sur ses trésors, sur ses naufrages... Plus d'une fois, lui ou ses camarades avaient fait des pêches miraculeuses : ce Normand était un peu Gascon. Au reste, quant à la couleur de l'imagination, entre le Normand et le Gascon, il n'y a qu'une nuance : — celle du temps, comme dans Peau-d'Ane, — d'or, chez le Gascon, de brouillard, chez le Normand. Aussi menteurs l'un que l'autre. Le Gascon surpasse toujours en merveilles le récit de son interlocuteur ; le Normand ne croit jamais celui de son copain. Leperchois possédait toute l'histoire de Chausey. On eût dit qu'il avait vu ce plateau quand il tenait au continent.

— Oui, Mesdames et Messieurs, il y avait, à la place où nous sommes, une forêt pleine de loups, et non seulement dans l'île, mais encore sous ces vagues qui font si grand vacarme. Bien loin, bien loin au large, elle existe toujours cette forêt ; elle ne tombe pas en poussière. Je l'ai vue de mes propres yeux ; je me suis promené entre ses troncs dépouillés, squelettes d'arbres, fantômes noircis, souillés de sable et de vase. Les hommes qui connurent la forêt de son vivant, étaient des géants, des brigands. Les animaux mêmes étaient plus grands et plus féroces que ceux d'aujourd'hui. Le Seigneur engloutit sous la mer ces races maudites, et leurs villes, et jusqu'aux ombrages qui les abritaient. La terre aussi se trouva réduite, entourée par la mer. Lorsque les hommes, après la grande catastrophe, commencèrent à la repeupler, ils avaient encore dans les veines trop du sang de leurs méchants ancêtres. Néanmoins ils se bâtirent une église et une forteresse, pour prévenir le retour de la justice divine... Les maîtres de la forteresse étendirent si bien leur domination, prospé· rèrent et multiplièrent de telle sorte, que l'île fut bientôt à eux tout entière. Alors ils en firent le plus abominable usage. Dans les nuits de tempête, ils allumaient des feux sur le Gros-Mont. Ces phares trompeurs attiraient les malheureux navigateurs éperdus dans le vent, dans le bouleversement de la mer. Ils mettaient le cap sur la terre qui les appelait, dépensant tous leurs efforts, tout le reste de leur énergie, pour arriver jusque-là, où ils croyaient le salut... Ils se brisaient sur les écueils! Les seigneurs, bandits mille fois pires que les voleurs de grand chemin, accouraient, recueillaient les épaves, égorgeaient sans pitié les malheureux qui demandaient asile. Quelquefois, ils gardaient les femmes en esclavage. Si elles ne se résignaient pas, si elles pleuraient leur mari, leur fils, leur patrie, ils les précipitaient dans une oubliette où la mer en montant venait mettre un terme à leurs maux.

Une nuit, un beau vaisseau qui venait de loin, de ces pays du nord où la mer gèle l'hiver, se lança comme tant d'autres sur les écueils et s'y fendit la quille. En quelques minutes, l'eau le remplit entièrement, et il coula avec tout son équipage. Les vagues étaient si furieuses, si hautes, si brutales, que les meilleurs nageurs n'essayèrent même pas de lutter contre elles. Ils burent la mort, comme de vrais marins, tranquillement, sans efforts inutiles. C'étaient des païens pourtant, des gens qui adoraient le tonnerre, avaient tout à craindre de l'éternité. La lueur d'un éclair les montra aux naufrageurs, riants lorsqu'ils s'enfonçaient au gouffre avec leur navire.

Le lendemain, les pillards trouvèrent étendue sur la plage une femme d'une admirable beauté, vêtue d'une robe blanche, sur laquelle tombaient deux longues tresses blondes. Elle ne paraissait pas évanouie, mais endormie. Cela inquiéta un peu les pirates, et ils allaient s'éloigner lorsque la femme s'éveilla. C'était une mélusine. De ses yeux verts, elle les regarda et les retint près d'elle. Elle se leva, ils la suivirent. Elle se rendit tout droit au laboratoire où ces maudits fabriquaient de l'alchimie. Elle prit leurs creusets, y fit des mélanges qui, en quelques minutes, don· nèrent de l'or débordant, bouillonnant, bon pour de beaux lingots et dont les bandits s'emparèrent avec transport. Puis ils se prosternèrent devant la mélusine et l'adorèrent. Elle, méprisant leurs hommages, continuait de travailler. Elle plongeait ses doigts blancs aux ongles nacrés dans l'or en fusion, et elle en tirait des fils si déliés, si déliés, qu'ils étaient plus fins que ses cheveux ; mais si solides que rien ne pouvait les rompre. De ces fils, elle fabriqua un grand filet. Et vous pensez bien qu'elle travaillait avec une vitesse de fée. Quand elle eut fini, elle éteignit le feu, renversa les creusets, et se dirigea vers la porte. Les maudits la supplièrent de ne point les abandonner. Mais en vain. Elle gagna le rivage, mit le pied sur les vagues qui la portèrent. Un seigneur osa avancer la main pour la retenir ; sa main se dessécha. Alors la mélusine lança son filet d'or sur l'immonde cohorte, les enlaça tous ; et, malgré leurs cris, leurs fureurs, leurs exorcismes, les entraîna avec elle bien loin, bien loin sur la mer. Puis elle les lâcha, et ils tombèrent au fond des abîmes, sous le poids du filet, devenu tout à coup aussi lourd que le granit de leur île.

Pour la mélusine, sa forme devint peu à peu indécise et diaphane, monta dans l'air, et se mêla aux nuages avec lesquels elle se confondit.

Du château maudit il ne reste aujourd'hui que l'oubliette dans laquelle des prodiges témoignent encore des horreurs que je raconte. Des gémissements, des cris en sortent la nuit. Parfois des flammes s'élèvent de cette bouche du purgatoire où sont tombées tant de pauvres âmes sans confession.

Le péché ne souille plus Chausey ; mais Chausey n'existe pour ainsi dire plus ; sa population ne tient pas à son sol ; chaque hiver elle s'en va sur des terres plus stables. Le vent, la pluie, les flots démolissent sans cesse ses îlots. Imperceptiblement ils descendent. Un jour la marée couvrira le Gros-Mont qui ne sera plus qu'un écueil. Les hommes d'aujourd'hui portent la peine des hommes d'autrefois. Ils ont, heureusement, de bonnes barques pour se sauver et pour vivre ; et, dans leur prudence, ils n'élèvent, sur la terre destinée à les nourrir, que des maisons faciles à abandonner.

Quand Leperchois se tut, personne ne lui répondit. Cette histoire, dans laquelle entraient la fable et la vérité, donnait à réfléchir.

Puis l'attention se reporta sur ce qui se passait au dehors. Les roulements du tonnerre grondaient sans interruption, et, par une fente du volet, on apercevait une ligne de feu presque continuelle.

— Mais que se passe-t-il donc ? s'écria au bout de quelques instants Marie, reprise d'inquiétude.

— Il y a bien longtemps, dit Mme Leperchois, que nous n'avons eu un orage pareil.

Bravandas alla vers la porte, en disant :

— Il faut que je voie cela.

Mais le vent était tellement violent qu'il eut toutes les peines du monde à ouvrir. La lampe s'éteignit, et une fumée épaisse envahit la cabane. Il laissa retomber la porte.

— Impossible de sortir par ce déluge.

— Eh bien, dit Leperchois, regardez un instant par la fenêtre. Je suis sûr que la mer est très curieuse. Ces dames n'auront pas peur... Il n'y a pas de danger ici... Nous n'avons rien fait, nous autres, pour être emportés par une mélusine.

Il riait ; mais sa propre histoire l'avait ému : c'était visible.

Bravandas, avec l'assentiment de sa femme, écarta les volets. Rien ne saurait donner une idée de l'embrasement du ciel et de la mer. De feu, jusque dans ses profondeurs, le ciel, secoué par une convulsion ininter-rompue, tressaillait de seconde en seconde. Il était impossible de soutenir longtemps l'éclat de cette lumière vive et dure.

L'orage dura bien une heure avec cette intensité. Puis l'on entendit un horrible craquement. Alors il y eut un instant d'ombre et de silence, après lequel les éclairs recommencèrent, mais avec des intervalles de plus en plus longs. Le tonnerre était tombé sur l'église de Chausey. Le vent finit par pousser au loin les nuages orageux.

Chacun se sentit soulagé et pensa à dormir. Les Leperchois voulurent absolument céder leur lit à Mme Bravandas et à ses filles. On y mit des draps bien propres ; et sous les rideaux de grosse serge, qui faisaient de l'alcôve une petite chambre particulière, les voyageuses passèrent une bonne nuit reconfortante après tant de fatigues et d'émotions.

Quant aux autres personnes, elles s'alignèrent bravement sur le varech que Leperchois répandit à profusion dans la cabane, et elles finirent par s'endormir.

Le lendemain, tout le monde fut sur pied dès l'aurore. Le silence le plus profond régnait dans l'île et sur la grève.

On sortit, et de tout ce fracas, de tout l'effort de l'Océan, de tout le vent qui avait menacé d'emporter les hommes et les choses, il ne restait qu'un peu de pâleur dans le ciel encore mouillé, qu'un peu de dérange-ment dans le sable du rivage.

On avait plusieurs heures avant le départ fixé par le père Laloue à dix heures du matin. Naturellement, nos *curieux de la nature* les mirent à profit en retournant sur la grève, où gisaient beaucoup de coquilles brisées, beaucoup d'herbes arrachées.

C'était vers le sud que se dirigeait la caravane. Elle s'aventurait assez loin. Pieds nus, les pantalons ou les robes retroussés, ils traversèrent sans hésiter les fondrières, enfonçant quelquefois jusqu'à mi-jambes. Tout à coup ils se heurtèrent contre des morceaux de bois, dépassant le sol de quelques centimètres.

— Qu'est-ce? s'écria Julien. Établit-on des engins de pêche jusqu'ici.

Scabieuse se baissa, arracha l'un des morceaux de bois, et remarqua qu'il avait des racines. Il enleva avec précaution le sable qui entourait d'autres morceaux, et les vit véritablement plantés dans une couche de sable tourbeux, de couleur brune, et qui autrefois, certainement, avait été de l'humus.

— C'est une forêt sous-marine, dit Scabieuse. C'est la forêt dont nous parlait Leperchois, un des débris de la terre submergée. A l'œuvre, mes enfants, piochons, arrachons. Nous allons mettre la main sur des choses superbes.

Le bois était mou, se rompait facilement; sur quelques troncs on pouvait compter les couches concentriques. Il était facile de prendre ces richesses botaniques, parce que la tempête les avait déracinées ou tout au moins fortement ébranlées. Scabieuse reconnut certaines essences : bouleau, chêne, châtaignier. Beaucoup de morceaux étaient couverts de coraux, de fucus, de sertulaires. Scabieuse mit la main sur un échantillon qui le transporta : un jonc qui avait encore sa substance médullaire. Un peu plus loin, il arracha une fougère dont les racines gardaient le léger duvet qui revêt toutes celles de leurs congénères vivantes.

On ramassa des glands, des feuilles de saule presque à l'état naturel, des écorces blanches de bouleau, des mousses vertes. Le chêne qui, mouillé, était mou, acquérait en séchant de la dureté, et prenait une teinte très foncée.

— C'est ce bois-là, dit Scabieuse, que l'on vend souvent comme bois d'ébène.

Enfin le tronc d'un arbre présenta une chrysalide.

Nos gens étaient si émerveillés qu'ils maniaient leurs échantillons avec les plus grandes précautions, et que l'emballage leur causait des peines et des inquiétudes infinies.

— Eh! mais, s'écria Mme Bravandas, toujours la première à revenir aux réalités, voilà le flot qui monte. Sauvons-nous, grand Dieu! — Si la mer allait nous emporter.

Cette crainte n'était pas puérile, les explorateurs se trouvaient bien plus près de la vague que de l'île.

Comme on marchait très vite, Mme Bravandas, essoufflée, maugréait :

— Ah! quelle expédition! Elle se sera passée toute en courses folles et en terreurs. Je suis éreintée pour ma part ; et j'ai bien hâte de me retrouver dans notre brave voiture.

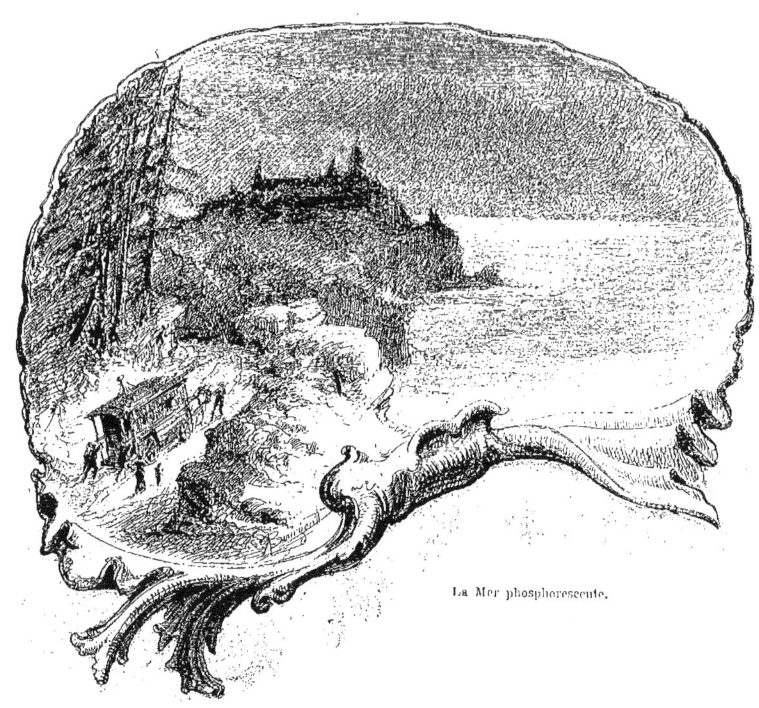

La Mer phosphorescente.

CHAPITRE V.

CATASTROPHE.

Ils débarquèrent encore tout pâles et tout chancelants de l'affreux mal de mer qui les avait secoués dans le mauvais petit bateau.

Bravandas, laissant ses compagnons en arrière, courut de toute la vitesse de ses longues jambes au cours Jonville. Une inquiétude, un pressentiment n'avait cessé de le tourmenter.

Il fut atterré, non étonné, quand il arriva à la place qu'il avait quittée la veille.

La voiture n'y était plus.

Seule, la maison crottée des saltimbanques restait sur le champ de foire. Les petites boutiques avaient disparu, laissant au cours son aspect accoutumé.

Quand la marchande de journaux aperçut Bravandas, elle poussa un cri d'étonnement.

— Tiens! je vous croyais parti.

— Je suis parti, mais me voilà revenu. Et ma voiture?

— Votre voiture???

— Oui! ma voiture?

— Eh bien, que lui est-il arrivé?

— Comment! vous n'en savez rien! Et la surveillance que vous m'aviez promis d'exercer.

— Vous êtes bon, vous! Je ne pouvais passer toute la nuit à contempler votre voiture... A dix heures, elle était telle que vous l'aviez laissée. Et ce matin, en ne la voyant plus, j'ai pensé que vous aviez quitté Granville de bonne heure.

— Alors, on me l'a prise! s'écria-t-il avec désespoir.

— Peut-être l'a-t-on remisée. Tenez, demandez au sergent de ville qui passe en ce moment.

Le sergent de ville affirma que l'autorité ne s'était pas occupée de la voiture.

Survinrent Scabieuse et le reste de la famille. Chacun fut au comble de la désolation.

— Mais, dit Scabieuse, une voiture ne se vole pas comme un porte-monnaie. Quelqu'un a dû voir passer la nôtre. Prenons des renseignements. On a peut-être voulu tout simplement vous faire une mauvaise plaisanterie.

On se rendit chez l'aubergiste, „logeant à pied et à cheval", à qui l'on avait confié Bucéphale. L'animal n'avait pas quitté son écurie.

— Vous voyez qu'il est en bon état, dit le patron. La place ne lui manque pas pour l'instant: il est seul; son unique camarade, le cheval des saltimbanques, est parti hier au soir.

— Parti le cheval des saltimbanques, quand leur voiture est toujours là!...

— Eh parbleu, les gredins se seront trompés de voiture. La vôtre était la meilleure, évidemment.

Il ne fallait pas chercher une autre trace que celle de ces bandits: l'aubergiste avait mille fois raison. Le confort aperçu par la somnambule chez ses voisins avait tenté sa cupidité.

Marius retourna au cours Jonville, monta dans la voiture des saltimbanques, et d'un coup de poing ouvrit la porte mal fermée par un mauvais loquet. Une odeur insupportable, un désordre inouï régnait dans cet antre. Les saltimbanques avaient négligé d'emmener les chiens et le singe dont les ordures remplissaient la maison déjà si sale. Pour les empêcher de crier, leurs maîtres leur avaient laissé d'assez larges provisions, de sorte que deux des chiens prenaient leur captivité en patience en dormant sur le lit, tandis que le singe et le lévrier, bons amis, rivalisaient de gambades.

Cependant la nouvelle du vol se répandait dans le quartier, et un attroupement se formait autour de la famille Bravandas et de la voiture abandonnée. Marius, pour soustraire sa femme et ses filles à cette importune curiosité, les confia à Scabieuse, qui les mena chez les Laloue, possesseurs d'un appartement à louer.

Quant à Marius, il s'en alla tout droit chez le commissaire.

Ce jour-là, le pauvre artiste ne payait pas de mine, sous ses habits fort maltraités par la mauvaise navigation du retour. Plus que personne, il avait souffert du mal de mer; de sorte qu'il avait le visage défait, la barbe et les cheveux en désordre. En outre, cet homme, ordinairement si doux, se mettait, à la vue d'une injustice, d'une mauvaise action, dans des colères indescriptibles. Le vol des saltimbanques prenait donc à ses yeux des proportions formidables. Il ne se possédait plus; il était livide, bégayant. Il produisit le plus mauvais effet sur le commissaire de police, qui le prit pour un de ces aventuriers querelleurs, fléaux des réjouissances publiques.

Du reste, Bravandas s'expliqua si mal, bredouilla si vite ses griefs, que le fonctionnaire le comprit à peine.

— Vos papiers? lui demanda-t-il froidement.

— Mes papiers... mes papiers... Je n'en ai pas... ils sont à Paris. Depuis quand promène-t-on son état civil avec soi?

Marius, fâché de voir que le commissaire ne partageait pas son indignation, avait fait cette réponse ridicule sur un ton très arrogant.

— Quoi!... un photographe ambulant n'a pas coutume d'avoir sur soi les papiers qu'il doit présenter à la première réquisition des gendarmes!... Quoi! vous ne pouvez me montrer l'autorisation qui vous donne le droit d'exercer votre profession!... Vous en avez au moins une du maire de Granville?... Non...? — Vous êtes donc fou, mon brave homme, que vous venez m'avouer à moi, commissaire de police, de si monstrueuses irrégularités.

A ces mots „fou" et „brave homme", Bravandas avait bondi et frappé du pied le plancher.

— Vous m'insultez, Monsieur!... Sachez que si je ne respectais en vous le magistrat, ma main serait déjà sur votre figure.

Le commissaire se leva tout blême.

— Ce que vous me dites-là me confirme dans mon opinion.

Il sonna. Un gendarme parut.

— Enfermez cet homme.

Marius, hors de lui, étranglant d'émotion, résista au gendarme, lui donna et en reçut des coups.

Le commissaire appela du renfort.

Deux autres gendarmes vinrent aider le premier.

Ils poussèrent Marius au violon.

Ce violon recevait le jour par une petite fenêtre grillée donnant sur une cour.

Pour tous meubles il contenait une chaise et une paillasse.

La fenêtre était haute, mais le prisonnier était grand. Il monta sur la chaise, et put voir dans la cour.

Elle était solitaire, et entourée de murs percés seulement de fenêtres grillées.

Le treillis tout rouillé qui fermait celle du violon, donnait des signes non équivoques de vétusté.

Marius le secoua de ses mains nerveuses dans lesquelles la colère avait fait passer une force considérable. Pendant un quart d'heure, il travailla si bien que plusieurs mailles commencèrent à céder. En continuant avec persévérance, il parvint à déchirer le grillage suffisamment pour qu'un corps aussi maigre que le sien pût passer.

La pluie recommençait à tomber avec des éclairs et de lointains roulements de tonnerre: c'était la queue de l'orage de la veille.

— Ah! gueuse de police! murmurait Bravandas, malfaisante institution qui protège la fuite du voleur, et opprime l'honnête homme!... je ne vais pas attendre que tu démêles la vérité. Il faut toujours se défier de l'arrêt des juges. Ils ont coupé la tête à Lesurque; ils pourraient bien me condamner, moi, aux travaux forcés, parce que je réclame mon bien.

Il se hissa jusqu'à l'ouverture pratiquée par lui, passa à grand'peine, et fit un accroc à son pantalon. Avec beaucoup de précaution, il sauta dans la cour. Il tomba sur les mains, heureusement sans se blesser.

Il détala au plus vite, passa chez le logeur de son cheval, régla son compte, emmena Bucéphale, l'attela à la voiture des saltimbanques, et se rendit chez Laloue. L'averse avait dispersé les curieux, et Marius put exécuter ces différentes opérations sans être trop remarqué. En le voyant arriver trempé, déchiré, tout le monde poussa des cris. Mais Bravandas dit :

— Je vous expliquerai tout plus tard. En route !

— Par cette pluie !

— Oui.

— Mais tu es fait comme un voleur. Tu vas attraper du mal.

— N'importe ! Madame Laloue, il faut que je vous paye notre voyage aux îles Chausey. Je devais vous faire votre portrait ; mais cela m'est impossible, puisqu'on m'a volé mon appareil. J'ai des raisons pour me mettre moi-même, et tout de suite, à la recherche des voleurs. Voici trente francs,

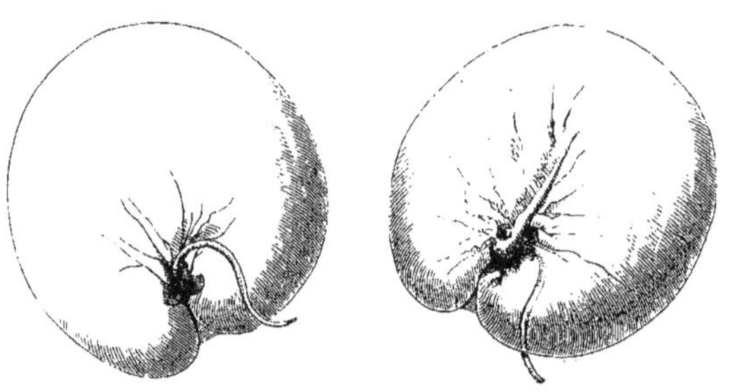

Fig. 159 et 160. — Noctiluques (Pag. 122).

Madame Laloue ; cela, je crois, représente à peu près ce que nous devons à votre mari, à qui vous souhaiterez le bonjour de notre part.

— Mon cher Monsieur, je vous remercie ; mais je ne vous laisserai pas partir sans vous donner de quoi changer. Prenez une veste de Laloue, prenez-la. C'est sec, au moins.

— Accepte, Marius, dit Mme Bravandas. Tu ne veux pas nous causer du chagrin en attrapant une fluxion de poitrine, n'est-ce pas ?

La veste était trop large et trop courte, mais on contraignit Marius à la garder.

— Je vous la renverrai avec mes remercîments, dit le fugitif à la bonne femme, qui le chargea encore d'un énorme parapluie de cotonnade rouge, sous lequel pouvaient s'abriter trois personnes.

Tous les mouvements de Marius témoignaient d'une inquiétude fébrile ; sa femme s'en alarmait ; mais elle lui voyait une résolution si nette qu'elle le suivit docilement, sans perdre de temps en questions inutiles.

Les Laloue demeuraient à l'entrée de la route de Coutances, une route montueuse qui passe sur les falaises. La côte fut pénible pour le pauvre cheval, privé du secours des rails. En outre l'horrible voiture, mal construite, était plus lourde que celle des Bravandas, quoique beaucoup plus petite.

La pluie, par bonheur, avait cessé.

Quand on eut gagné un terrain à peu près horizontal, Scabieuse dit :

— N'y aurait-il pas moyen pour ces dames de monter là dedans ?

La chambre était inabordable; mais au dehors il y avait un coin abrité par le toit, où elles consentirent à se tenir. On leur arrangea même avec une planche une sorte de siège.

Scabieuse, seul, reçut la confidence de Bravandas. Lui, non plus, ne s'était pas rendu compte de la série de méfaits commis par son ami vis-à-vis de l'autorité. Ils s'étaient mis en route, tout bonnement, sans demander permission pour leur voiture; sans permission, ils avaient trafiqué de photographies... Bigre! Où diable tous deux avaient-ils eu l'esprit? Vraiment ils s'étaient conduits avec l'innocence et l'irréflexion de deux écoliers! Est-ce que, maintenant, leur voyage allait devenir une fuite? A quels désagréments ne s'exposaient-ils point? La vue d'un gendarme les ferait pâlir. Avec cela, pas d'argent, pas de moyen d'en gagner. La position était critique... Mais, enfin, il devait bien exister un moyen de sortir de ce pas difficile.

Et Scabieuse se plongeait dans des réflexions peu gaies, mais fécondes.

La nuit était close, lorsque la caravane passa à Montmartin, dont la plage est très fréquentée, dans la saison, par les baigneurs. Là, pour la première fois, ils virent la mer phosphorescente. La lueur féerique s'attachait à la crête de chaque flot : une pierre lancée la provoquait avec plus d'éclat. Ce n'est pas de la matière organique en décomposition qui, comme on l'a dit d'abord, cause ce singulier phénomène. La mort n'est pour rien dans l'illumination de l'onde amère, et l'on peut même croire que les êtres vivants qui y entrent témoignent par elle de l'exaltation de leur vie. Ce sont des infusoires, mais de taille relativement fort grande, des noctiluques dont le nom rappelle à la fois la lumière qu'ils émettent et la nuit qui fait ressortir leur éclat. Ils sont sphériques et portent d'un pôle à l'autre un profond sillon d'où part une sorte de tentacule flottant, et qui contient une bouche entourée de cils vibratiles. Grâce à la transparence de leur tégument extérieur, on peut apercevoir certains détails de leur constitution interne qui comprend un noyau d'où rayonne un réseau de filaments gélatineux toujours en mouvement. C'est par la segmentation de son contenu que le noctiluque se multiplie. Il peut donner jusqu'à 512 petits nucléoles dont chacun ne tarde pas à devenir un infusoire complet; et cette fécondité explique comment, à certaines époques de l'année, les noctiluques donnent à la mer une apparence laiteuse.

Beaucoup d'autres organismes élémentaires paraissent contribuer avec les noctiluques à la phosphorescence de la mer.

L'abondance de ces animaux a parfois une conséquence assez imprévue : la couche grasse que leurs myriades constituent sur l'Océan agit comme une nappe d'huile et, comme elle, calme l'agitation des flots ; et un savant officier de marine constatait récemment qu'il n'y a pas de *brisant* avec la mer phosphorescente.

Mais, tout à leurs préoccupations et à leur fatigue, nos amis continuaient leur marche, sans arrêter sur la nature les regards enthousiastes qu'ils lui accordaient naguère.

Bravandas, qui se croyait poursuivi, ne voulut pas s'arrêter à Montmartin, et il emmena sa bande jusqu'à Regnéville, c'est-à-dire trois kilomètres plus loin.

Là, il fallut bien se loger à l'auberge. On mit la voiture sous un hangar, on donna à manger aux bêtes, et, après un dîner

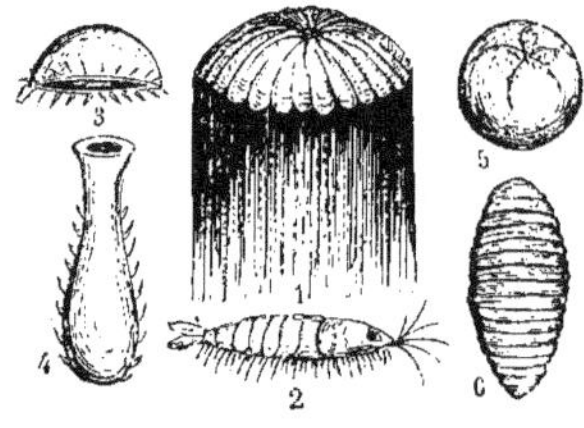

Fig. 161 à 166.

Animalcules produisant le Phénomène de la Phosphorescence de la Mer.

1. Medusa pellucens. — 2. Cancer fulgens. — 3. Medusa scintillans. — 4. Beroë fulgens. — 5. Medusa hemispherica. — 6. Linus noctilus.

qui ne satisfit pas complètement les appétits énergiques des voyageurs harassés, chacun s'alla coucher, et, jusqu'à l'aube, dormit d'un sommeil de pierre.

Éveillé le premier, le pauvre Bravandas se rendit dans la chambre de Scabieuse, et tint conseil avec lui.

Le fugitif voulait gagner les endroits les plus reculés et les plus cachés. Scabieuse lui répondait que les villes offraient plus de sécurité, et donnait des raisons sic onvaincantes, exposait un si magnifique projet, que le sourire revenait sur les lèvres de l'artiste, et la paix dans son âme.

Survinrent Pierre et Julien, qui emmenèrent presque de force leur père et leur ami au bord de la mer. Pendant que les dames s'habillaient, ces messieurs se livrèrent à la contemplation des parcs à huîtres ; car il y en a beaucoup à Regnéville.

— Voici, dit Scabieuse, l'invention qui nous permet de manger encore des huîtres. Ces mollusques ont beau être des animaux extrêmement féconds, puisqu'une seule ponte produit jusqu'à un million deux cent mille œufs, et qu'ils font plusieurs pontes par années, — les dangers qui les entourent sont encore plus puissants que l'énergie vitale de l'espèce.

Lorsqu'une huître, dont le volume, comme vous savez, n'est pas gros, envoie dans l'eau son million de jeunes, vous vous figurez bien, n'est-ce pas, que la taille de chacun est extrêmement faible. Leur agglomération forme comme une bouillie laiteuse, nourrissant régal pour tous les faméliques habitants de l'Océan.

Celles des petites huîtres qui arrivent au lieu où en se fixant elles doivent passer leur vie, n'en sont pas quittes avec leurs innombrables destructeurs. Tant que leur coquille n'a pas acquis sa consistance pierreuse, seule protection efficace que leur accorde la nature, elles sont la proie de bêtes infimes, balanes, serpules, polypiers, sur lesquelles elles tombent quelquefois comme sur un support. Plus tard, ce sont des bêtes rusées, des crabes, par exemple, qui viennent les dévorer lorsqu'elles entr'ouvrent leurs

Fig. 167. — Fagots d'Ostréiculture (Pag. 124).

coquilles. Enfin, l'homme, plus que tout autre destructeur, a compromis l'existence de la précieuse espèce. Sa drague brutale a, avec tant de constance, arraché des bancs les petites huîtres comme les grosses, que bien des colonies ont été irrémédiablement détruites.

Dans les parcs à huîtres, les mollusques sont soustraits à toutes ces causes de destruction, et soumis à un véritable engraissement. De grands bassins très réguliers de forme, par conséquent faciles à nettoyer, sont placés de façon à permettre à la marée haute d'y pénétrer. Quand la mer baisse, on ferme une écluse et l'eau est retenue.

Les huîtres provenant de la pêche sont classées par grosseurs et distribuées dans les diverses parties des parcs, où il n'y a plus qu'à les récolter dès qu'elles ont atteint le volume convenable.

La nature du fond des parcs influe beaucoup sur les qualités des huîtres.

Ainsi, aux environs de Rochefort, à Marenne, la chair du mollusque prend rapidement une nuance verte caractéristique. On pense que cette couleur, peu appétissante, mais fort recherchée des gourmets, est causée par celle des infusoires dont l'huître se nourrit, et spécialement des euglènes très abondantes dans l'eau saumâtre des parcs.

— Quand les petites huîtres quittent leur mère, demanda Pierre, comment arrivent-elles au lieu où elles doivent se fixer.

— Cet animal, si inerte dans le cours de son existence, est, à son commencement, très remuant. Au sortir de l'œuf que sa mère a, pendant plusieurs semaines, couvé entre ses branchies, il est à l'état de larve, et très différent des adultes de son espèce. C'est comme une sorte d'ovule, sur lequel poussent des cils vibratiles et sur lequel on distingue, à l'aide du microscope, les premiers linéaments de la coquille. A mesure que l'embryon grossit, les cils deviennent plus nombreux, et la coquille plus distincte et plus forte. Enfin l'appareil ciliaire prend un grand développement et remplit toutes sortes de fonctions. Il prend la forme d'une couronne surmontant les

Fig. 168. — Huîtres fixées sur une des Branches composant les Fagots d'Ostréiculture (Pag. 125).

A. Huîtres de 12 à 14 mois. — B. Huîtres de 5 à 6 mois. — C. Huîtres de 3 à 4 mois. — D. Huîtres de 1 à 2 mois. — E. Huîtres de 15 à 20 jours.

bords antérieurs des valves de la coquille, et permet à l'embryon de nager dans tous les sens avec une grande vitesse. Cet organe de la locomotion est aussi celui de la préhension — car il est percé d'une ouverture qui n'est autre que la bouche, — et celui de la respiration. Lorsque l'huître a perdu son appareil ciliaire, qui, à un moment donné, se détache de son corps, elle reste immobile, et alors seulement se développent les organes (branchies, cœur, etc.) de l'huître parfaite.

Il restait une centaine de francs dans la caisse commune. C'était ce qu'il fallait à Scabieuse pour mettre son plan à exécution.

Il confia à l'hôtelier la voiture des saltimbanques; mais on en tira le singe et les trois chiens; puis, tout le monde, y compris les bêtes, monta dans une mauvaise carriole louée par un paysan, et qui gardait encore des brins du varech qu'elle transportait journellement.

Elle roulait depuis une demi-heure à peine sur la route de Coutances, lorsqu'un chien, tout couvert de poussière, sortit en courant d'une prairie, et se précipita aux jambes du cheval avec des aboiements désespérés. Marius, qui devina, plutôt qu'il ne reconnut le fidèle Barbe-au-Vent, arrêta brusquement la voiture dans laquelle le brave chien sauta avec de folles démonstrations de joie. Puis il demeura couché, tout pantelant, aux pieds de Mme Bravandas.

La pauvre bête fut bien fêtée. On l'avait laissée dans la voiture, lors du fatal voyage aux Chausey, et les saltimbanques l'avaient volée avec le reste. Mais elle s'était échappée, et, avec son admirable instinct

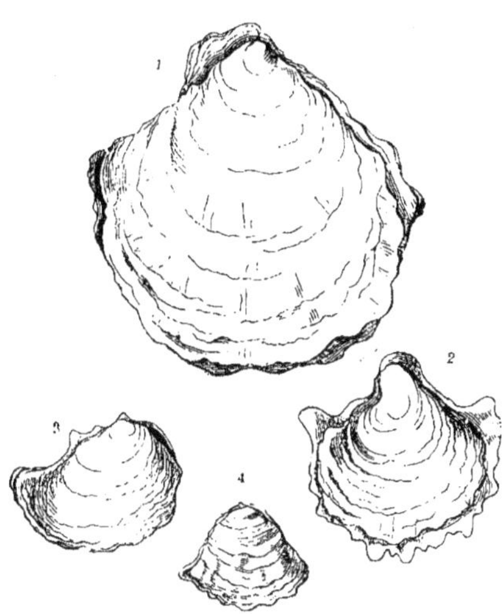

Fig. 169 à 172. — Huîtres de différentes Variétés (Pag. 125).

1. *Ostrea hippopus*, Huître pied de cheval. — 2. *Ostrea edulis*, Huître commune. — 3. *Ostrea cristata*, Huître de Gravette. — 4. *Ostrea strentina*, Huître de Toulon.

avait retrouvé les traces de ses amis. D'où venait-elle? De loin, certainement; car ses pattes saignaient; et maintenant que son cœur était satisfait, elle manifestait un abattement qui allait jusqu'à la souffrance. On passa près d'une mare, et Scabieuse eut l'idée d'y plonger Barbe-au-Vent : ce fut une résurrection. Comme tous les chiens de sa race, il aimait passionnément l'eau. Il s'y rafraîchit, s'y désaltéra, et en sortit tout gaillard.

— Le retour de Barbe-au-Vent est un heureux présage, dit Marie.

Coutances est une belle ville, une ville ancienne, une ville pittoresque. Fort montueuse, elle a pour couronnement une magnifique cathédrale du treizième siècle, dont les deux tours romanes, *rhabillées* pendant la construction de l'édifice, sont surmontées de flèches qui s'élèvent jusqu'à 78 mètres. Bien qu'à plusieurs kilomètres de la mer, ces flèches sont aperçues des navigateurs à qui elles peuvent même servir de point de repère. Les Bravandas, qui les avaient vues des Chausey, voulurent, avant de s'occuper de leurs affaires, donner un coup d'œil à l'intéressant monument. Ils en admirèrent surtout les beaux vitraux, et montèrent dans le Plomb, c'est-à-dire dans l'énorme tour octogonale qui, à l'intérieur de l'église, forme une belle lanterne et, à l'extérieur, un observatoire d'où l'on jouit d'une vue justement renommée.

Puis, tandis que Mme Bravandas et ses enfants reprenaient place dans la carriole, Marius et Scabieuse se dirigèrent vers la mairie, qui fait vis à vis à la cathédrale.

Après une attente raisonnable, ils eurent une entrevue avec le maire.

Ils sortaient assez contents, lorsqu'un petit monsieur s'arrêta devant Scabieuse, en levant ses petits bras au ciel, avec un visage étonné et ravi.

— Mon ami Scabieuse !

— Mon ami Henriquez !

— Voilà un heureux hasard !

— Une bonne fortune !

— Nous ne nous sommes pas vus depuis vingt ans.

— Depuis l'École centrale.

— Ah ! ça, vous devez être millionnaire : vous étiez un inventeur déterminé.

— C'est ce qui m'a ruiné.

— Bah !... Vous annoncez cela avec tant de désintéressement que vous prouvez que vous êtes un sage.

— Je m'efforce, en effet, de mériter ce beau titre. Et vous, quelle usine dirigez-vous dans la noble ville de Constance Chlore ?

— Je suis bibliothécaire.

— Vraiment ! l'industrie ne vous a pas souri non plus.

— Dites que je l'ai dédaignée. C'était la contrainte paternelle qui tournait mes études de son côté. Dès que j'ai été libre, je me suis métamorphosé en rat de bibliothèque ; et comme j'ai horreur de la capitale, de son agitation, de son bruit, je suis venu vieillir tout doucement dans ce lieu qui en est l'antipode. Je veille à la conservation de manuscrits précieux ; je me meus dans un centre d'antiquités romaines. Je ne me crotte jamais les pieds dans cette ville admirablement propre ; dans son silence, je réfléchis lentement, bien à l'aise. Je puis être distrait sans courir le risque d'être écrasé par les voitures. Je vis avec l'innocence d'un enfant, dans une maison de verre, dont chaque Coutançais connaît les moindres recoins. Toutes mes soirées se passent parmi la bonne compagnie. J'ai un rang, je suis quelqu'un, tout comme l'évêque et le sous-préfet. Voilà mon histoire; à vous, ami, de me conter la vôtre.

— C'est ce que je ferai à table; car M. Marius Bravandas et moi nous vous invitons à déjeuner. Quel hôtel nous recommandez-vous?

— Les Trois Mages. Je vais vous conduire.

Bravandas fit un signe à la carriole toujours arrêtée devant la cathédrale, et la carriole suivit les trois hommes.

Aux Trois Mages, Henriquez écouta avec intérêt l'odyssée des Parisiens.

— C'est très grave, très grave, dit-il d'un air important, en apprenant l'escapade de Bravandas; c'est très grave, mais nous arrangerons cela... Nous arrangerons cela.

Ensuite Scabieuse lui expliqua ce qui les amenait à Coutances.

— Nous ne sommes pas riches. La perte de notre voiture nous plongerait dans une détresse inexprimable, si nous ne trouvions moyen de conjurer les coups du sort... Il m'est venu l'idée de faire ici une conférence. Nos voleurs nous ont laissé des animaux fort intéressants: un singe et des chiens savants. Nous les montrerons au public et lui raconterons sur eux toutes sortes d'anecdotes véridiques. Puis M. Bravandas, qui est un artiste hors ligne, exécutera plusieurs morceaux de piano. J'éclairerai ma conférence de projections lumineuses: ce sera une vraie séance de lanterne magique. Nous venons d'obtenir la permission de M. le maire. Je vous demanderai, mon cher ami, le concours de vos bons conseils et des intelligences que vous avez dans la place. Pensez-vous que nous attirions la foule et que nous réalisions de sérieux bénéfices?

— J'en suis sûr. Les Coutançais accueillent fort bien tout ce qui leur apporte une distraction. Quel local choisirez-vous pour votre conférence?

— Celui que vous nous indiquerez.

— Il faut louer le théâtre.

— Diable! cela coûtera cher.

— Oui, mais vous aurez ainsi toutes les classes de la société: les riches dans les loges, les ouvriers au paradis, les petits commis, les écoliers au parterre. Je vous réponds que pas une place ne restera vide, et que la meilleure moitié du théâtre sera prise en location.

— N'importe! c'est effrayant! Nous possédons à peine de quoi payer notre hôtel pendant les quelques jours nécessaires à la préparation de la cérémonie, et en location de salle et d'appareils à projection, en éclairage, pose d'affiches, annonces par le tambour de ville, et en bien des détails que je ne compte pas, nous nous mettons sur les bras au moins trois cents francs de frais.

— Oh! Monsieur Scabieuse, s'écria Mme Bravandas, ne commettons pas une telle imprudence. Nous avons eu assez d'ennuis à Granville : n'en amassons pas d'autres à Coutances.

— Mais, chère amie, répliqua Marius, de la décision n'est pas de l'imprudence. Le manque d'argent nous fait une situation si désagréable que je ne vois rien de pire pour nous. Supposons un instant que notre recette ne couvre pas notre dépense. Eh bien, nous resterons à Coutances jusqu'à ce que notre travail ait payé nos dettes. Nous donnerions des leçons, Scabieuse, d'histoire naturelle, et moi, de piano. Toi et ta fille vous feriez de la peinture. Les gens de talent ne sont jamais embarrassés. M. Henriquez nous créerait des relations parmi ses amis.

— Je ferais mieux, dit le petit bibliothécaire ; je vous prêterais de quoi rentrer à Paris où, dans votre milieu ordinaire, votre travail serait plus productif. Mais, ajouta-t-il gaiment, nous n'en sommes pas là : il ne faut pas qu'un voyage si bien commencé finisse si mal. Votre conférence et votre musique vous rapporteront de l'argent. Soyez-en sûrs.

Ainsi encouragés, Bravandas et Scabieuse se consacrèrent avec ardeur aux préparatifs de la fête qu'annoncèrent des affiches que nous reproduisons ci-après.

Le bibliothécaire fut extrêmement utile en racontant l'histoire de nos héros dans les six ou sept salons qu'il fréquentait, et dans lesquels il voyait au moins cent cinquante personnes de la meilleure société. Ces cent cinquante personnes ayant retenu des places, tous leurs fournisseurs, qui furent amplement informés, voulurent avoir les leurs ; de plus ils en causèrent avec leurs petites pratiques qui se promirent d'aller de bonne heure faire la queue au bureau, afin d'avoir leur part d'une aubaine dont le grand monde s'empressait tant de profiter. Un vieil amateur, qui consacrait ses loisirs à empailler des animaux, alla trouver Scabieuse, et mit à sa disposition cinq ou six singes, fort beaux, dont un gorille énorme.

Scabieuse avait des relations avec la maison Molteni, à cause de quelques conférences gratuites avec projections faites par lui dans la banlieue de Paris. Il écrivit, demanda un appareil, du gaz oxygène et des vues sur verre ; ce qui lui fut expédié par la grande vitesse et lui arriva en fort bon état.

La Conférence au Théâtre.

CHAPITRE VI.

LA CONFÉRENCE AU THÉATRE.

LA salle était comble.

Sur la scène on voyait, *côté cour*, un piano à queue ; *côté jardin*, un bureau entouré des singes prêtés par l'amateur ; au milieu, l'appareil à projection et un grand écran de toile blanche.

C'étaient Julien et Pierre qui devaient envoyer sur l'écran les vues variées choisies par Scabieuse. Horriblement émus, et gonflés de leur importance, ils étaient, depuis longtemps, assis de chaque côté de leur appareil.

A huit heures précises, Scabieuse parut. Le petit bibliothécaire lui avait prêté un habit. Néanmoins son aspect surprit ; il avait l'air si pauvre, qu'il jeta tout d'abord un froid dont il s'aperçut.

Mais le brave garçon était de ces résignés qui, depuis longtemps, ont accepté toutes les avanies réservées à leur laideur. Il ne se troubla point devant ce public dont il offensait les yeux, et il commença tranquillement, de sa voix douce et sonore :

„Mesdames, Messieurs,"...

Nous ne reproduirons pas ici son discours qui fut d'une éloquence simple, facile, aimable. Dès ses premières paroles, il reconquit vite les sympathies de son capricieux auditoire et lui fit oublier sa singulière figure.

Le sujet choisi était immense dans son apparente simplicité. Scabieuse mit deux heures à le développer, et ne fatigua point.

Il montra le macaque qui, de ses deux mains, envoya des baisers au public.

„Vous êtes frappés, n'est-ce pas ? Mesdames et Messieurs, de l'allure de ce singe. Il a mis à vous saluer autant de grâce qu'en déploie l'acrobate qui vous remercie de vos bravos. Ceux mêmes d'entre vous qui n'ont pas encore vu de singe, connaissent cet animal de réputation : il imite l'homme, non seulement par ses manières, mais encore par sa conformation, par sa figure, par les passions que semblent exprimer ses yeux et ses traits mobiles couverts de rides. Regardez celui-ci : c'est le gorille. Il est beaucoup plus grand que moi, comme vous voyez ; son corps vigoureux accuse une force peu commune. Il a des mains aux membres antérieurs, et aussi aux membres inférieurs, ce qui nuit un peu à la comparaison, mais n'importe. Considérez sa face. Elle est bien laide, mais tant d'hommes sont hideux (on rit). Ce qu'il a de plus remarquable, c'est le crâne, — quand il est jeune. On va projeter sur l'écran des crânes de gorilles à différents âges."

(Le gaz s'éteint, l'écran s'éclaire, et l'image apparaît.)

„La déformation du crâne indique l'abrutissement auquel l'animal arrive en vieillissant. Il devient, en effet, extrêmement féroce. Mais la maladie, l'approche de la mort le rendent très doux, il retourne presque à l'innocence de son enfance.

„Le gorille est dépourvu de cet appendice vertébral commun à l'immense majorité des mammifères et qu'on appelle la queue. D'autres genres en sont privés comme lui, ce qui également les rapproche du nôtre : ce sont le chimpanzé, l'orang-outang et le gibbon. Aussi les appelle-t-on les singes anthropomorphes, manière grecque de dire les singes à forme humaine.

„Ces singes présentent entre eux des différences de structure fort appréciables, ainsi que vous pouvez en juger.

„La plupart des autres singes conservent quelque chose de la face de l'homme; mais, à partir du gibbon, la queue se montre dans tous les genres. Les singes d'Amérique l'ont même exagérée, et elle a la faculté de s'enrouler autour des objets, et de les saisir comme par une cinquième main; on dit avec raison qu'elle est prenante."

(Projection : un tas de singes suspendus par leur queue aux branches dans une forêt vierge.)

„La dentition du singe ressemble à la nôtre pour le nombre des dents: trente-deux chez beaucoup, trente-six chez les autres; seulement, les canines énormes attestent la bestialité du quadrumane."

(Projection : dentition de l'homme et de différents singes.)

„Vous remarquez que dans chaque mâchoire existe un vide dans lequel la canine correspondante peut se loger. Ces dents effrayantes sembleraient indiquer que l'animal se nourrit de chair. Point. Essentiellement frugivore, il se laisserait mourir de faim plutôt que de manger de la viande. Les canines sont pour lui, non des outils, mais des armes terribles. Les grands singes peuvent mettre un homme en pièces! Les nègres craignent le gorille comme le monstre le plus redoutable de leurs forêts. Ils ne voient pas entre eux et lui une grande distance. „S'il ne parle

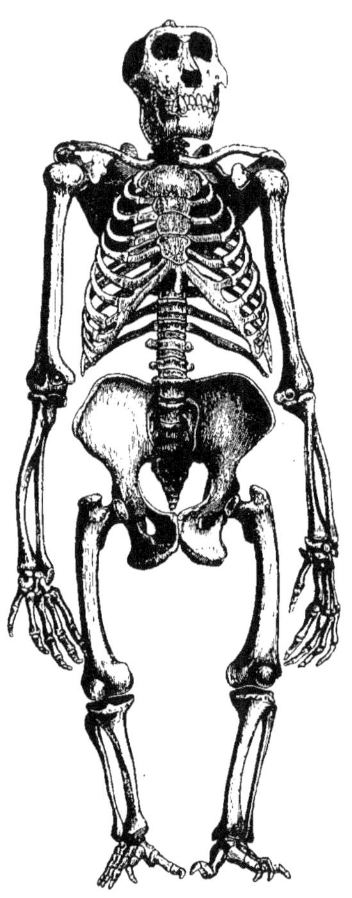

Fig. 176. — Squelette de Gorille (Pag. 132).

pas, disent-ils, c'est pour ne pas travailler." Ils expriment naïvement ainsi un des côtés de la question qui se pose dans tout l'univers: Qu'y a-t-il dans les bêtes? Les bêtes, tant aimées des enfants, si souvent personnifiées et quelquefois déifiées par les peuples de la jeune antiquité, interrogées si anxieusement par les savants, les penseurs de notre vieux monde

— les bêtes sont le grand mystère de la création. Elles sont muettes; mais dans leurs yeux profonds, la pensée semble vivre; l'amour ou la haine flamboient; l'anxiété, l'appel à la compassion s'expriment d'une façon saisissante. D'où viennent-elles? Où vont-elles? Est-il juste que nous en fassions nos esclaves, notre propriété? Redoutable problème qu'on ne peut résoudre qu'avec illogisme. Le Coran, livre apporté du ciel, défend qu'on fasse souffrir les bêtes sans nécessité. Loi touchante sous laquelle on devine une douleur, celle de tolérer le mal par nécessité. Les musulmans tuent donc les bêtes pour les manger, mais ils restreignent de beaucoup le nombre de ces victimes; ils ont comme les juifs leurs animaux impurs. Les bêtes qu'ils ne mangent pas, et qui les ennuient, ils les respectent: de là, l'abondance de leur vermine. Une puce les pique: ils la prennent délicatement, la mettent ailleurs que sur leur peau, quelquefois sur celle du voisin. Ils ont la légende du sultan Mourad si merveilleusement traduite par Victor Hugo. Les Égyptiens avaient mieux pour les bêtes que du respect: ils les adoraient. Leur première divinité était un bœuf. Le cynocéphale, un des plus horribles singes, et qui mérite si bien son nom: tête de chien, occupait un très bon rang dans la puissante série: c'était le dieu Tôt, un équivalent du Mercure des Romains, de l'Hermès des Grecs.

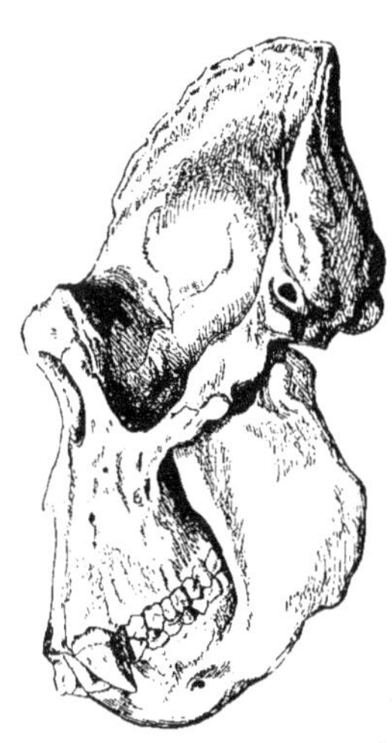

Fig. 177.
Crâne de Gorille adulte (Pag. 132).

„Les Indiens modernes, gens bienveillants, voient dans la malice du singe une preuve de sa sagesse, et lui consacrent des temples bien pourvus de toutes les denrées qu'il recherche. Les âmes des ancêtres habitent les singes sacrés. De sorte qu'on ne les tient pas dans une pompeuse captivité: ils sortent de leurs temples et exercent au dehors leur despotisme. Bénarès est un des lieux qu'ils affectionnent et qu'ils pillent.

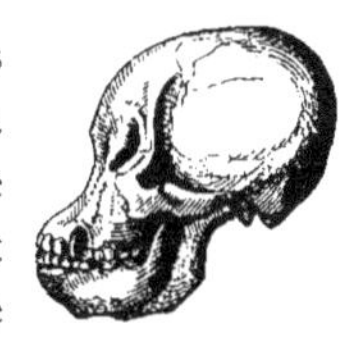

Fig. 179.
Crâne de Gorille très jeune (Pag. 132).

Fig. 178.
Crâne de Gorille jeune (Pag. 132).

Fig. 180 à 194. — SINGES DU VIEUX MONDE : 1. Gorille. — 2. Gibbon. — 3. Orang-Outang. — 4. Mandrill. — 5. Hamadryas. — 6. Guenon. — 7. Chimpanzé. — 8. Semnopithèque. — 9. Macaque. — 10. Colobe. — SINGES DU NOUVEAU MONDE : 11. Alouate. — 12. Nycticèbe. — 13. Ouistiti. — 14. Sapajou. — 15. Atèle.

„Un jour, dans un village aux environs de Calcutta, ils arrivent par bandes, s'installent dans les maisons dont préalablement ils rossent les propriétaires, s'égayent en noces et festins; puis ces émules de Néron, pour compléter la partie, incendient le village. Les habitants s'en allèrent pleurer sur les collines voisines. L'autorité anglaise voulut intervenir : ils la supplièrent de ne pas entraver la fantaisie des vénérables singes."

Puis Scabieuse, pour bien faire connaître le caractère, les mœurs du

Fig. 195. — Cynocéphale (Pag. 134).

singe, se lança dans des récits de voyages, que le public suivit avec beaucoup d'intérêt. Du Chaillu, si célèbre par ses pérégrinations en Afrique, et qui, le premier des Européens, vit et chassa le gorille, fournit les passages les plus remarquables.

Scabieuse cita aussi beaucoup de traits d'intelligence de la part du chimpanzé et de l'orang-outang.

Mais si nous voulions rapporter tout ce qu'il dit, ce livre serait plein de sa conférence, et nous n'en saurions pas les magnifiques résultats.

De l'intelligence des singes, Scabieuse s'étendit tout naturellement à celle des animaux. Alors Marie parut avec les chiens.

Par sa douceur et par son adresse, cette jeune fille avait gagné en ce peu de jours les sympathies de toute la meute, qui lui obéissait sur un signe.

Elle avait découvert les talents de chacun, et les mettant à profit, avait imaginé une petite scène très amusante. Les chiens faisaient l'exercice, marchaient au pas, s'arrêtaient au commandement, exécutaient demi-tour à gauche, le tout dans un ordre parfait.

Puis ils montèrent une échelle à reculons et, par dessus une baguette, firent des bonds vertigineux. Quant à Barbe-au-Vent, qui montrait des dispositions extraordinaires de chien savant, il avait eu une idée de génie : ne sachant encore ni marcher à reculons, ni sauter à une hauteur de plusieurs mètres, il avait trouvé moyen d'utiliser son ignorance même, en faisant le clown, le maladroit : quand ses camarades avaient exécuté un tour de force ou d'adresse, il les imitait gauchement, lourdement, comme un rustre qui joue l'homme de talent, et terminait ses essais malheureux par des culbutes ridicules. On riait, et l'on applaudissait le brave Barbe-au-Vent.

Tout à coup les yeux s'écarquillèrent, et la salle haleta d'émotion. Par une des portes du fond entrait l'apparition la plus étrange, la plus imprévue : un ours brun donnant *la main* à une gracieuse enfant vêtue d'une petite robe blanche.

Ni Scabieuse, ni Marie ne voyaient ces deux nouveaux acteurs ; et le public, tout en s'effrayant de la témérité des impresarios qui osaient mettre en contact la bestiale férocité et la frêle enfance, croyaient à une surprise habilement ménagée.

Mais il fut vite détrompé.

L'ours, après avoir fait debout quelques pas, tomba sur ses quatre pattes, puis se mit à courir vers le conférencier. Un cri terrible éclata dans la coulisse, et une femme, Mme Bravandas, s'élança comme une folle, se jeta sur Alice, voulut fuir avec elle, puis songeant à ses deux fils, dont l'ours approchait, laissa l'enfant, pour aller vers eux avec un effarement indescriptible. Cette émotion gagna le public.

Les spectateurs de l'orchestre et du parterre se mirent à fuir, pensant que l'ours allait sauter dans leurs rangs et les dévorer.

Cependant, Scabieuse et Bravandas ne perdaient pas la tête. Ils avaient deviné ce qui amenait l'ours parmi eux. Cet animal venait retrouver son ami le singe. La chose n'était pas douteuse, à voir les tendresses que les deux bêtes se prodiguaient. Le singe s'était assis sur l'un des bras de l'ours qui le tenait comme on tient un enfant, le léchant et grognant de plaisir... Le singe n'était pas profondément ému, mais seulement satisfait, et il donnait à l'ours des tapes amicales. Celui-ci avait autour du cou un fragment de corde que Bravandas saisit, ce qui ne fâcha pas la bête débonnaire; et Scabieuse s'adressa au public.

— Mesdames et Messieurs, rassurez-vous et rasseyez-vous. Cet ours est parfaitement apprivoisé. Vous voyez qu'il se laisse prendre sans tenter la moindre résistance. Je vous demande dix minutes d'entr'acte, au bout desquelles j'aurai probablement une histoire intéressante à vous raconter.

On emmena les animaux, et la scène demeura vide un instant.

Quand Scabieuse revint, il fit ce petit discours :

„Mesdames, Messieurs,

„Nous sommes de paisibles touristes qui voyagions naguère dans une confortable voiture. Des saltimbanques, des brigands ont trouvé bon de nous la prendre, et de nous laisser à sa place leur immonde boutique qui n'a rien de commun avec notre installation. Cette immonde boutique contenait les trois chiens qui ont eu l'honneur de vous amuser, plus le macaque. Nos voleurs jugeaient sans doute qu'ils n'avaient plus besoin des talents de ces intelligents animaux; mais ils avaient emmené leur ours comptant probablement le vendre à un confrère ou à une ménagerie; car l'ours a une valeur assez considérable, ne tirât-on parti que de sa peau... Ils comptaient sans le cœur et l'instinct de cette bête féroce, beaucoup plus intéressante qu'eux, à coup sûr. Ce n'était pas à ses maîtres grossiers que l'ours s'était attaché; mais à son compagnon de chaîne, au singe dont, sans doute, les malices et les jeux lui plaisent. Il a brisé ses liens, et a su le retrouver. La pauvre bête était accablée de fatigue et de faim; mais on s'occupe de son souper, et tout à l'heure, très guillerette, elle ne demandera qu'à danser devant vous... Avant de faire son entrée sur la scène, l'ours a flâné avec une gentille petite fille. Par je ne sais quel hasard il avait trouvé ouverte la porte des artistes. Il entra, enfila les corridors, grimpa les escaliers, trouva entrebâillée une autre porte, et pénétra dans une loge d'artiste. En ce moment, Mlle Alice était seule, parce que son père, ses frères, sa grande sœur travaillaient devant vous, et que sa mère venait de la quitter pour jeter un coup d'œil sur les exercices des chiens. L'enfant s'amusait tranquillement. Lorsque cette grosse bête apparut, bien loin d'en avoir peur, elle lui sourit, l'appela. L'ours se dressa sur ses pieds.

„— Il fait le beau, s'écria-t-elle transportée.

„Elle lui prend les pattes; l'ours se met à danser. La joie d'Alice devient du délire; elle exécute une ronde avec son terrible compagnon. Il saute lourdement sur la plante de ses gros pieds; elle, de la pointe des siens, touche à peine la terre. L'ours s'arrête, sentant dans ses jambes la longueur de la route; il retombe à quatre pattes; elle le force à se relever, lui reprend la patte, qu'elle garde, malgré quelques grognements. Puis, comme elle sent que son ami devient récalcitrant, elle va chercher du renfort auprès de sa mère, emmène l'ours avec elle, et, ne rencontrant pas d'autre issue que celle de la scène, elle arrive devant vous.

„C'est elle qui vient de nous mettre au courant du fait, et il est trop vraisemblable pour qu'on n'y ajoute pas entièrement foi."

Ce récit produisit sur la salle la plus vive impression; et, lorsque l'ours reparut, on lui fit l'accueil qu'il méritait. Il avait au cou une corde neuve; et Scabieuse, muni d'un bâton, essaya de le faire danser. Mais en vain. L'ours refusait de comprendre. Alors Marius eut l'idée de jouer sur le piano un certain air écossais, auquel les plantigrades ne demeurent jamais insensibles.

L'ours prit immédiatement la posture du „beau" et, tant que l'artiste ne s'arrêta pas, dansa de la plus drôle et de la plus grotesque façon du monde. A la dernière note, frappée sec, il tomba lourdement de son haut, et resta immobile.

Scabieuse et les animaux s'étaient si fortement emparés du public, qu'il fallut que Bravandas déployât un bien merveilleux talent pour se faire écouter sans distractions. Et, en effet, il fut si étonnant, si à la hauteur de lui-même dans la mazurka de Chopin, qu'il enleva l'admiration de tout le monde, des dilettantes comme des gens incultes. Ce grand artiste mettait tant d'âme, une expression si juste dans son jeu, qu'il faisait vibrer jusqu'aux natures les plus grossières et les moins préparées. Après le Songe d'une nuit d'été, on lui fit une ovation.

Toutes les dames regrettèrent de n'avoir pas de fleurs pour l'en couvrir tout entier.

Avant de se coucher, nos artistes firent leurs comptes. Ils avaient quinze cents francs de bénéfice! Une fortune.

Ils dormirent tard, fatigués de leur travail et de leurs émotions. Ce fut Scabieuse qui se leva le premier. Sa fenêtre donnait sur la cour de l'hôtel. Il alla l'ouvrir, ayant chaud dans sa chambre trop petite.

Et qu'aperçut-il ?

Sa voiture! la voiture de Bravandas, celle qu'il avait dessinée, construite de ses mains. Il crut rêver. Néanmoins il passa au plus vite ses habits; et, fiévreux, haletant, se disant que cette voiture, qui certainement n'était pas une ombre, pouvait bien après tout être la leur, qu'il y avait des juges en Normandie comme à Berlin, et que c'était leur bien qu'on leur rapportait, il courut chez les Bravandas dont la porte était encore close, leur cria de se lever, puis quatre à quatre descendit. La première personne qu'il rencontra fut Charles Marquat.

— Vous ici!

— En personne.

— La voiture?

— Je vous la ramène.

— Vous êtes un dieu!

Scabieuse se précipita pour contempler le bienheureux carrosse. Il était en fort bon état. Rien d'essentiel n'y manquait, ni au dehors ni au dedans.

Heureux au delà de toute expression, Scabieuse se laissa tomber sur le divan, en jetant autour de lui un regard ravi. Marius Bravandas vint bientôt se mêler à cette extase. Alors il fallut que M. Marquat parlât, ce qu'il fit très volontiers.

Un soir, en passant dans la forêt, il avait aperçu une voiture si semblable à celle de ses amis, qu'il s'était arrêté, et l'avait examinée attentivement. Des gens suspects en étaient sortis, pour l'intimider. Lui, au lieu de passer son chemin, poussa la fenêtre qui n'était pas complètement fermée, et jeta un regard à l'intérieur. Plus de doute : il avait sous les yeux la voiture des Bravandas. Quel parti prendre? Il n'avait d'autre arme que sa cravache, et il voyait, de chaque côté de son cheval, un géant et un voyou, plus une mégère et un polisson. Il ne pouvait à lui seul arrêter ces gens-là. Il s'en alla donc, sans leur rien dire. Dès qu'il fut hors de leur vue, il mit sa bête au galop, se rendit tout droit à la gendarmerie, emmena deux soldats avec lui, et les conduisit au campement des voleurs. Ils l'avaient quitté, pressentant de sa rencontre quelque avanie pour eux. Mais on les rattrapa. On leur fit rebrousser chemin, et toute la famille fut enfermée. Ils avaient fort sali la voiture; mais n'y avaient rien cassé. Les domestiques de M. Marquat effacèrent les traces de ces vilains hôtes; les tentures furent remplacées... Le jeune homme, trop heureux de rendre service à ses amis, se mit immédiatement à leur recherche. Il alla d'abord à Granville que les saltimbanques désignaient comme le lieu de leur vol. Le commissaire se rappela avoir reçu une réclamation; mais elle avait été faite par un fou qu'il avait arrêté, et qui s'était évadé, — il n'y avait attaché aucune créance et ne s'était plus préoccupé de l'individu. Ce fou, c'était évidemment Marius Bravandas que Charles Marquat remit dans son vrai jour sous les yeux du commissaire. Mais en quel lieu rattraper les volés fugitifs?... Heureusement, il y avait la conférence, la fameuse conférence annoncée dans le journal même de Granville. Le lendemain, dès l'aurore, Charles Marquat se remit en route, conduisant lui-même la voiture.

Le reste de la famille arriva pour entendre la fin de l'histoire, qu'il fallut lui recommencer.

— Et qu'allez-vous faire de nos voleurs, demanda Bravandas.

— Il faut que vous déposiez plainte pour qu'un mandat d'amener soit lancé contre eux.

— Je vous en prie, cher Monsieur, arrêtons-là cette affaire. Ils ne m'ont pas causé d'autre dommage que quelques jours d'ennui. Rendons-leur leur voiture, et ne nous donnons pas les tracas d'un procès qui nous arracherait à nos loisirs pour des témoignages plusieurs fois répétés.

— Vous avez peut-être raison. Les scélérats iront se faire pendre ailleurs. Je vais télégraphier à mon père pour que, de concert avec les autorités, il étouffe l'affaire et les fasse mettre en liberté.

Quand les saltimbanques se retrouvèrent au milieu de leurs animaux, dans leur sordide voiture, leurs sentiments furent très complexes. Tombe-la-Mort se sentit plus à l'aise et tout heureux d'être débarrassé de l'inquiétude des gendarmes. Mais la somnambule et son frère, dans un état de colère inexprimable, annonçaient l'intention de tout briser dans leur taudis. Cela agaça Tombe-la-Mort, qui gardait rancune à sa femme de l'avoir embarqué dans cette méchante affaire. Le géant avait eu seulement un rôle passif. Et c'est ce que son aimable compagne lui reprochait. Si, disait-elle, il avait voulu lui prêter son concours, peut-être ne les eût-on pas rattrapés. Quelle misère!... Retomber dans l'ordure après avoir tâté du bon lit et des jolies affaires de ces propres à rien! On aurait pu, avec la photographie, gagner comme eux dans les foires des mille et des cents! Ah! si un jour leurs deux voitures se rencontraient au coin d'un bois, elle et Patte-en-l'Air feraient un mauvais parti à ces *aristos*, même si ce grand lâche de Tombe-la-Mort refusait de s'en mêler.

Elle disait tout cela, et tant de choses encore qu'il serait malséant de répéter, que Tombe-la-Mort, à la fin hors de lui, administra à la chère femme la correction la mieux sentie et la plus méritée. Patte-en-l'Air n'essaya pas de défendre sa sœur, s'estimant, avec raison, beaucoup moins fort que l'Hercule.

Ce fut une scène épouvantable. L'homme était devenu un véritable mouton enragé. Il tapait sans mesure et sans ménagement. La femme saignait du nez, des mâchoires, avait un œil poché. Elle n'avait plus la force de crier, et la vue de son sang tournait la tête à son bourreau qui allait peut-être commettre un crime, lorsque Lise, absente au commencement de la bagarre, rentra brusquement, se jeta au milieu des coups en criant

Fig. 196. — Pauvres petits Moutons ! (Pag 113).

d'une voix déchirante : Grâce ! grâce ! Veux-tu donc la tuer, Tombe-la-Mort ?

Celui-ci se calma à l'instant, et la face rouge, les membres tremblants, s'en alla hors de la voiture absorber un peu d'air frais.

Lise s'empressa autour de sa mère, lui lava la figure, voulut lui dire quelques mots de consolation ; mais une haine si terrible ardait dans les yeux de l'horrible femme que la pauvre bossue recula épouvantée.

— Je ne peux me venger de Tombe-la-Mort ; il est fort ; c'est une brute ; je le méprise. Mais ceux qui me payeront les coups dont je suis écrabouillée, c'est les canailles qui se gobergent tandis que je suis battue et que je crève de faim !

Nos touristes, qui ne se doutaient pas de la malédiction lancée sur leurs têtes, reprenaient avec la plus grande tranquillité d'esprit le cours de leur voyage. M. Marquat voulut rester quelques jours avec eux.

— Madame Bravandas, dit-il, voulez-vous m'accepter comme pensionnaire? Je coucherais à l'hôtel, mais je prendrais mes repas avec vous. Cela vous convient-il?

— A merveille! s'écria-t-on tout d'une voix.

De Coutances, on se rendit à Coutainville.

Coutainville est un village composé de quelques chaumières, de quelques bicoques à l'usage des baigneurs. Il a pourtant son manoir, qui a appartenu à l'amiral Tourville. C'est une construction sans aucune élégance, mais qui a des murs solides et un colombier pittoresque. D'un côté, il regarde la mer, de l'autre une vaste prairie où paissent quelques vaches, car aujourd'hui le manoir est une ferme.

Coutainville commence au penchant de collines arrondies, couvertes d'une herbe fine, dont s'engraissent des moutons de présalé. Toujours battues par le

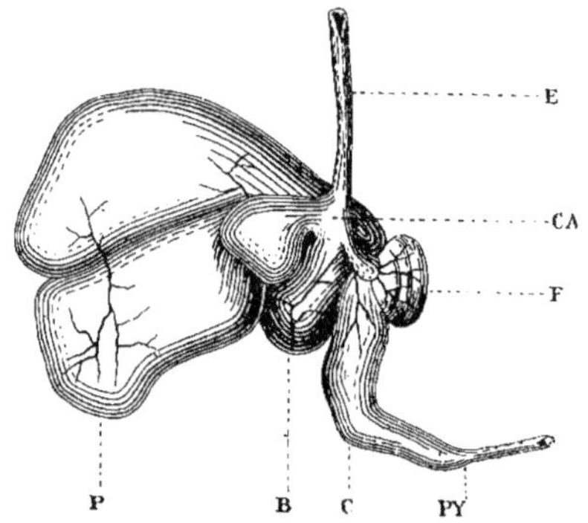

Fig. 197. — Estomac de Ruminant (Pag. 143).

vent humide et âcre de la mer, ces collines ont une terre chargée des principes qui donnent aux gigots leurs savoureuses qualités.

Pauvres petits moutons, à la laine fine, à l'air placide, aux gros yeux lourds, leur unique occupation est de s'engraisser pour la boucherie. Toute la journée ils broutent et ruminent. Forcés d'absorber d'énormes quantités d'herbe, ils en emplissent d'abord leur panse P (fig. 197). Quand cette sorte de garde-manger est rempli, l'animal se couche; immobile extérieurement, il est fort actif au dedans. L'herbe passe par fractions dans une seconde poche B appelée le bonnet où elle est moulée en boulettes qui remontent successivement dans la bouche. Elle est alors bien mâchée et bien imprégnée des sucs salivaires. Ainsi préparé, le bol alimentaire est envoyé dans la troisième partie du multiple estomac qui porte le nom de feuillet F: c'est l'antichambre de la caillette CA où s'opère enfin la digestion stomacale.

Mais si compliqué et si puissant que soit l'estomac du ruminant, il ne transforme pas assez complètement une matière aussi différente de la substance de l'animal que l'est l'herbe des champs. Il a donc comme appendice un intestin long vingt fois comme le corps de la bête, — et dans lequel la nourriture soumise à l'action de liquides très abondants, et au mouvement péristaltique, devient enfin assimilable. L'innombrable légion des bêtes à cornes est ainsi conformée au point de vue digestif.

Scabieuse et les enfants avaient presque descendu la colline où ils s'étaient quelque peu attardés, lorsqu'en passant près d'une petite maison isolée, ils firent une assez singulière rencontre. Un paysan creusait une fosse, et à côté de lui gisait un mouton mort. Un vieux monsieur, à larges favoris gris, à l'air pétulant, à la voix claire et haute, lui faisait une remontrance à laquelle le paysan, indifférent d'abord, finissait par prêter l'oreille ; tout à coup même son attention devint si forte qu'il laissa tomber sa bêche, et resta la bouche ouverte, — et muette, — devant son interlocuteur. Les voyageurs s'étant approchés, le vieux monsieur, loin de se fâcher de leur indiscrétion, les prit pour juges de la vérité de ses paroles.

— Messieurs, Mesdemoiselles, je suis médecin ; je demeure à Agon, ma vie se passe en courses et en visites dans les villages environnants.

Fig. 198. — Vers de Terre (Pag. 145).

Tout le monde me connaît ; je connais tout le monde. Vous venez de loin, évidemment, car je ne vous ai jamais vus... J'ai le droit d'admonester sévèrement Jean Prentout pour l'imprudence qu'il allait commettre. Il renonce à son dessein d'enterrer sans précaution son mouton ; et il fait bien ; car, si malgré mon avis, il avait passé outre, je lui aurais fait un procès, que j'aurais gagné, Messieurs... Figurez-vous que j'ai tout lieu de croire que cet animal (c'est du mouton que je parle) est mort du charbon. Dieu merci, le cas est rare dans nos pays ; mais cependant il se produit quelquefois. La pustule maligne se déclare chez les bestiaux ou chez l'homme à la suite de la piqûre de certaines mouches qui ont d'abord souillé leur trompe au contact d'un corps mort du charbon. Au microscope, on reconnaît que l'infection est due à l'introduction dans le sang d'un petit organisme, dit bactéridie charbonneuse, faisant partie de l'immense catégorie des microbes, et qui s'attaque, pour vivre, à la substance même des globules sanguins... Suivez-moi bien... Je ne dis rien de trop. Son mouton étant mort du charbon, Jean Prentout croit se mettre à l'abri de toute contagion en enterrant le cadavre à six pieds sous terre. Sur sa tombe, l'herbe repoussera pour la pâture des frères de l'infortuné.

Mais Jean Prentout a compté sans le ver de terre.

Dans le cadavre du mouton enterré, les bactéridies perdront toute activité. On pourrait même croire à leur mort; car, en apparence, elles se décomposeront et se résoudront en petits grains reconnaissables dans l'eau où on les suspend, pour les étudier, à leur très vif éclat qui les fait scintiller. Ces corpuscules brillants, comme on les appelle, échappant, par leur petitesse même, à la plupart des causes de destruction, attendront dans la terre que le moment soit venu pour eux de reprendre leur funeste activité.

Or les vers, qui traversent le sol en tous sens, se nourrissent en avalant de la terre jusqu'à plénitude complète de leur tube digestif, dont la membrane choisit, dans le tas, ce qui est bon à garder. Le reste est rejeté à la surface du sol sous forme de cylindres contournés sur eux-mêmes, et que vous avez nécessairement observés. Le ver de terre absorbera souvent de la sorte des corpuscules brillants, mais il ne les digérera pas, et les horribles organismes reviendront à la lumière, entre les herbes. Alors les moutons bien portants de Jean Prentout avaleront, avec leur nourriture, les germes de bactéridies. La chose sera souvent sans inconvénients, car, pas plus que le ver de terre, le mouton n'absorbe le virus par son canal digestif. Mais qu'il aie la moindre plaie à la langue ou à la lèvre, que la graminée ou la luzerne l'écorche tant soit peu : voilà une porte ouverte à la bactéridie qui, une fois dans le sang, se multiplie avec une rapidité prodigieuse, voilà un mouton perdu. Saisis-tu, Jean Prentout? S'il ne s'agissait pour toi que d'une perte pécuniaire, je ne me donnerais pas la peine de combattre ton opinion narquoise; mais un animal atteint du charbon est dangereux pour tous les gens du village.

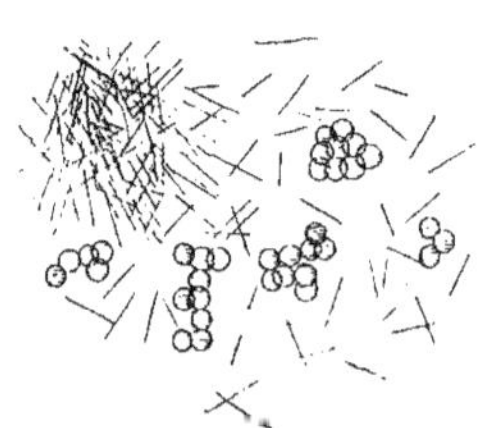

Fig. 199. — Sang charbonneux, vu au Microscope (Pag. 145).

CHAPITRE VII.

RETOUR AU MONDE GROUILLANT ET BIZARRE DE LA MER.

L'immense plage de Coutainville est d'un sable fin, presque impalpable; à droite, à gauche, devant soi, derrière soi, on ne voit que du sable. Cela fait bien valoir l'infini de la mer. Quand elle est furieuse, c'est d'elle-même; c'est dans son propre sein qu'elle puise la force de se soulever en montagnes; elle n'a pas pour l'irriter des rochers qui la font vainement écumer, et qui, deux fois par jour, recommencent la même taquinerie. Quand elle est calme, rien ne trouble sa pureté, rien ne brise l'étincelant miroir de sa surface. Aussi, que de coquilles fines, délicates, délicieusement nacrées et rosées sur

Fig. 200. Vue géologique du Cap de la Hève.

1 Oiseau: Terrain kimméridgien. — 2 Oiseaux: Terrain néocomien (wealdien) et gault. — 3 Oiseaux : Terrain cénomanien.

le beau sable, couche moelleuse pour ces formes fragiles : dentales, por-
celaines, tellines, pholades, donaces, trochus, etc.

Sur les dunes croissent de maigres
tamarix, arbrisseaux flexibles, aux tiges
menues, aux fleuilles fines qui subissent
sans dommage le choc des tempêtes.

Dès que les enfants eurent mis le
pied sur la grève humide, ils furent
frappés de l'énorme quantité de petits
tas de sable qui la couvraient. Et Marie,
tout impressionnée encore de l'histoire
du charbon, s'écria :

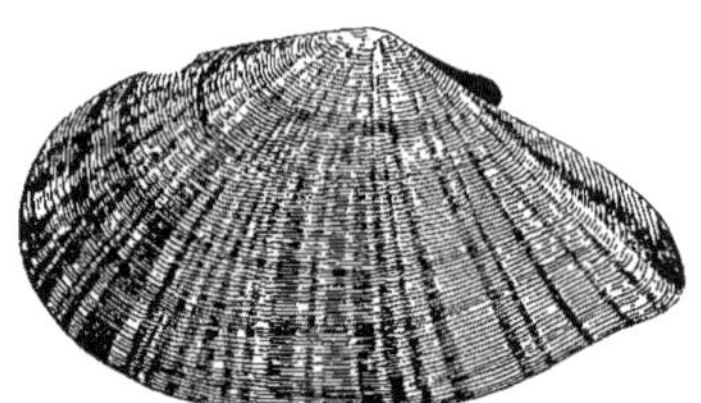

Fig. 201. — Telline (Pag. 147).

— Quoi donc, la grève nourrit-elle aussi de ces vilains vers de terre ?

— Non, Mademoiselle : les annélides, dont vous voyez les traces, en
sont fort voisines, mais ont leur place à part. Ce sont
des arénicoles, ainsi appelées parce qu'elles habitent les
sables. Malgré le dégoût que nous causent généralement les vers, il faut convenir que celles-ci ne sont pas
dépourvues d'élégance. Sur une grande longueur de
leur corps existent de gracieux panaches qui, surtout
dans l'eau, montrent leur délicate constitution. Ce sont
les branchies, organes de la respiration. Voyez comme
elles sont régulièrement placées et comme elles se ressemblent exactement entre-elles. La bête, très allongée
par rapport à sa grosseur, est, d'un bout à l'autre,
sillonnée de lignes fines et transversales qui la morcel-
lent en anneaux successifs. Sauf aux deux extrémités,
tous les anneaux sont la reproduction les uns des autres,
et c'est leur présence que rappelle le nom même d'annélides. Chose curieuse, cette uniformité se reflète à l'intérieur de l'animal, et l'anatomie de divers anneaux est la
même pour tous. Chacun d'eux contient un centre nerveux, un centre respiratoire, un centre digestif, etc.;
tellement que si on le sépare du reste, il se trouve avoir
de quoi vivre pour son compte. Bien plus il se met sans

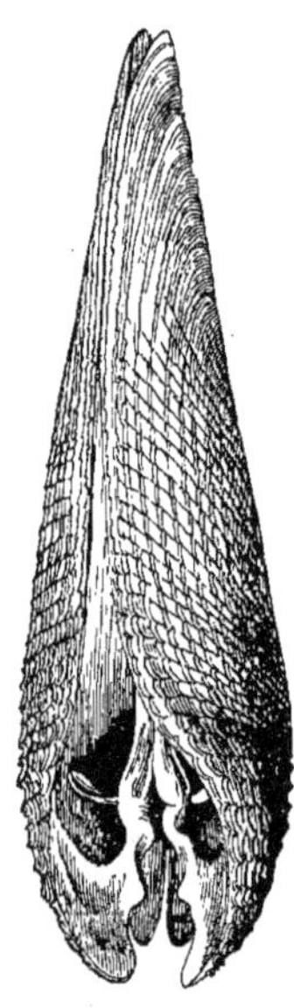

Fig. 202.
Pholade (Pag. 147).

retard à se fabriquer ce qui lui manque pour être une annélide complète.
Un ver de terre qu'on coupe en deux ou en quatre se trouve rapidement
remplacé par deux ou par quatre vers de terre. Cette faculté n'est pas

d'ailleurs propre seulement à la réparation des accidents, la nature la met
à contribution sur une très vaste échelle pour la reproduction de certains
vers. A des moments déterminés on voit se faire de place en place, sur le
corps de l'animal, des étranglements qui, peu à peu, le
débitent en tronçons, dont chacun est bientôt un animal
complet, et ce mode de reproduction, qui ne dispense d'ailleurs pas les annélides de pondre des œufs, se nomme la
scissiparité.

Dans la mer, les annélides, comparables à l'arénicole,
sont extrêmement nombreuses; on les réunit sous la qualification d'annélides errantes, à cause de leur mobilité et par
opposition aux annélides fixées ou sédentaires.

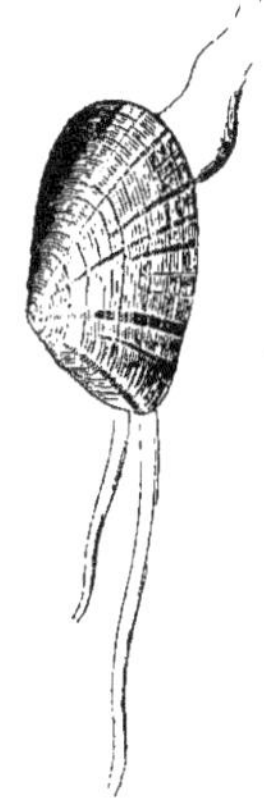

— Les terebelles et les serpules, interrompit Pierre, dont nous avons vu à
Granville les tubes sableux ou calcaires
sur les rochers, ne sont-elles pas des
annélides sédentaires?

— Parfaitement. Il faut citer encore
les spirorbes, communes par exemple sur
la carapace des langoustes et des ho-
mards, qu'ils recouvrent par places de petites granulations blanches.

Fig. 204.
Trochus (Pag. 147).

Fig. 203.
Donace ridée
(Pag. 147).

— Les sangsues sont des annélides, n'est-ce pas Scabieuse?

— Oui, mon ami. Elles ont une organisation assez supérieure, et
nagent avec des allures d'anguilles.

— Mais, dit Marie, les sangsues sont des animaux féroces, bien différents en cela des annélides marines, inoffensives, à coup sûr.

Fig. 205. — Arénicole (Pag. 147).

— Pas du tout. Ces êtres si faibles à l'œil nu prennent sous le microscope l'aspect de monstres terriblement armés. Les annélides portent sur
leurs anneaux des faisceaux de poils plus fins que des cheveux, mais
extrêmement durs. „Il n'est pas, dit M. de Quatrefages, d'arme blanche
inventée par le génie meurtrier de l'homme dont on n'eût pu trouver ici
le modèle. Voilà des lames recourbées dont la pointe présente un double

tranchant prolongé, tantôt sur le bord concave, comme dans le yatagan des Arabes, tantôt sur le côté convexe, comme dans le cimeterre oriental. En voici qui rappellent la latte de nos cuirassiers, le sabre-poignard des artilleurs ou le sabre-baïonnette des chasseurs de Vincennes. Et puis ce sont des harpons, des hameçons, des lames tranchantes de toute forme, légèrement soudées à l'extrémité d'une tige aiguë. Ces pièces mobiles sont destinées à rester dans le corps de l'ennemi, tandis que le manche qui les supportait deviendra une longue pique tout aussi acérée qu'auparavant. Voici encore des poignards droits ou ondulés, des crocs tranchants, des flèches barbelées au rebours pour mieux déchirer la plaie et qu'une gaine protectrice entoure soigneusement de peur que leurs fines dentelures ne viennent à s'émousser par le frottement ou à se briser par quelque choc imprévu. Enfin, si l'ennemi méprise ses premières blessures et

Fig. 206.
Terebelle (Pag. 148).

ces armes qui l'atteignent de loin, voilà que de chaque pied va sortir un épieu plus court, mais aussi plus fort, plus solide, et que des muscles particuliers mettent en jeu dès qu'il s'agit de combattre corps à corps."

— Quel est donc le régime de ces annélides si bien armées?

— Aussi cruel que celui des tigres des jungles. Elles ne se nourrissent que de proies vivantes, qu'elles guettent, poursuivent, dans la vase mouvante, parmi les algues, humides forêts où s'abritent des

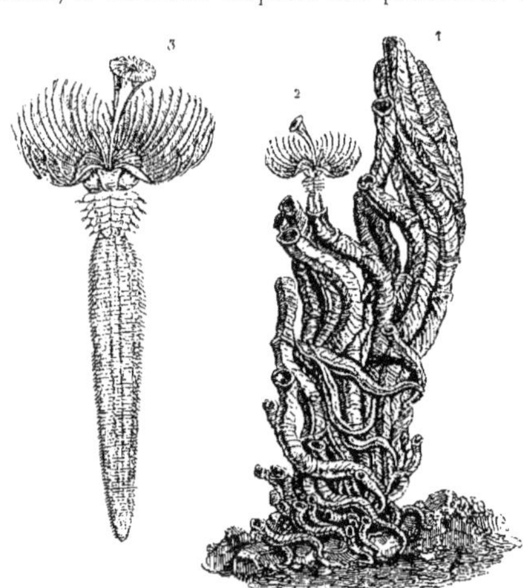

Fig. 207 à 208. — Serpules (Pag. 118).
1. Tubes calcaires de Serpules. — 2. Tube contenant une Serpule.
3. Serpule retirée de son Tube.

myriades de petits êtres. Souvent aussi les annélides s'attaquent à beaucoup plus gros qu'elles. Certaines espèces, les hermelles, ont détruit des bancs d'huîtres tout entiers. Elles perforent la coquille, arrivent à son contenu et le mangent. Mais leurs armes leur servent de peu sur la cuirasse des homards et des crabes qui en sont eux-mêmes très friands. Les congres, les soles, les plies n'en font qu'une bouchée, et le pêcheur les recueille pour servir d'appât à ces poissons voraces.

Au dîner les voyageurs mirent leur couvert à même sur le sable et firent un excellent repas de poisson et de légumes. Une tasse de café brûlant, des cigarettes ajoutèrent à la béatitude des convives.

C'était l'heure la plus belle de la journée. Rien ne dérangeait le calme de l'air, la tranquillité absolue de la plage. L'atmosphère, d'une limpidité rare, était transpercée de flèches d'or, inondée des lueurs d'un ciel embrasé par le coucher du soleil. Quand les rayons s'éteignirent, le soleil, devenant plus rouge à mesure qu'il descendait, semblait fait de flammes et de sang... Le voilà qui touche à la mer... Les anciens étaient si saisis de l'engouffrement de ce dieu dans l'Océan, que leur merveilleuse imagination entendait le frémissement

Fig. 209. — Sangsue (Pag. 148).

de la brûlante sphère, envahie, éteinte par l'irrésistible élément... Peu à peu, la mer dévore tout le soleil; il n'en reste plus qu'une mince calotte, plus qu'une ligne, plus qu'un point, plus rien... Mais le ciel demeure souriant. Les anciens devaient croire qu'il ne comprenait rien à son deuil, à la catastrophe qui privait le monde de son père et de son flambeau, puisqu'il ne se couvrait pas immédiatement de noir... Le crépuscule sourit à la nuit. Elle arrive lentement, insidieusement, mettant par degrés son ombre sur les roses et sur les violettes de l'ouest, lui opposant le bleu profond de l'est, semé de scintillantes étoiles, argenté par un fin croissant qui éclaire, sans faire pâlir les autres astres.

Comme nos Parisiens sentent et admirent la poésie de cette couleur, comme ils s'imprègnent de cette paix profonde!... La mer est loin. Pas d'oiseaux, pas d'insectes, pour mettre une note dans le grand silence. Le crabe qui marche de côté, l'annélide qui mange du sable, le mollusque lent, tout l'obscur monde de la grève, ne cause que l'imperceptible bruit du grain de quartz qu'il déplace.

Passe une troupe de pêcheurs. Pêcheurs tout spéciaux qui prennent le poisson avec une pelle, parce que c'est dans le sable qu'ils le trouvent. Ils s'éloignent, s'en vont vers la partie de la plage que la mer baigne abondamment, où dans la trace que le pied laisse sur le sable, l'eau entre et fait une petite mare. Charles Marquat, Scabieuse, toute la famille Bravandas, sauf la mère de famille et Alice qu'il faut coucher, s'élancent à leur suite. Scabieuse a la présence d'esprit de se pourvoir de sa bêche et de son panier. On rejoint les pêcheurs; ils accueillent bien les nouveaux venus, qui, les voyant pieds nus, retirent leurs chaussures. Un pêcheur

Fig. 210. — Le Lançon ou Équille (Pag. 151).

commence sa besogne; il enfonce sa bêche, retourne une motte de sable, découvre un poisson frétillant, le saisit avec la main, en fait un signe de croix pour qu'il lui porte bonheur, et le jette dans son panier. Tout le monde s'empresse, travaille à qui mieux mieux; la pêche est productive, mais fatigante. Point besoin d'amorce; il suffit de remuer le sol, de se baisser et de prendre; mais il faut connaître les endroits qu'affectionne le pauvre poisson qui a l'imprudence de ne pas suivre le flot dans sa retraite, et se contente de l'humidité laissée dans le sable mouvant.

Le lançon, ainsi s'appelle dans la Manche (équille dans le Calvados) le poisson du sable, est une sorte d'anguille en miniature, de 20 centimètres de long; il est d'un gris argenté; et, en cuisine, est bien supérieur au goujon et à l'éperlan, comme lui habitués de la poêle.

Scabieuse rapporta une friture qu'on mit au frais pour le lendemain; puis chacun se coucha, assez fatigué, et dormit d'un bon sommeil.

Au matin, quand la famille sortit de la voiture, elle vit des femmes qui remuaient sur la grève des herbes marines avec des fourches. Elles éten-

daient celles qui étaient humides, et ramassaient en tas celles qui étaient
sèches. Ce spectacle rappela aux enfants que Scabieuse leur devait des
explications sur les algues ramassées à Granville. Ils lui apportèrent leur

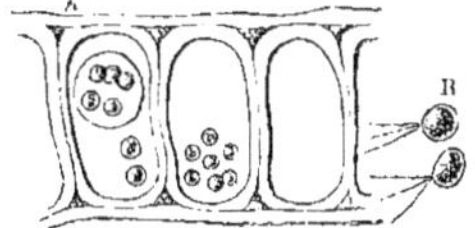

Fig. 211. — Zoospores (Pag. 152).
A. Zoospore se constituant dans l'intérieur d'une cellule. — B. Deux
Zoospores munis de cils quittant le
fucus où ils sont nés et nageant
avec des allures d'infusoires.

collection sur laquelle l'infatigable savant mit les
noms; puis il leur fit la petite leçon que voici:

— La structure interne des algues est très
simple; leurs racines, pour la plus grande part,
ne sont que des extensions de la substance de la
fronde et servent seulement à retenir les plantes
à quelque support, aux rochers, aux coquilles,
aux bateaux, ou, d'une façon parasitique, à d'au-
tres plantes. La tige est d'une consistance uniforme et ne se sépare pas en
écorce, bois et moelle. Les portions étalées, souvent qualifiées de feuilles, ne
sont pas des feuilles en réalité, car leur structure est encore exactement
celle des tiges. C'est un assemblage de simples cellules sans fibres et sans
vaisseaux. Il y a des algues qui ne sont qu'une file
de cellules. Les algues n'ont pas de fleurs, ni rien qui
les rappelle; leur reproduction affecte plusieurs modes
nettement distincts les uns des autres. Chez les fucus
on voit se développer çà et là sur le végétal des épais-
sissements du tissu qui se creusent en urnes. Celles-ci,

Fig. 212.
Exemples de Diatomées.
Melosira (Pag. 153).

à maturité, laissent échapper par une ouverture de leur paroi de très petits
corpuscules où l'on distingue au microscope une tête arrondie suivie d'une
queue très déliée et couverte de cils vibratiles. Ces organismes, qu'on

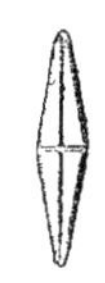

Fig. 213.
Diatomée :
Stauroneis.
(Pag. 153).

prendrait sans hésiter pour des animaux infusoires, si
l'on n'était bien sûr de leur origine, nagent vivement
dans la mer, et après une course plus ou moins prolongée, viennent pénétrer dans des urnes portées par
le fucus comme celles d'où ils sont sortis, mais présentant une forme différente. Une fois là, ces corps, ces
anthérozoïdes, comme on dit, deviennent immobiles; ils
fondent leur propre substance avec la substance de cellules végétales, et il en résulte des corps plus gros,

Fig. 210.
Diatomées:
Synedra.
(Pag. 153).

analogues encore à des animalcules. Chez le fucus ces corps, appelés
zoospores, ressemblent beaucoup aux larves des huîtres. Comme elles, ils
nagent dans la mer, grâce aux cils dont leur corps est couvert, puis, à un
certain moment, se fixent sur un rocher par l'une de leurs extrémités. Ils
perdent alors leurs cils locomoteurs et, tandis que des crampons viennent

assurer leur adhérence avec le sol, à l'autre extrémité ils se développent en cette expansion membraneuse qui chez le fucus représente la feuille. La plante est née, et n'a plus qu'à croître.

Certaines algues, et tout spécialement les diatomées, se comportent autrement. Les diatomées ont les apparences d'animalcules. Durant toute leur vie elles nagent dans l'eau avec une grande vélocité, et la plupart d'entre elles sont remarquables encore par l'élégance de leur squelette siliceux, finement guilloché. A de certaines époques, quand on étudie au microscope la structure intime des diatomées, on y aperçoit des cellules voisines l'une de l'autre, dont la cloison séparative se perce de façon à permettre la confusion, en une seule

Fig. 215.
Œufs de Seiche ou Raisins de mer (Pag. 154).

masse, de leurs deux protoplasmes. Le corps résultant ou *zygospore* est expulsé: c'est une graine ou mieux une spore qui, chose bien curieuse, reste parfaitement immobile malgré l'activité déambulatoire de l'organisme d'où elle provient.

Dans beaucoup d'algues, telles que certaines vauchéries, on voit l'extrémité d'une branche se renfler. Le contenu de plusieurs cellules distinctes s'y condense, se sépare par une enveloppe propre du reste de la plante, et à un certain moment, se détache avec l'apparence d'une larve animale. Elle nage et présente à l'une de ses extrémités une portion incolore et transparente contrastant avec le reste de son corps tout chargé

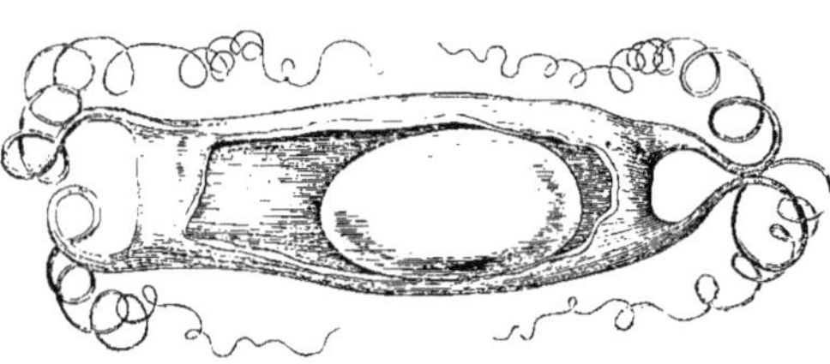

Fig. 216. — Œuf de Rousselte (Pag. 151).

de matière verte ou chlorophylle. Parvenue à une distance suffisante de la plante qui la produit, cette zoospore se fixe par le bout hyalin qui se ramifie bientôt en crampons et végète en se divisant de façon à reproduire une nouvelle vauchérie.

Après les explications de Scabieuse, les enfants regardèrent les algues avec un nouvel intérêt, et ils s'empressèrent d'aller butiner dans le liséré de fucus qui marquait le plus haut niveau atteint par les vagues. Avec les

plantes, se montraient une foule d'objets variés : coquilles, carapaces desséchées et transparentes de petites crabes, os de seiches, raisins de mer,
œufs de roussettes, débris d'éponges d'un vert très foncé, etc.

Un des œufs de roussette était assez gros : il avait la forme d'un petit
oreiller allongé avec quatre pointes très longues.

— Ouvrons-le, dit Scabieuse.

Avec un couteau il fendit l'enveloppe cornée, très analogue à la
chitine, qui est la substance essentielle de la carapace des insectes et des
crustacés, et que trouva-t-on ? Une jolie petite roussette très bien formée.

— Cela sera à merveille dans un bocal, dit Pierre.

— Voyons, Scabieuse, demanda Julien, dites-nous au juste ce que c'est
que ce corps ovale qu'on ap-
pelle un os de seiche ?

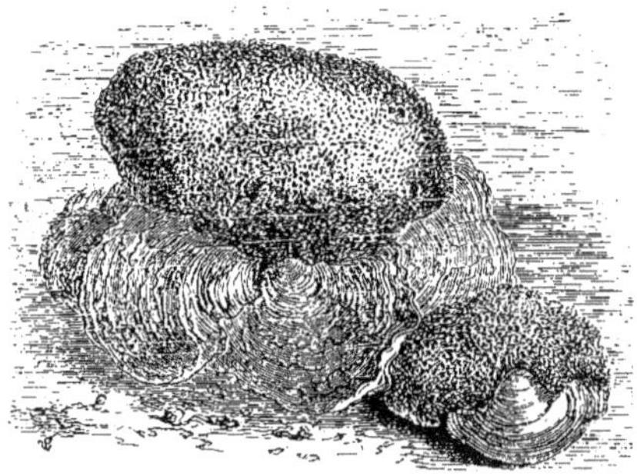

— C'est une sorte de
squelette interne soutenant
les téguments de la seiche.
Simple affaire de luxe peut-
être, car une foule de mollusques, dont beaucoup aussi
bien organisés que la seiche,
sont absolument dépourvus
de toute charpente solide. Le
type en est le poulpe ou
pieuvre qui, ainsi que tu le

Fig. 217. — Éponge sur des Huîtres (Pag. 151).

sais, Julien, a joué un rôle très dramatique dans les *Travailleurs de la mer*.

La pieuvre, comme la seiche, appartient à la division la plus élevée des
mollusques, les céphalopodes. Leur corps, formé d'un gros sac gélatineux,
présente par en haut une série de grands bras souvent garnis de ventouses ;
une vraie tête est placée entre ces bras. Outre qu'à l'extérieur se montrent
deux gros yeux rappelant ceux des poissons et un bec qu'on ne peut mieux
comparer qu'au bec des perroquets, on y trouve, en les disséquant, un
ganglion nerveux tout à fait analogue à un cerveau protégé par un petit
cartilage qui est comme l'aurore du crâne. J'espère bien que nous finirons
par mettre la main sur un poulpe, et que vous vérifierez par vous-
mêmes ce que je vous en dis. Mais, comme vous ne verrez pas sur nos côtes
de nautiles et d'argonautes, je peux vous apprendre tout de suite que ces
mollusques, propres aux mers chaudes, sont à la fois pourvus de grands
bras et de la belle coquille irisée ou transparente que vous connaissez.

Ils nagent souvent à la surface de la mer, en dressant verticalement leurs bras, qui prennent le vent comme de véritables voiles. Un danger apparaît-il à la surface, la bête plonge. Elle est admirablement conformée pour cela : sa coquille, enroulée en spirale, diffère de celle des gastropodes par sa division, au moyen de cloisons, en chambres successives. L'animal se tient tout entier dans la dernière formée, qui est naturellement la plus grande et la plus extérieure, puisque chacune de ces chambres correspond aux diverses phases de sa croissance. Les autres sont traversées par un long tube dit siphon, que l'animal peut à volonté remplir d'eau ou vider, de façon à s'alourdir ou à s'alléger, pour descendre ou monter dans la mer. La seiche a une arme défensive assez bizarre : c'est une poche sécrétant une substance noire, épaisse, qu'en cas de danger la bête peut dissoudre dans l'eau qui l'environne ; elle se dérobe ainsi dans un nuage d'encre.

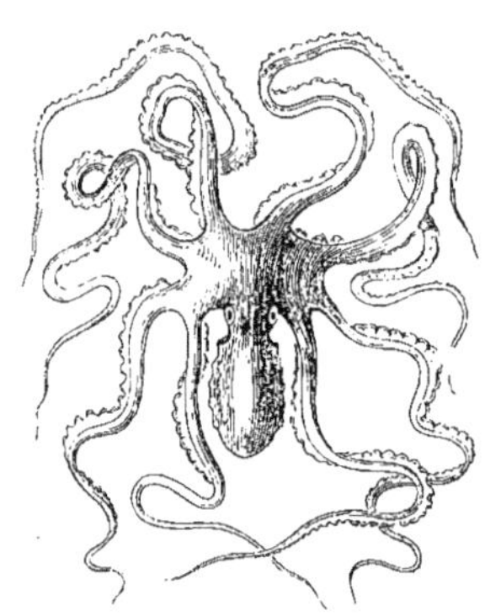

Fig. 218. — Poulpe (Pag. 151).

— Le stratagème, dit Julien, est digne de la guerre d'Ilion où les dieux escamotent leurs héros derrière une vapeur.

— Cette matière noire, dit Pierre, est la sépia, la base de l'encre de Chine.

— De la vraie ; car il en est une autre, tout aussi bonne, d'ailleurs, qui se prépare artificiellement avec beaucoup plus d'économie.

Les enfants n'ont pas de préjugés et touchent volontiers aux choses informes. On surprit Alice mettant son doigt rose sur un amas hémisphérique d'une substance gélatineuse, presque transparente, avec des reflets bleuâtres à l'intérieur.

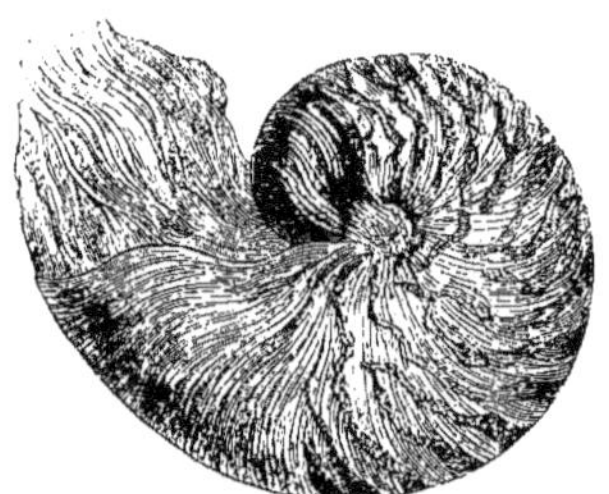

Fig. 219. — Nautile (Pag. 151).

Mme Bravandas traita sa fille de „petite sale".

Mais Scabieuse prit la défense de l'enfant :

— C'est une jolie méduse qui a échoué à la dernière marée ; elle est morte, mais il n'y a pas longtemps. Si vous l'aviez vue vivante et nageant, vous eussiez été frappée de son élégance. Elle rappelle une grosse cloche

renversée dont le bord est garni d'une brillante frange bleue, et sous
laquelle apparaît un gros faisceau de tentacules ou pieds. La méduse, si
commune sur nos côtes, n'est pas isolée dans le règne animal ; auprès d'elle
il faut ranger d'autres bêtes plus ou moins analogues et tout aussi étranges,

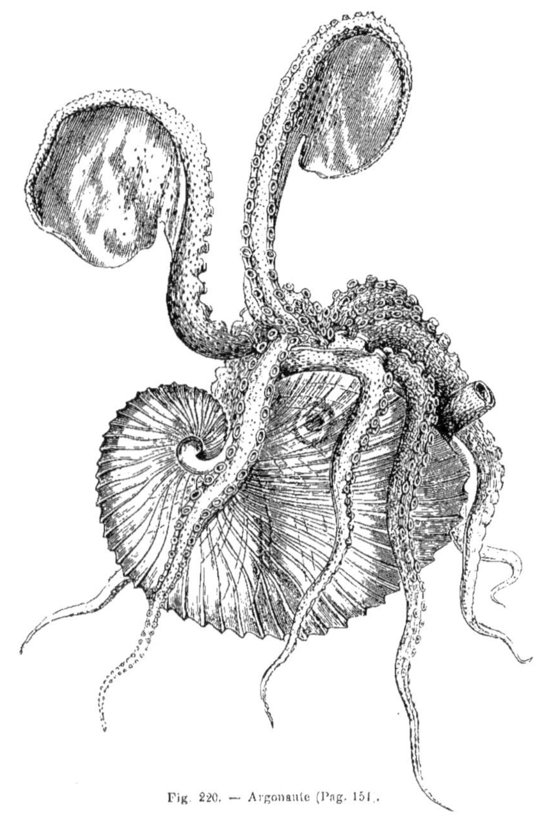

Fig. 220. — Argonaute (Pag. 151).

pour lesquelles Cuvier, Lamarck, etc., avaient fait la classe des acalèphes.
Ce mot acalèphe, la traduction exacte du nom grec de l'ortie, fait allusion aux propriétés urticantes des animaux auxquels on l'applique. Dans
les pays chauds, où les venins sont toujours à leur maximum d'intensité,
on rencontre des acalèphes très redoutables. La physalie ou galère est
d'un contact si épouvantable que le baigneur auquel elle s'attache est

presque à coup sûr un homme perdu. Ajoutez que cette aimable bête dispose de bras roulés en hélice pouvant se développer sur cinq à six mètres de long. La propriété brûlante est communiquée par la physalie à tous les objets qui l'ont touchée. Un naturaliste, ayant trouvé une galère sur le sable et désirant la conserver, la fit avec sa canne passer dans son mouchoir qu'il noua aux quatre coins et qu'il emporta chez lui. Une fois l'acalèphe dûment incarcérée dans le bocal d'esprit-de-vin qui lui était dévolu, notre savant plongea son mouchoir dans l'eau douce pour le laver; mais le contact du linge, qu'il avait pris à pleine main, fut aussi douloureux qu'aurait été celui de la physalie elle-même, et ses ampoules furent plusieurs jours à se guérir.

Fig. 221. — Méduse (Pag. 156).

Notre méduse, heureusement, tout acalèphe qu'elle est, ne produit rien de comparable.

Son étude a procuré des résultats bien faits pour montrer avec quelle prudence et quel tact il faut établir des classifications en histoire naturelle.

Fig. 222.

Galère (Pag. 156).

En même temps que, sans la moindre hésitation, on créait une classe spéciale pour les acalèphes, on découvrait dans la mer des animaux qu'on rangeait avec la même assurance dans la classe bien différente des polypes. Du nombre était le scyphistome qui rappelle l'anémone de mer, et le strobile, comparable à une pomme de pin: l'un et l'autre solidement fixés par la base au sol sur lequel ils vivent. Or il se trouve que non seulement les méduses, les scyphistomes et les strobiles ne doivent pas être mis dans des classes différentes, mais qu'ils représentent simplement trois états successifs d'un même individu. De sorte qu'en décrivant séparément ces trois bêtes d'aspect si différent, c'est exactement comme si on avait mis dans trois divisions distinctes du règne animal: la chenille, la chrysalide et le papillon du ver à soie.

Et la chose est si certaine qu'on a pu suivre pas à pas les transformations dont il s'agit. A de certains moments l'élégante méduse pond des œufs, dont chacun donne une petite bête qui, vue seule, aurait sans doute été regardée comme un infusoire. C'est un être ovoïde, tout couvert de cils vibratiles et qui nage avec rapidité. Après quelque temps d'existence active, la larve s'arrête, applique au rocher l'un des bouts de son corps, se dresse verticalement sur cette base et se fixe. Elle change alors de forme, s'étrangle par en bas et se garnit en haut d'une gracieuse collerette de tentacules : en ce moment, c'est un vrai polype très voisin, pour l'aspect, des anémones de mer : c'est le scyphistome.

Progressivement, celui-ci s'accroît et s'allonge. En même temps, des

Fig. 223. — Vue de Caen (Pag. 159).

sillons horizontaux se dessinent comme des ceintures parallèles entre elles, et en s'approfondissant, ils débitent la bête en une série de disques empilés les uns sur les autres autour d'un axe commun. Chacun d'eux s'ornemente sur son bord de dentelures peu à peu transformées en tentacules ; et, à ce moment, l'animal est devenu le prétendu strobile.

Encore un peu de temps, et les sillons qui continuent à se creuser, sépareront tous les disques les uns des autres : ceux-ci devenus libres, se retournent et nagent séparément avec leurs tentacules flottant dans l'eau. Ce sont alors de vraies méduses n'ayant plus qu'à grossir pour acquérir rigoureusement les caractères de la masse gélatineuse que vous avez sous les yeux.

Les acalèphes sont loin d'être les seuls animaux présentant la génération alternante : des êtres libres donnent naissance à des êtres fixés qui
reproduisent les êtres libres, et ainsi de suite. C'est même un cas ordinaire
dans les régions inférieures de l'animalité.

Les conducteurs de la caravane ne jugèrent pas prudent,
vu le temps dont ils disposaient,
de faire le tour du Cotentin. Il
allait falloir marcher un peu
vite, si l'on voulait remplir tout
le programme du voyage. On
gagna donc la route de Caen,
et l'on arriva sans incident digne d'être relaté dans ce chef-
lieu du département.

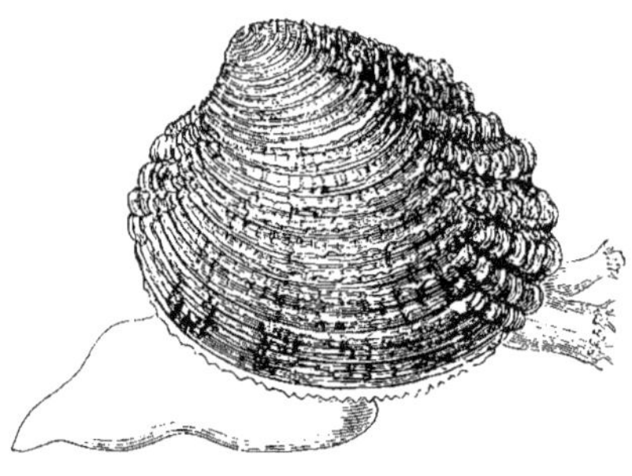

Fig. 224. — Vénus (Pag. 159).

Le port de Caen ne reçoit
que des bateaux d'un faible tonnage chargés de planches et de charbon ;
par l'Orne arrive aussi tous les jours un petit vapeur venant du Havre,
pour débarquer des voyageurs à peine remis du mal de mer.

Les rues n'offrent pas de brillants étalages, mais des maisons curieuses
et de vieux édifices, qui font à chaque instant stationner le touriste. On
y rencontre les plus beaux spécimens de l'ancienne maison normande dont
les poutres et les murs en bois sont délicatement sculptés.

Fig. 225.
Cardium édule (Pag. 160).

Le voyage de Caen à Cabourg, prit une journée. Les Bravandas arrivèrent un peu avant la nuit
dans une ville qui leur parut vraiment extraordinaire. Les rues de Cabourg, en effet, dessinent un
éventail, et sont presque entièrement composées de
chalets cocasses à l'usage exclusif des Parisiens,
Les boutiques sont des restaurants et des magasins
de curiosités maritimes ; et, comme la saison des bains
de mer n'était pas encore commencée, tout cela était
morne et inhabité. Cependant de beaux arbres offraient leurs ombrages
aux promeneurs ; et lorsque ceux-ci arrivèrent au bord de la sorte de terrasse qui règne le long de la plage, ils jouirent du spectacle d'une mer
immense et d'une plage de plusieurs kilomètres de long. Ils y ramassèrent
des vénus à grosses côtes, des cardium comestibles, des nasses, des
petoncles, des peignes, des oscabrions, des oursins.

Le lendemain, on partit de bonne heure ; et tandis que la voiture suivait la route, Scabieuse et les enfants s'en allèrent par la plage jusqu'à Dives, où ils retrouvèrent leur maison.

Dives a des souvenirs historiques qui la rendent intéressante ; aussi, résolut-on d'y finir la journée.

Fig. 226. — Nassa reticulata (Pag. 159).

Elle occupe la rive droite de la rivière du même nom, sur laquelle est jeté un beau pont.

En contemplant le port, protégé par la pointe de Cabourg, Julien prit un air entendu, et dit :

— Ce port a eu jadis une importance bien plus grande que celle que nous lui voyons. Il a été assez vaste pour contenir la flotte de Guillaume le Conquérant partant pour l'Angleterre.

La Normandie est plus fière d'avoir produit ce roi, que l'Angleterre de l'avoir reçu. Dans toute la partie de la Normandie, que la famille Bravandas se dispo-

Fig. 227.
Pectunculus pilosus
(Pag 159).

sait à parcourir, il est célèbre, même parmi les paysans, d'ordinaire peu sensibles à la gloire. Son histoire, bien entendu, tourne à la légende, et c'est pourquoi elle dure. Le pays a plusieurs de ses châteaux, des colonnes commémoratives de ses faits et gestes, des enseignes qui prennent son nom. Telle est „l'Hostellerie de Guillaume le Conquérant“, la plus curieuse maison de Dives, quoique ne datant pas du fils de Robert le Diable. Elle est vraisemblablement du seizième siècle.

Fig. 228 — Pecten maximus (Pag. 159).

Le moyen de visiter l'Hostellerie, c'est d'y déjeuner. Charles Marquat fut tout heureux de cette occasion de donner une petite fête à ses amis.

On savoura donc, dans la vénérable auberge, une sole normande, un filet aux pommes, d'excellent bourgogne, plus une bouteille de champagne qui mit toutes les têtes en joie.

Rien de mieux qu'un gai repas pour faire apprécier les arts ou la nature. Est-ce pour cela qu'on déjeune si volontiers au Salon de peinture ou dans de jolis châlets situés en face de beaux points de vue?

Les Bravandas examinèrent en connaisseurs les vieux meubles, les belles boiseries que garde l'Hostellerie de Guillaume le Conquérant, et s'attendrirent devant un fauteuil où se reposa Mme de Sévigné, très grande

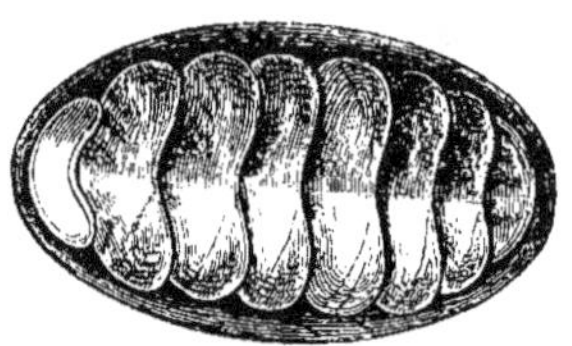

Fig. 229. — Oscabrion (Pag. 159).

voyageuse, comme on sait; car, dans un temps où La Fontaine faisait son testament pour aller de Paris à Meudon, elle, sans sourciller, traversait la France de la Bretagne à la Provence. Mais ce qu'ils admirèrent le plus, ce fut la charmante cour de l'endroit toute tendue de rideaux de clématite et de vigne vierge, amusante par ses balcons, ses portes, ses pignons, ses coins pittoresques, et peuplée de beaux oiseaux, paons, pintades, poules rares, cacatoès.

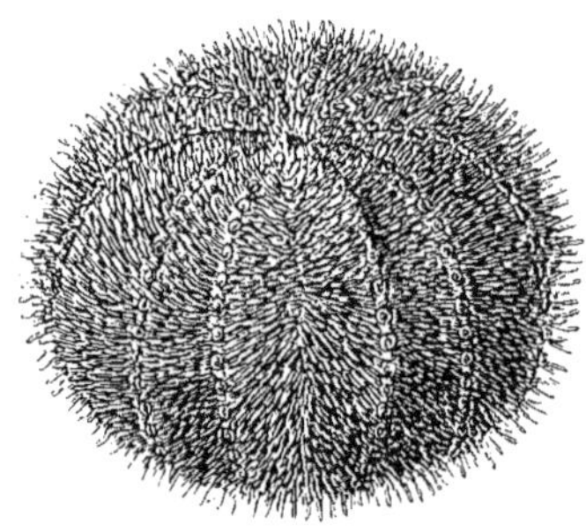

Fig. 230. — Echinus lividus (Pag. 159).

Au sortir de là, on alla donner un coup d'œil aux vieilles halles, qui peut-être remontent au moyen âge (pourquoi pas à Guillaume?), et à l'église Notre-Dame, monument historique édifié au onzième siècle, mais rebâti presque entièrement aux quatorzième et quinzième siècles. On y trouve la liste des seigneurs qui accompagnèrent le Conquérant dans sa descente.

On espérait éviter ce grand homme (ou plutôt ce gros homme, comme l'appelait son rival Philippe Ier) en allant se promener dans la campagne. Mais point. Après avoir franchi une colline assez élevée qui domine Dives, qu'aperçoit-on?... Une colonne érigée à Guillaume le Conquérant. Quand un petit endroit a produit une célébrité, cela devient terrible; elle l'accommode à toutes sauces, et la sert sans relâche aux touristes infortunés.

— Eh! en quoi ce duc de Normandie, s'écria Scabieuse, mérite-t-il notre souvenir et nos colonnes? Sa conquête nous a valu quatre cents ans de guerre. Du sang français, répandu à cause de lui, on pourrait remplir le détroit qui nous sépare de sa conquête. Les hommes ont parfois d'étranges idées sur le passé.

On partit de Dives par la grande route qui longe la mer sans suivre exactement la plage. C'est ainsi qu'on entrevit Houlgate et Beuzeval.

Maintenant voici Villers, station charmante et très luxueuse; puis Deauville, dont les villas crénelées ressemblent à des châteaux-forts en carton. Elles sont bâties en plein sable, en pleine dune. La plupart, avec leurs fenêtres largement ouvertes sur la mer, jouissent d'une vue superbe. Ici la mer commence à se borner: on aperçoit le cap de la Hève, sentinelle avancée au milieu de la Manche pour protéger le beau port du Havre.

Deauville est, pour ainsi dire, la suite de Trouville; c'est la plage sœur, beaucoup moins vivante et plus prétentieuse. On va de l'une à l'autre par un pont jeté sur la Touques. C'est l'embouchure de cette rivière qui constitue le port même de Trouville.

Trouville, c'est Paris avec son luxe et son simple négligé. On y dine avec une égale facilité à 2 francs et à 25 francs. Trouville, en outre, est habité par de vrais Normands qui pêchent, achètent et vendent du poisson, construisent des bateaux.

La jetée en bois et à jour sert de chemin de halage. Des navires de fort tonnage peuvent trouver un abri sûr dans le port. Un service de bateaux à vapeur, régulièrement organisé, transporte les voyageurs de Trouville au Havre.

Après avoir traversé le pont, les Bravandas choisirent un coin pour la voiture, afin de déjeuner et de laisser reposer le cheval. Dans ce lieu éminemment civilisé, les denrées sont abondantes. A des prix modérés pour tout le monde quand la saison n'est pas ouverte, elles sont toujours abordables pour les gens du pays, les commerçants, les pauvres; il y a leur tarif et celui des baigneurs.

La petite troupe passa quelques moments agréables sur la plage, faite d'un beau sable dans lequel on enfonce à plaisir. Elle est bordée d'hôtels et de villas. Les préparatifs de la saison commençaient. Pour établir un chemin facile on étendait de larges planches sur le sable. Les maisons étaient couvertes d'écriteaux: *à louer;* les casinos se remettaient à neuf.

Quand il fut l'heure de partir, Bravandas avec la voiture monta dans la ville pour reprendre la route. Ses amis suivirent la plage et gagnèrent la Corniche de la falaise. Cette côte rocheuse, vue de loin par un ignorant, rappelle un peu celle de Granville. Mais quelle différence !

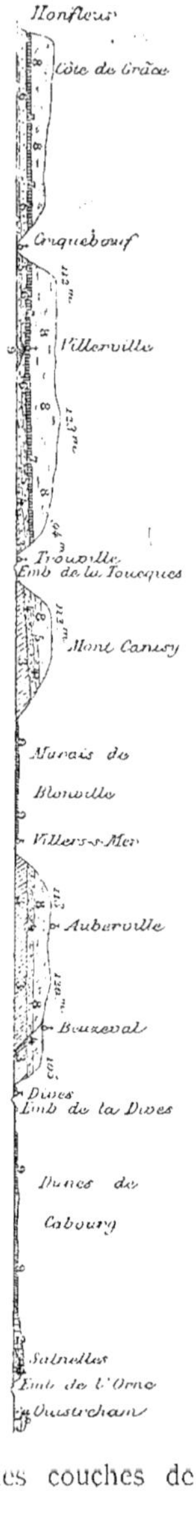

Au lieu de ces masses dures, analogues d'aspect à des blocs de fer entassés les uns sur les autres, des lits régulièrement superposés de matériaux généralement tendres, en beaucoup de points même pâteux et collant aux pieds. En approchant, nos naturalistes trouvèrent que ces formations renferment, à certains niveaux, de très nombreux vestiges de corps organisés, et tout spécialement des coquilles fossiles. M. Marquat, qui ne pouvait voir une roche sans en prendre un échantillon, ni un morceau de terrain découvert, sans en discourir, jugea l'occasion favorable à une exposition générale.

— Vous vous rappelez qu'à Avranches et au mont Saint-Michel nous foulions le granit, c'està-dire cette roche qualifiée souvent de primordiale, un peu au hasard, mais qui, en tout cas, constitue dans toutes les parties de la terre une croûte sur laquelle se sont déposées les formations en couches ou terrains stratifiés. Les roches de Granville appartiennent déjà à cette catégorie, et aussi les leptynolites de Vire ; mais elles sont si anciennes et elles ont, depuis leur constitution, subi des actions si variées, que leurs caractères, primitivement analogues, sans doute, à ceux de la tangue et des autres sédiments actuels de la mer, se sont modifiés successivement de façon à se rapprocher à beaucoup d'égards de ceux du granit. Mais, à mesure que nous avons avancé vers le nord, le long du littoral, nous avons vu l'aspect des roches changer régulièrement. A Caen, nous trouvions, à la suite de grès très anciens appartenant pour les géologues à la période qu'ils appellent silurienne, des carrières immenses ouvertes dans des couches de calcaire

Fig. 231. — Coupe géologique de Ouistreham à Honfleur (Pag. 162). ÉCHELLE { des horizontales : 0m,001m/m pour **200** Mètres. / des verticales : 0m,001m/m pour **20** Mètres. — D'après M. Lennier.

1. Terrain Bathonien, grande oolithe. — 2. Terrain Callovien. — 3. Terrain Oxfordien, argile de Dives. — 4. Terrain Corallien. — 5. Terrain Kimmeridgien. 6. Sables ferrugineux (Wealdien). — 7. Gault. — 8. Terrain Cénomanien, craie verte. — 9. Dépôts récents, marais et dunes.

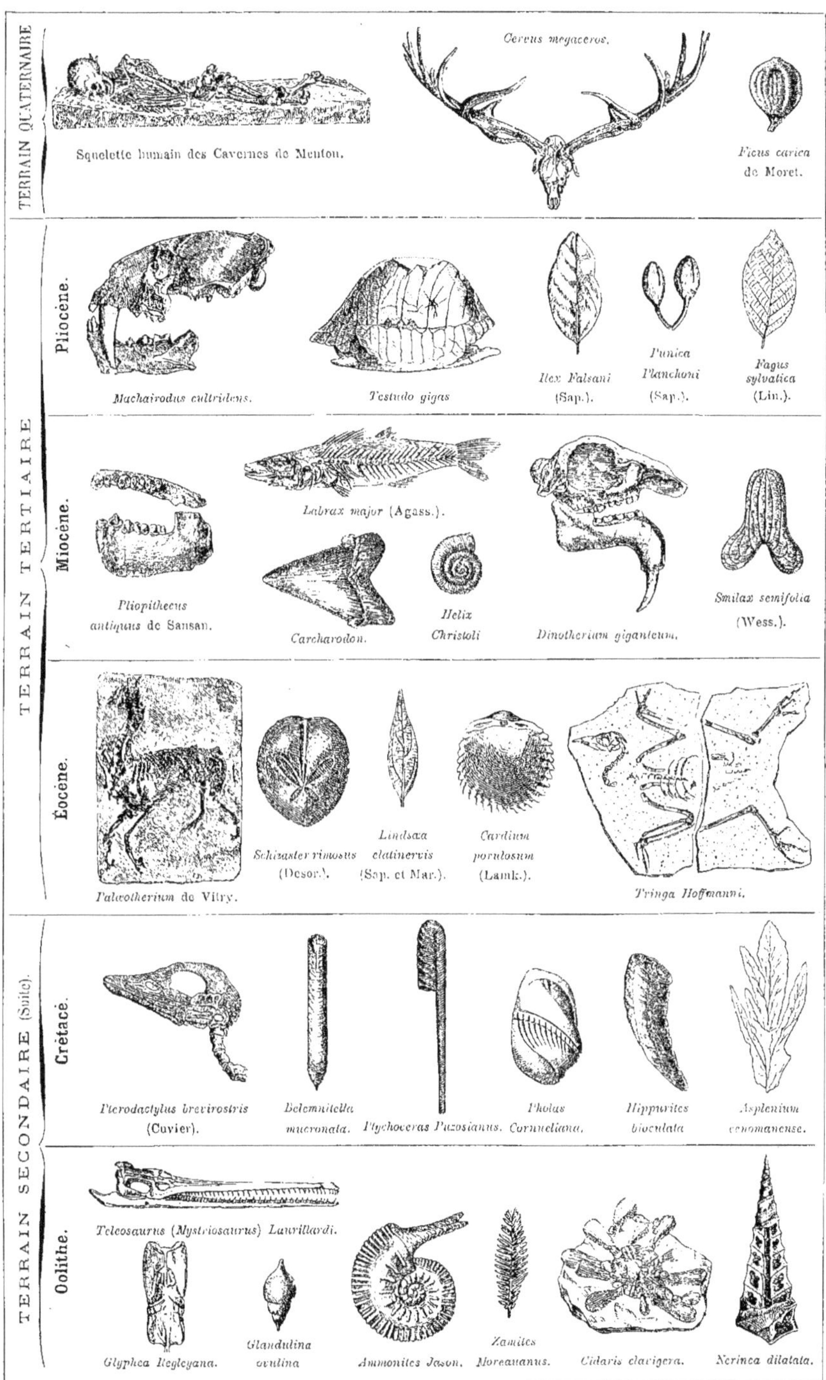

TERRAIN QUATERNAIRE
Cervus megaceros.
Squelette humain des Cavernes de Menton.
Ficus carica de Moret.
TERRAIN TERTIAIRE
Pliocène.
Machairodus cultridens.
Testudo gigas
Ilex Falsani (Sap.).
Punica Planchoni (Sap.).
Fagus sylvatica (Lin.).
Miocène.
Pliopithecus antiquus de Sansan.
Labrax major (Agass.).
Carcharodon.
Helix Christoli
Dinotherium giganteum.
Smilax semifolia (Wess.).
Éocène.
Palæotherium de Vitry.
Schizaster rimosus (Desor).
Lindsæa clatinervis (Sap. et Mar.).
Cardium porulosum (Lamk.).
Tringa Hoffmanni.
TERRAIN SECONDAIRE (Suite).
Crétacé.
Pterodactylus brevirostris (Cuvier).
Belemnitella mucronata.
Ptychoceras Puzosianus.
Pholas Corneliana.
Hippurites bioculata
Asplenium cenomanense.
Oolithe.
Telcosaurus (Mystriosaurus) Lauvillardi.
Glyphea Regleyana.
Glandulina ovulina
Ammonites Jason.
Zamites Moreauanus.
Cidaris clavigera.
Nerinea dilatata.

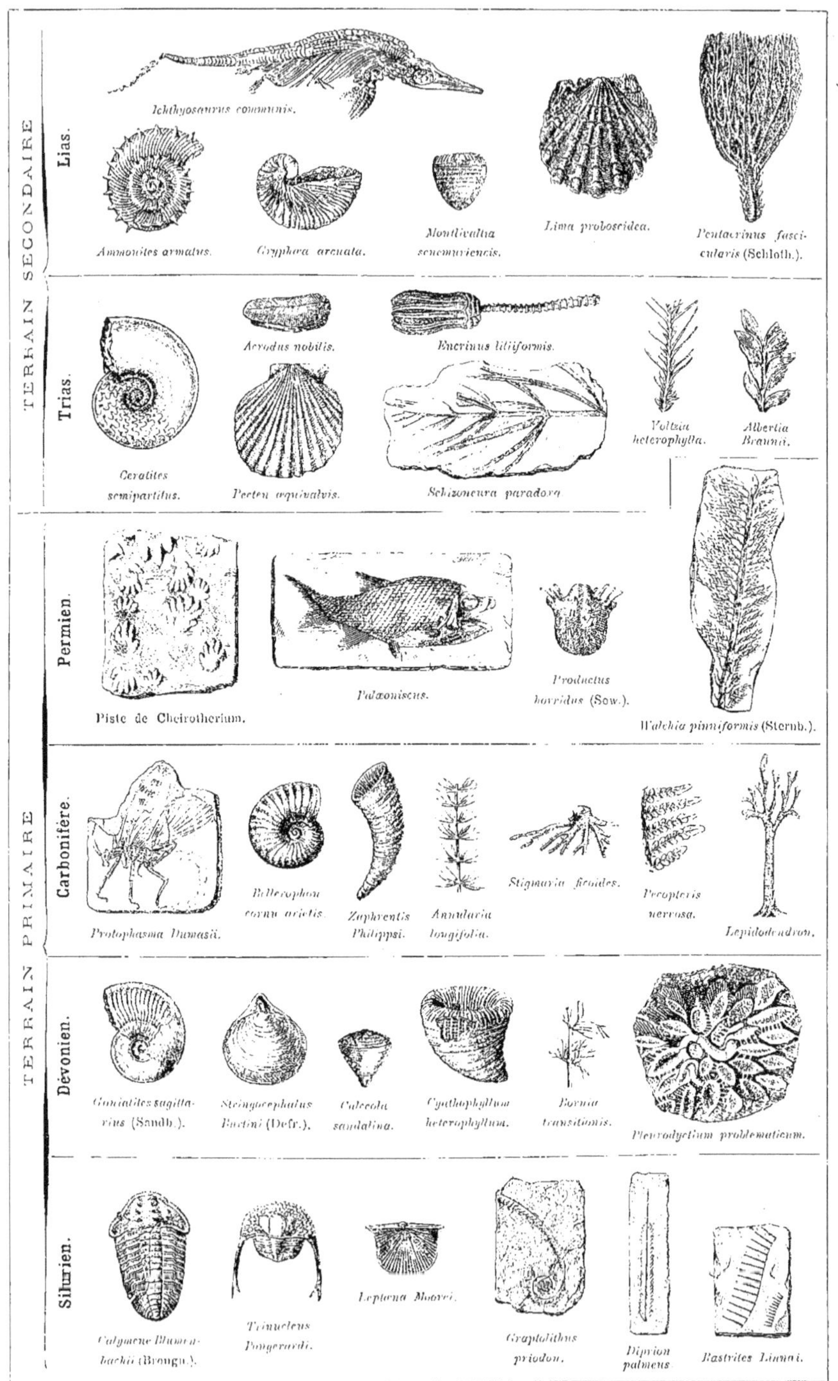

TERRAIN SECONDAIRE
Lias.
Ichthyosaurus communis.
Ammonites armatus.
Gryphœa arcuata.
Montlivaltia sœmuriensis.
Lima proboscidea.
Pentacrinus fasci-cularis (Schloth.).
Trias.
Acrodus nobilis.
Encrinus liliiformis.
Ceratites semipartitus.
Pecten œquivalvis.
Schizoneura paradoxa.
Voltzia heterophylla.
Albertia Braunii.
Permien.
Piste de Cheirotherium.
Palæoniscus.
Productus horridus (Sow.).
Walchia pinniformis (Sternb.).
TERRAIN PRIMAIRE
Carbonifère.
Protophasma Dumasii.
Bellerophon cornu arietis.
Zaphrentis Philippsi.
Annularia longifolia.
Stigmaria ficoides.
Pecopteris nervosa.
Lepidodendron.
Dévonien.
Goniatites sagitta-rius (Sandb.).
Stringocephalus Burtini (Defr.).
Calceola sandalina.
Cyathophyllum heterophyllum.
Fornia transitionis.
Pleurodictium problematicum.
Silurien.
Calymene Blumen-bachii (Brongn.).
Trinucleus Pongerardi.
Leptœna Moorei.
Graptolithus priodon.
Diprion palmeus.
Rastrites Linnai.

dépendant du terrain jurassique. Celui-ci, comme son nom l'indique, concourt pour une très grande part à la constitution du Jura où vous le retrouverez. Depuis Caen nous continuons à toucher ce même terrain jurassique ; mais vous avez pu voir que son aspect se modifie plusieurs fois. A Villers, nous étions dans une argile noire, dite argile de Dives, plus récente que le calcaire de Caen, et très estimée des collectionneurs pour les ossements de gigantesques reptiles qu'on y recueille fréquemment. Cette argile forme en partie les pittoresques escarpements des Vaches-Noires, et ses couches plongent vers le nord-est, de façon qu'en nous déplaçant horizontalement nous nous sommes trouvés bientôt sur un sol dont elles sont comme le piédestal. Et ce sol étant lui-même incliné comme l'argile de Dives, nous allons successivement jusqu'au Havre nous trouver sur des couches de moins en moins anciennes. Nous passerons ainsi du terrain jurassique au terrain crétacé, qui contient dans une partie de son épaisseur ce minéral blanc et tendre, la craie, que vous connaissez si bien.

La voiture au haut de la rude montée, attendait les collectionneurs. Ils y prirent place, et pendant qu'elle filait bon train, tout pleins de la leçon de M. Marquat, ils jetèrent les yeux sur un tableau synoptique des fossiles des différents terrains qui ornait le mur de la chambre, et que nos lecteurs ont sous les yeux.

Rien de plus charmant que le trajet de Trouville à Villerville. A gauche, la mer apparaît à chaque instant au bas des falaises verdoyantes. A droite, ce sont des jardins pleins de roses, des prairies semées de coquelicots et de bleuets, des villas, quelquefois de magnifiques escarpements. De beaux arbres, des haies touffues l'ombragent.

On passa au pied des Creuniers, et là, tout le monde mit pied à terre. Scabieuse et les deux garçons voulurent même gravir ces falaises presque entièrement formées de couches crétacées. Elles ont une centaine de mètres. De leur sommet, la vue tombe d'abord sur des gradins de verdure, puis s'étend sur la mer, découvre le Havre et son cap éboulé.

Comme l'ascension était assez longue, les gens raisonnables partirent sans les naturalistes, passés à l'état de casseurs de pierres sur la grande route..

Villerville tournant le dos à de grasses prairies, à de beaux bois, regarde la mer vers laquelle ses rues descendent. Ses habitants sont pêcheurs et loueurs de maisons. Ces maisons, fort modestes dans le village, deviennent villas et châtelets aux abords de la plage.

La marée bat la falaise de Villerville, et la maltraite. Pour que les baigneurs ne soient pas obligés, sous peine de noyade, de fuir la plage la moitié du temps, on leur a construit une estacade, c'est-à-dire une vaste terrasse dont les pilotis abritent des tarets. Sous un hangar qu'on appelle une tente, on se réfugie les jours de pluie. Quelquefois, le soir, on baisse des rideaux et l'on joue la comédie, ou bien l'on fait une conférence. Le vent entre par toutes les fissures, jette un froid dans l'assistance. Mais comme les distractions mondaines sont rares sur cette petite plage factice, on applaudit tout de même.

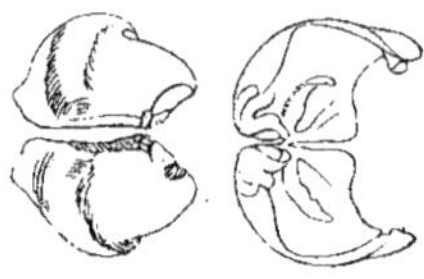

Fig. 300 et 301.
Coquilles de Taret (Pag. 167).

Quand la mer est basse, de nombreux enfants viennent faire des trous ou des parties de crocket. Quand elle est haute, l'estacade est un observatoire d'où l'on peut admirablement la contempler. De là, il faut la voir furieuse. De son écume, de sa pluie, elle inonde les planches qui deviennent glissantes ; elle s'engouffre avec un bruit terrible entre les pilotis qui tremblent. Elle a des remous inouïs ; elle se creuse ; elle se gonfle ; elle bout ; elle tournoie ; elle s'élève à une hauteur menaçante ; elle s'écroule avec fureur. Sans se lasser, elle frappe l'insolente estacade qui, la bravant avec sa simplicité bourgeoise, supporte des hommes, des femmes, des enfants tranquilles sur cette horreur. De toutes les choses qui se meuvent, c'est l'eau qui nous fait le mieux comprendre la valeur et la durée du mouvement. Son immense masse terrifie par l'activité de ses chutes infinies. La mer, qui roule sans trève d'un continent à l'autre,

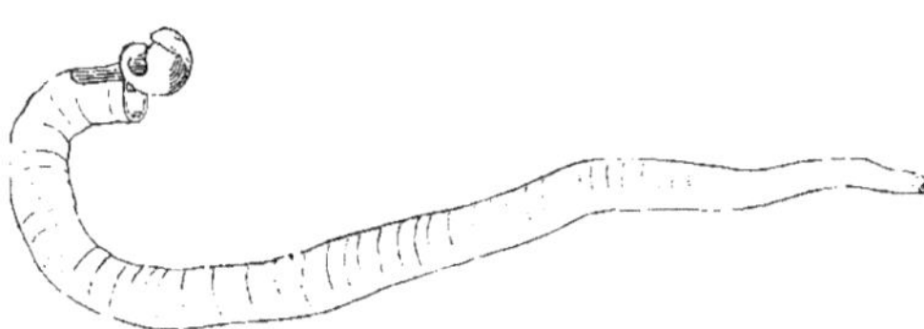

Fig. 302. — Taret (Pag. 167).

et que l'attraction du soleil et de la lune soulève et laisse retomber deux fois le jour, met une fatigue dans l'esprit qui l'envisage sous cet aspect. Le Rhin, se précipitant, à Schaffouse, de son lit de rochers dans une dépression plus profonde, donne le vertige, hypnotise quiconque ose le regarder longtemps en face.

Les Bravandas s'étaient installés un peu en dehors de Villerville, entre une haie clôturant un joli jardin et une belle prairie où broutait une vache. De leurs fenêtres ils apercevaient la mer.

Comme ils avaient encore quelques heures de jour, et un peu de temps avant le dîner, ils allèrent sur la plage, sauf les dames qui, fatiguées, restèrent à la maison.

Fig. 303. — Crabe enragé [*Cancer menas*] (Pag. 168).

— Emportons nos paniers, dit Scabieuse. Nous pêcherons des crabes et des moules ; je gage que les rochers en fourmillent.

En effet, ils firent ample provision de crustacés et de mollusques.

On prit plaisir à considérer les évolutions bizarres des crabes, qui marchent de côté, et déploient dans leur retraite, quand ils se croient observés, une stratégie pleine de ruses ; s'ils ne peuvent se cacher sous des pierres, en quelques secondes ils s'enfoncent dans le sable.

— On dirait, remarqua Julien, que le crabe n'est qu'un homard réduit à son céphalothorax.

— Oui, mais, répliqua Pierre, retourne-le, et tu verras sous lui une sorte de petite languette brusquement repliée, et qui correspond à un abdomen atrophié. Aussi les crabes sont-ils distingués sous le nom de décapodes brachyures, qui veut dire à queue courte.

On trouva plusieurs carapaces de crabes absolument vides.

— Ce n'est pas, dit Scabieuse, comme vous pourriez le croire, les dépouilles d'animaux morts ; les crustacés qui les ont abandonnées là se portent probablement très bien ; ce sont leurs vieux habits qu'ils ont quittés pour en prendre de plus larges. Le changement de carapace s'appelle la

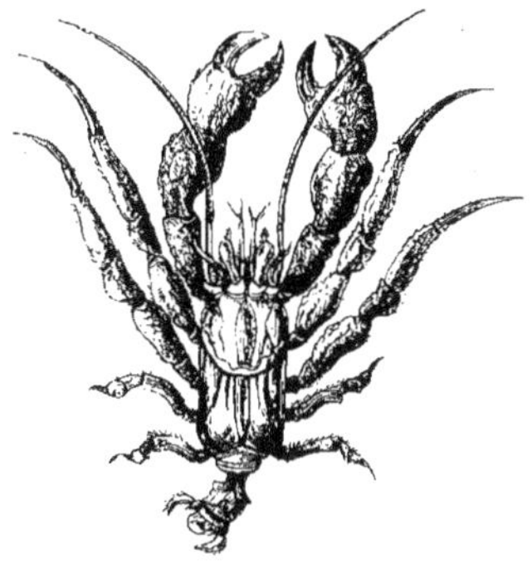

Fig. 304. — Pagure ou Bernard l'Ermite (Pag. 169).

mue. L'animal quitte l'ancien tégument par une fente qui se produit spontanément sous le ventre. La seconde carapace est toute prête dessous, mais, dans les premiers temps, elle est très tendre et ne protège pas le corps qu'elle enveloppe ; aussi le malheureux animal, déjà affaibli par l'état de malaise qui caractérise la mue, traverse-t-il une période critique, pendant laquelle il se dissimule comme il peut, dans les trous des rochers.

— Un Bernard l'Ermite! s'écria Pierre.

— Celui-ci, qu'on appelle aussi pagure, n'a qu'une portion de carapace, sous laquelle il abrite son dos, tandis que son abdomen est toujours mollasse comme celui des crevettes qui muent; voilà pourquoi il l'introduit dans une coquille vide de dimensions convenables. Eh! tenez, voici une mare qui en contient toute une collection: l'un traine péniblement une coquille de vignau, l'autre celle d'une nasse, le troisième a pris la place d'un buccin. Quand le pagure grossit, il passe d'une coquille dans une autre. Jugez quelles doivent être les angoisses du déménagement.

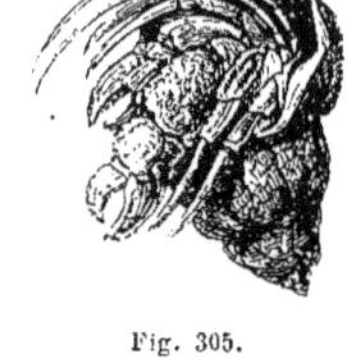

Fig. 305.

Bernard l'Ermite
dans une Coquille de Buccin
(Pag. 169).

— Le mot mue, demanda Julien, est-il, en histoire naturelle, synonyme de métamorphose?

— Non, le mot mue désigne seulement un changement d'enveloppe, tandis que le mot métamorphose s'applique, selon son étymologie, au changement de forme de la bête. Les macroures et les brachyures subissent des métamorphoses dans leur premier âge. Au sortir de l'œuf, ce sont des larves qui ont été bien longtemps décrites sous les noms de zoës, de phyllosomes, comme des êtres tout à fait distincts, dont on ne soupçonnait ni l'origine ni les destinées. Pour bien connaître les animaux, il faut suivre pas à pas leur développement.

Eh! tenez, voici un rocher couvert de balanes; à voir ces coquilles coniques, à valves nombreuses, si solidement fixées à la pierre, on prendrait volontiers leurs habitants pour des mollusques; mais on a observé la bête

Fig. 306. Balanes (Pag. 169).

depuis sa naissance, et à ce moment on a vu en elle un petit crustacé bien reconnaissable; ce n'est qu'en grandissant qu'elle se fixe, et secrète la coquille qui pourrait tromper des gens non prévenus. Les élégantes anatifes, que l'on rencontre quelquefois sur des corps flottants, par exemple

sur des morceaux de bois, sont aussi des crustacés qui, avec l'âge, se revêtent d'une coquille bivalve, dont chaque moitié est formée de plusieurs
pièces, et qui est sup-
portée par un long pé-
doncule.

Fig. 307. — Moules (Pag. 170).

En s'avançant dans
l'étendue de la grève, on
remplit les paniers d'ex-
cellentes petites mou-
les ; mais la préoccupa-
tion culinaire n'empê-
chait pas nos naturalis-
tes d'être attentifs à tout
ce qui se présentait sous
leurs pas. Aussi pous-
sèrent-ils des cris d'étonnement devant un petit
calmar nageant dans
une flaque d'eau où il

s'était laissé oublier par le flot. Par un tube placé à l'avant du corps, il
rejetait avec violence l'eau qui avait servi à sa respiration, et c'était
le contre coup qui le déplaçait, en produisant
un véritable recul.

Les Bravandas restèrent trois jours à Villerville. C'est un doux pays qui retient volontiers ceux qui y passent. La belle verdure
normande y pousse tout près du flot. Certaines
prairies inclinées avec de molles ondulations
vous mènent jusqu'à la grève sauvagement
hérissée de blocs dénudés arrachés par la mer.
Les bœufs y paissent tranquillement sans s'é-
mouvoir des grains qui traversent le ciel. Peu
de vent, du reste, en ce coin. Le pommier y
pousse sans prendre des allures trop désespé-
rées, comme en maints autres endroits de la
côte normande, où les intempéries le malmè-

Fig. 308 et 309.

Fleur et Fruit de Pommier (Pag. 172).

nent sans cesse. Prospère ou rabougri, les Bravandas, depuis bien des
jours, voyaient cet arbre dans son vrai royaume, la Normandie, dont il est

Fig. 310 à 313. — Sorbier (Pag. 173).

1. Rameau portant des Fruits. — 2. Fleurs. — 3. Coupe verticale de la Fleur.
4. Coupe verticale d'une Baie.

une des richesses. L'histoire du pommier, les vicissitudes de sa végétation font la base des soucis de la population prudente dont la langue n'emploie ni le oui ni le non, et qui formule son opinion sur l'année agricole par cette phrase digne de rester célèbre : „Pour une année où il y a des pommes, c'est une année où il n'y a pas d'pommes ; mais pour une année, où il n'y a pas d'pommes, c'est une année où il y a des pommes".

Un Toussenel botaniste découvrirait sans peine des ressemblances multiples entre le vieux paysan normand, cassé par l'âge, impénétrable sous l'écorce sombre de ses habits grossiers et de sa peau tannée, laissant par moments éclater, après boire, accoudé sur la table, les bouquets de fleurs de son esprit, — et le vieux arbre noueux et contrefait, cuirassé de lichen, chargé de touffes de gui, faisant le mort jusqu'au jour où, sans transition, enivré des premiers rayons du printemps, il étincelle tout à coup des girandoles rosées de ses inflorescences éphémères. — Le bonhomme avant tout se pique d'être malin ; de son vrai nom, le pommier s'appelle *Malus*.

En été, entre fleur et fruit, l'arbre a encore son originalité propre : dans les *courtils*, dont il ombrage les gazons, l'amateur de la nature

Fig. 314. — Ronce (Pag. 173).

peut rester longtemps sous ses branches, absorbé dans la paresse laborieuse, pleine d'enchantements qui est la joie de l'observateur. Les anfractuosités de l'écorce sont des repaires et des abris où s'accomplissent à chaque instant, entre bestioles, des drames terribles, où des idylles se déroulent dans lesquelles les troupeaux sont des pucerons et les bergères des fourmis.

Pour le botaniste, le pommier est une rosacée, et quiconque voudra en comparer la fleur à la rose de l'églantier sera frappé de leur ressemblance intime. Il est vrai que des différences saillantes se manifestent quant au fruit, et c'est ce que le classificateur a exprimé en mettant rosier et pommier dans deux tribus distinctes. A ce point de vue, les poiriers, les cognassiers, les néfliers, les sorbiers, les ronces sont des pommiers, — ou mieux des pomacées. Certainement originaire d'Asie, où de nos jours encore elle atteint sa perfection suprême, la pomme, par la culture, a multiplié chez nous ses variétés.

Non loin de la voiture des Bravandas s'étendait aussi un champ de seigle dans lequel poussaient des bleuets et des coquelicots. Tandis qu'Alice arrachait toutes les fleurs qu'elle pouvait atteindre, et s'en faisait faire par sa mère une guirlande, Marie et ses deux frères, sous l'œil de Scabieuse, observaient les caractères de ces plantes, qu'ils ne dédaignaient point pour leur herbier, quoique si répandues. Tant de Parisiens ne distinguent pas le seigle du froment, voisins, d'ailleurs, et de la même tribu (celle des hordéacées, dont l'orge est le type)! Le seigle a des feuilles planes, des épillets qui ne renferment que deux fleurs, — tandis qu'il y en a quatre dans le froment, — des glumes fines, sétacées, un épi long, comprimé et chargé de longues arêtes dures. Le coquelicot est un pavot, c'est-à-dire une plante herbacée, à feuilles alternes, à fleurs terminales, dont le calice a deux sépales caduques, et la corolle quatre pétales. Le fruit est une capsule globuleuse dans laquelle sonnent les graines.

Centaurée, dont le vieux nom, fort pittoresque, casse-lunettes, indique les propriétés anti-ophtalmiques, le bleuet fait partie de l'immense famille des composées.

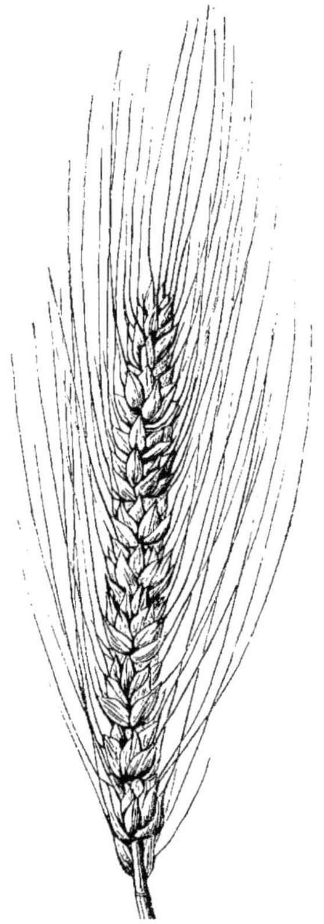

Fig. 315. — Seigle (Pag. 173).

Qu'est-ce que la fleur des composées ? L'ignorant n'hésite pas : c'est toute la tête du bleuet, toute celle de la marguerite dont il effeuille les „pétales blancs" si gracieusement disposés en couronne autour „des pistils et des étamines jaunes". Ce qu'il prend pour une seule fleur, est un composé d'une multitude de fleurs. Les prétendus pétales sont des demi-fleurons, fleurs stériles chez les marguerites; les prétendus étamines et pistils, les vraies fleurs, les fleurs complètes.

L'inflorescence de la pâquerette est une des trois formes que l'on rencontre parmi les composées.

Le bleuet a une inflorescence d'une autre sorte, qui ne contient que des fleurs irrégulières correspondant à la partie blanche de la marguerite et renfermant les unes des pistils, les autres des étamines.

Enfin, certaines composées, telles que la tanaisie, si commune dans les prés où elle exhale une odeur d'absinthe, et qui ressemble à une énorme marguerite effeuillée, — certaines composées n'ont que des fleurs régulières, des fleurons.

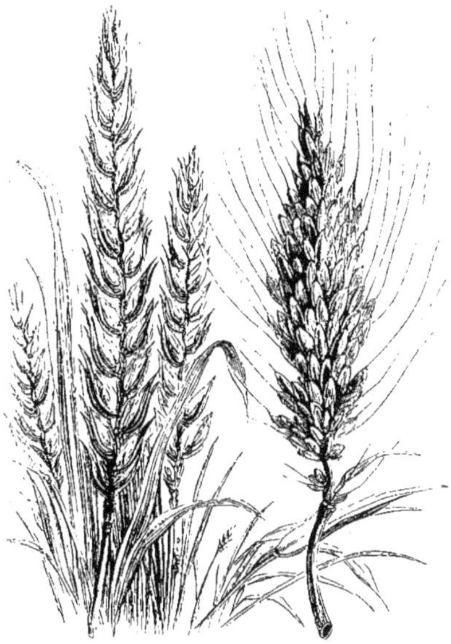

Il faisait très chaud. On était en juin. Chaque soir, les papillons entrant par la fenêtre ouverte, venaient d'eux-mêmes grossir les collections de Scabieuse et de Pierre.

Le petit garçon attrapa de la sorte le sphinx du troëne qui volait avec force dans la chambre, battant toutes les parois de sa pauvre masse étourdie. Ses ailes, retenues par un frein, et recouvrant le corps quand il ne vole pas, le classent dans la vaste série des chalinoptères. Sa trompe dépasse en longueur son corps tout entier, et son abdomen est cylindroconique.

Fig. 316 et 317. — Froment (Pag. 173).

— D'où vient, demanda, Julien, le nom de sphinx donné à ce papillon qui semble pourtant n'avoir rien de mythologique.

— De la pose bizarre que prend souvent sa grosse chenille. Se tenant solidement par ses pattes membraneuses sur la tige où elle vit, elle redresse toute sa partie antérieure en inclinant un peu sa tête enfoncée dans le premier anneau. Elle conserve une immobilité absolue pendant des heures entières, et a suscité à quelque nomenclateur rempli d'imagination, l'idée de voir en elle une image du monstre qui mit Œdipe, — son vainqueur pourtant, — dans un si terrible embarras.

Cette chenille vit sur les fleurs blanches des troënes; elle a la peau lisse et luisante, d'un vert tendre, rayé obliquement de violet clair. Elle se transforme dans la terre où elle se construit une petite loge tapissée de soie imperméable à l'eau. La chrysalide y reste depuis le mois d'août jusqu'au mois de juin de l'année suivante. La collection Bravandas et Scabieuse possédait déjà le sphinx tête de mort.

Autre capture : celle d'un grand paon de nuit, aux ailes d'un gris nébuleux, parées vers le centre d'une tache ocellée noire, où la prunelle consiste en un espace presque diaphane de la forme d'un croissant, où l'iris est fauve et cerclé de blanc.

— Le grand paon de nuit, dit Scabieuse, est un bombycide du groupe des attacides, papillons de grande taille, dont les antennes effilées vers le bout, portent sur les côtés des rameaux

Fig. 318. — Orge (Pag. 173).

régulièrement disposés qui atteignent une longueur considérable chez les mâles. Vous le voyez, cela empanache la tête de l'insecte d'une façon triomphante.

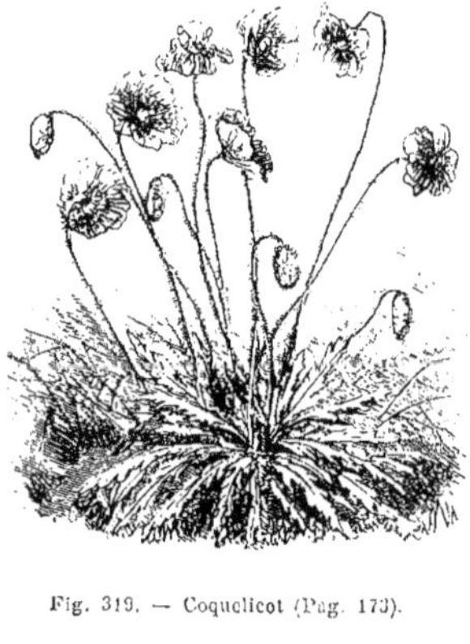

La chenille du grand paon de nuit est un fléau pour les arbres fruitiers; mais elle aime surtout le feuillage des ormes. Du reste, très belle: vert pomme, avec des tubercules d'un bleu d'azur surmontés chacun de sept poils ronds. Ses pattes membraneuses sont larges, et garnies d'un cercle d'épines qui leur permet de s'accrocher solidement.

Plusieurs noctuélides se brûlèrent les ailes, entre autres la cucullée du bouillon blanc, très élégante de formes; et aussi

Fig. 319. — Coquelicot (Pag. 173).

des phalènes aux ailes étroites, teintées de gris, au thorax velu et comme laineux.

On appelle les chenilles des phalènes des *arpenteuses,* parce que pour avancer, elles commencent par prendre un appui avec leurs pattes écailleuses; détachant ensuite la partie postérieure de leur corps et la portant en avant, elles fixent leurs pattes membraneuses; elles soulèvent enfin les pattes écailleuses, et étendent complètement le corps pour recommencer les mêmes manœuvres.

Enfin, un grand nombre de pyralides, petits papillons dont le nom, tiré du nom grec du feu, indique leur attraction pour la lumière d'une flamme. C'est dans cette grande catégorie que se rangent les tordeuses dont les chenilles plient et tordent les feuilles pour s'en faire un abri. Cependant quelques espèces ne plient pas les feuilles, mais les réunissent en paquets au moyen de leurs fils soyeux; d'autres vivent dans l'intérieur des fruits.

g. 320. — Bleuet (Pag. 174).

Toutes ces très nuisibles bêtes, dont la fécondité est grande, et la voracité — quand elles sont à l'état de chenilles — absolument proverbiale, ont, outre l'homme, de très nombreux ennemis. Ainsi, les papillons étaient poursuivis par une chauve-souris qui tournoyait dans le voisinage de la voiture.

— Quel singulier oiseau, dit Marie.

— Malheureuse! un oiseau!!... Mais la chauve-souris est un mammifère; ses petits se nourrissent de lait. Elle a le corps couvert de poils. Des dents garnissent sa mâchoire, et ses ailes ne sont pas en plumes. Les doigts des pattes antérieures sont, — à l'exception du pouce, — extrêmement allongés et recouverts d'un vaste repli de la peau qui enveloppe d'ailleurs la bête depuis le cou jusqu'aux pieds. Les chauves-souris sont des chéiroptères, parce qu'elles

Fig. 321. — Pâquerette (Pag. 174).

ont la *main* convertie en *aile*. Scabieuse, quel est le nom de l'espèce qui vole devant nous?

— Comme nous sommes près de la forêt, je peux supposer que c'est la noctule qui niche dans les creux d'arbres; mais c'est peut-être aussi une pipistrelle. Il fait trop noir pour que je puisse voir si l'oreillon est pointu ou arrondi, ce qui est le seul caractère distinctif des deux espèces.

A Villerville, il y a deux grands propriétaires fort hospitaliers. Leurs beaux jardins, leurs ombrages magnifiques, leur vue superbe, ils offrent tout cela au touriste qui peut pénétrer dans leur domaine, se reposer un

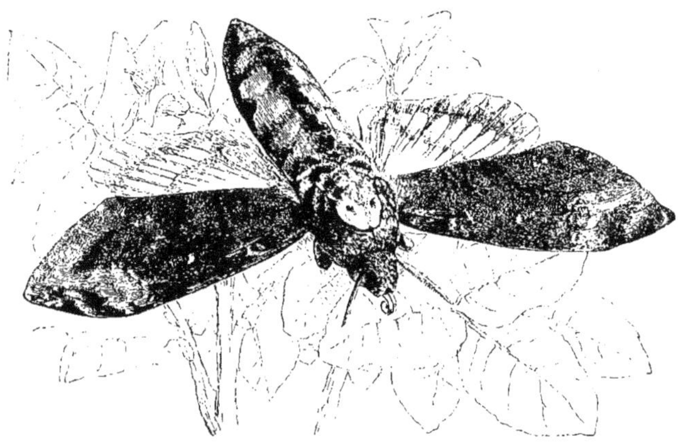

Fig. 322. — Sphynx Tête de Mort (Pag. 175).

instant sur les bancs bien placés qui invitent à la rêverie, à l'admiration de la nature. L'idée est charmante, et très appréciée de tous ceux qui la connaissent.

Les Bravandas allèrent donc se promener, ainsi que le leur conseillaient les gens du pays, dans la magnifique villa de M***. On a beau être fanatique du paysage rustique et sauvage, on n'en éprouve pas moins un grand plaisir à revoir les harmonieux jardins tracés par la main de l'homme, lorsqu'il a l'art de se servir de la nature sans la gêner.

Nos voyageurs s'avancèrent ensuite sur la route de Honfleur. Mais là, ils ne suivirent pas tout droit leur chemin, et gagnèrent la forêt de Touques. Comme il eût été impossible d'emmener la voiture dans ces étroits sentiers, on la confia à la surveillance incessante d'un cabaretier de Criquebœuf qui la mit dans sa cour, où elle ne reçut d'autre dommage qu'un peu de fumier de poules.

On prit les deux chevaux, sur lesquels les femmes et les enfants montèrent tour à tour. La route suivie fut celle de Pont-l'Évêque, qui s'embranche sur celle de Honfleur. Comme la plupart des routes de la riche et active Normandie, elle est large, égale, bien entretenue, toujours sèche, faite de côtes et de descentes. Après s'être élevée au-dessus de frais val-

Fig. 323. — Grand Paon de Nuit (Pag. 175).

lons où poussent en abondance des arbres fruitiers : pêchers, poiriers, pruniers, pommiers, elle s'enfonce dans la forêt. Son silence est adouci par quelques notes d'oiseaux et par la mélodie du vent dans les fils du télégraphe. Quelquefois passe une carriole pesante, un char emportant de gros troncs, plus rarement la calèche de quelque riche habitant. De loin en loin un cantonnier salue le voyageur.

Quand on quitte la route, c'est pour s'enfoncer dans un chemin beaucoup plus étroit, mais plus pittoresque encore. Souvent les arbres le couvrent d'une ombre épaisse. Il aboutit au château de Guillaume le Conquérant bien authentique. Entrée : 50 centimes par personne.

Les ruines sont encore considérables : murs épais, donjon ventru, cachot souterrain, puits obscur et insondable; tout y est. Le guide vous fait remarquer l'une des fenêtres de la chambre où le petit-fils du diable exigea d'Harold, prétendant à la couronne d'Angleterre après Édouard le Confesseur, le serment de l'aider à conquérir l'Angleterre, serment qu'Harold ne pouvait pas refuser, puisqu'il était prisonnier dans la forteresse du duc, et qu'il se promit bien de ne pas tenir.

— Voyez, mes amis, s'écria Bravandas, comme ces arrogants débris sont parés, caressés, embaumés par les belles plantes que cultive un jardi-

Fig. 324. — Pyrale des Bourgeons (Pag. 176).

nier vigilant. Admirez cet hortensia bleu; la Normandie l'a en haute estime, et il la paye de ses soins en poussant avec plaisir dans tous ses parterres.

— La couleur bleue est artificielle souvent. Ordinairement les pétales passent graduellement du vert au rose. Aussi appelle-t-on quelquefois l'hortensia : *rose du Japon*. C'est une saxifragée.

— Admirez aussi ce lierre, dit Marie.

Il était en effet vraiment magnifique : gros du pied comme un arbre, vert et vénérable, couvrant de ses bras tortueux un vieux mur.

Scabieuse fit remarquer à ses amis les formes variées des feuilles : les unes échancrées et découpées en trois ou cinq lobes, les autres entières, en fer de lance. Il y avait encore des fleurs, vertes disposées en cymes.

— Le fruit est une baie violacée, purgative, paraît-il.

La forteresse se terminait du côté de la vallée de Touques par une terrasse d'où la vue plongeait fort loin, sur une campagne bien cultivée, sur
de belles routes, sur des villages, jusque sur la ligne du chemin de fer de
Paris à Trouville.

Fig. 325. — Pipistrelle (Pag. 176).

Le lendemain on alla voir la villa des Rhododendrons, séjour enchan-
teur, situé à la lisière de la forêt, et qui fait rêver et désirer le poète, l'artiste, le sage. La maison s'élève au milieu d'un véritable bois des admirables arbustes qui lui donnent leur nom, et qui, à cette époque de l'année,
étalaient leurs larges fleurs aux nuances délicates sur le vert sombre et
luisant du feuillage. De la maison on aperçoit, au delà d'un fouillis de
verdure, la mer, dont on a l'immensité sans les bourrasques.

On était venu par la route, on s'en alla par la forêt en discourant sur cette poétique habitation. C'est ainsi que l'on arriva à la Fontaine Virginie. Les plus beaux chênes de la forêt ombrageaient la petite mare. Deux blanchisseuses, jacassant et battant du linge, dérangeaient un peu l'harmonie du paysage. C'était fâcheux.

Plusieurs trouvailles zoologiques enchantèrent les jeunes naturalistes. Tout d'abord ils découvrirent dans la mousse tout un nid de musaraignes. Pierre emporta l'un des petits en annonçant l'intention de le nourrir avec du lait, mais l'infortuné mourut pendant la promenade. Comme tous les insectivores, les musaraignes sont d'une voracité extrême : la quantité d'aliments qu'il leur faut par jour dépasse de beaucoup en poids celui de leur corps. Aussi ne se nourrissent-elles pas seulement d'insectes, mais encore de toutes sortes de petites proies : oiseaux, mammifères, etc.

Fig. 326. — Lierre (Pag. 179).

Une musaraigne captive absorbe volontiers une souris par jour, et cependant elle est plus petite que ce rongeur. La musaraigne dont Pierre avait trouvé le nid, et qu'il aperçut se sauvant, était d'un beau noir luisant sur le dos, et elle avait le ventre blanc, avec des reflets brunâtres. Mais, comme le dit Scabieuse, la couleur de cette petite bête est très variable, et l'on rencontre autant de musaraignes brunes que de musaraignes noires.

La jeune bête n'avait pas encore ses dents.

Fig. 327. — Rhododendron (Pag. 180).

— C'est dommage, dit Scabieuse, nous aurions vu en quoi elles diffèrent de celles des carnivores. Ainsi que l'a si bien exprimé Carl Vogt, elles indiquent des animaux plus carnassiers encore que le chien et le chat, désignés dans la classification générale comme les carnassiers par excellence.

— Je les connais bien, dit Pierre, ces dents cruelles, les molaires sont hérissées de pointes qui peuvent transpercer les enveloppes les plus dures

Fig. 328. — Musaraignes (Pag. 181).

des insectes, de sorte qu'elles ne mâchent pas, mais perforent; il y a trois carnassières à chaque demi-mâchoire, tandis que celle du chien n'en

Fig. 329. — Hérissons (Pag. 183).

a qu'une. J'espère bien, Julien, pouvoir te montrer un jour cette dentition, qui semble toute composée de couteaux et de scies.

Ce souhait fut immédiatement exaucé.

— Scabieuse ! qu'est-ce que cette drôle de chose ? s'écriait Alice accrou-
pie devant un objet informe.

La petite fille, peu soucieuse des dents d'insectivores, arrachait des
brindilles à un tas de fagots qu'elle ébranlait assez fortement. C'est ainsi
qu'elle avait fait rouler un
hérisson en boule, menaçant
de toutes ses pointes l'étourdie qui venait de troubler son
sommeil. Le pauvre animal,
dont cette bizarre position
est la seule défense, se trouvait de la sorte dans une cuirasse presque hermétique-
ment fermée, et semblait décidé à y rester jusqu'au départ de ses indiscrets observateurs. Ceux-ci n'osaient le
prendre avec leurs mains de

Fig. 330. — Taupe (Pag. 184).

peur de se piquer. Marius Bravandas, qui avait sa pipe à la bouche, eut
l'idée de lui envoyer plusieurs bouffées de fumée. Cela produisit un effet
magique. Les piquants s'abattirent, le hérisson se mit sur ses pattes et
commença à marcher en titubant et comme enivré. Sans attendre que
l'influence du tabac eût disparu, Scabieuse le prit et le jeta dans son sac.

Fig. 331 — Sésie (Pag. 185).

— Nous l'apprivoiserons, dit-il, et il nous
montrera ses dents, très nombreuses et très
meurtrières.

— Je ne comprends pas, dit Marie, que des
animaux aussi voraces ne meurent pas de faim
la moitié du temps.

— Pendant les beaux jours, leur table est
abondamment servie d'insectes, de reptiles, de
mollusques, de jeunes qui viennent de naître ;
ils n'ont qu'à ouvrir la bouche pour manger. Et comme ils dorment l'hiver,
ils se trouvent en tout temps à l'abri du besoin. Les insectivores sont
des animaux très utiles, qui nous délivrent d'une foule de petits ennemis.
Mais comme ils ont, pour la plupart, des habitudes nocturnes, comme ils
se nourrissent de choses infimes, et que quelques-uns vivent sous terre, on
les méprise, on les hait, on les détruit avec stupidité. Le type de ces ani-

maux injustement persécutés, c'est la taupe, dont, il y a quelques jours, nous admirâmes ensemble la demeure souterraine si savamment construite :

Fig. 332. — Larve de Sésie (Pag. 185).

on l'accusait, la malheureuse, de détruire les champs de céréales, en mangeant les racines, tandis qu'elle est si absolument carnassière qu'en quelques heures elle meurt de faim, auprès d'un tas de végétaux savoureux.

Avant de refermer le sac sur le hérisson, on l'examina attentivement. Il avait tout près de 40 centimètres de long, sur 20 centimètres de haut ; sa forme était trapue et épaisse ; le museau avait l'aspect d'une petite trompe bien fendue par la bouche, avec des moustaches noires ; ses yeux étaient noirs et petits, ses piquants le recouvraient d'un épais manteau jaunâtre et brunâtre ; ses pieds à cinq doigts étaient armés d'ongles solides.

Fig. 333. — Nécrophores (Pag. 185).

— On dit, reprit Scabieuse, que ni les venins, ni les poisons n'ont d'action sur les hérissons. Je ne sais pas à quel point la chose est vraie.

Le long d'un assez large ruisseau, s'élevaient quelques peupliers noirs, d'une forme pyramidale parfaitement régulière, et qui n'avaient guère moins de 20 mètres de haut. Leur tronc noueux était recouvert d'une écorce épaisse et crevassée, et les branches qui en partaient s'élevaient en bouquets appliqués contre lui. Les feuilles, en cœur, d'un tissu résistant et ver-nissé, attachées à de longs pétioles, bruissaient au vent. De singuliers insectes cou-raient avec agilité sur les troncs. De petite taille, élan-cés, ils avaient des ailes étroites, nues et transpa-rentes.

— N'est-ce pas un hymé-noptère, demanda Pierre ?

— Non, mon ami, la sésie apiforme est un lépidoptère.

Fig. 334. — Staphylins (Pag. 186).

Peut-être cherche-t-elle une place dans l'écorce, pour y déposer ses œufs : à leur éclosion, les chenilles se creuseront dans le tronc des loges et des

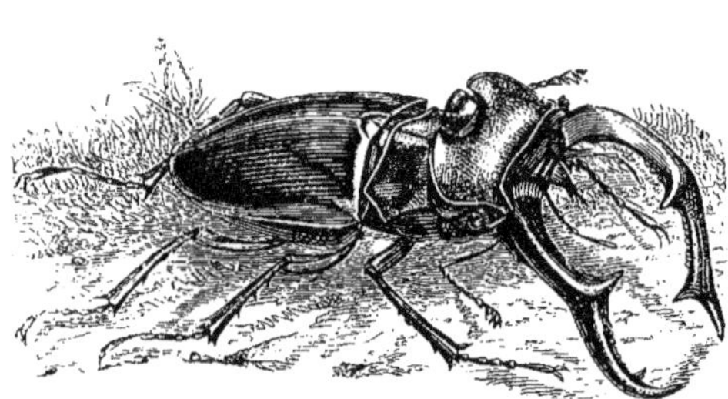

Fig. 335. — Lucane Cerf-Volant (Pag. 186).

galeries spacieuses, pour y vivre deux ans. Au moment de se transfor-mer en chrysalides, elles sécréteront un peu de soie, qu'elles agglutine-ront à de la poudre de bois.

Nouvelle rencontre, aussi répugnante qu'inté-ressante : l'enterrement d'un mulot par une troupe de nécrophores fossoyeurs. Corps épais, noir, garni sur les côtés de poils jaunes, avec la massue des antennes rougeâ-tres, et les élytres traversées par deux larges bandes dentelées d'un rouge vif, tels sont les vilains et intelligents coléoptères : pour déposer leurs œufs en un bon lieu qui leur fournira un abri, et aux larves la nourriture, ils creusent le sol sous les petits cadavres, puis les recouvrent de terre, afin qu'ils ne se dessèchent ni ne repaissent d'autres bouches que celles de leur progéniture. Les larves à qui est destinée cette pourriture, sont oblongues, jaunâtres, et elles ont des yeux qui s'atrophient à mesure qu'elles approchent du terme de leur croissance.

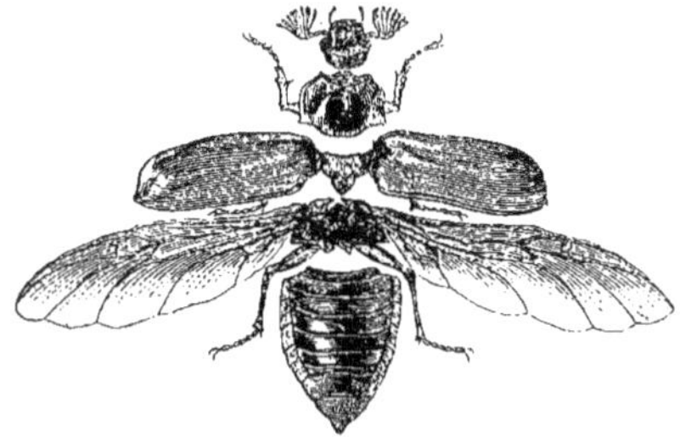

Fig 336. — Anatomie d'un Coléoptère (Pag. 187).

Après avoir vu le nécrophore, on remarqua un staphylin, rencontré déjà bien des fois, le staphylin odorant, tout noir, à élytres courtes, rapide et menaçant d'allures, toujours prêt à mordre, même beaucoup plus gros que lui, et exhalant, quand on l'inquiète, une odeur atroce.

— C'est, dit Scabieuse, une bête très carnassière à l'état adulte et à l'état de larve.

Sur un chêne on prit un lucane cerf-volant, trouvaille importante. Cet insecte est le plus grand coléoptère de nos pays tempérés.

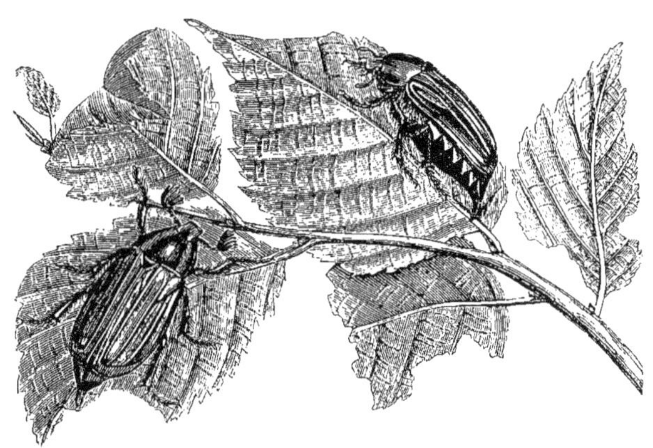

Fig. 337. — Hannetons (Pag. 187).

— Voyez, dit Scabieuse, combien sont énormes les mandibules de la bête; elles affectent la forme de pinces et semblent des instruments redoutables.

— J'en ai horreur, dit Mme Bravandas.

— Je remarque, dit Marie, que les coléoptères, bien différents des papillons, ont un corps très dur et très luisant.

— Oui, Mademoiselle, et cette constitution solide de leur individu permet de les reconnaître aisément, assure leur conservation, ne donne aucun tracas aux collectionneurs, qui, pour les garder, n'ont qu'à les piquer sur leur carton. On les a bien étudiés, quoique leurs mœurs ne soient pas des plus curieuses, et on en a distingué plus de cent mille espèces.

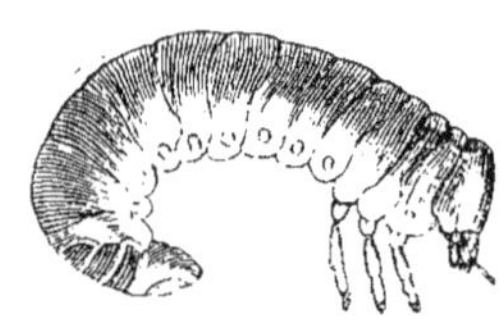
Fig. 338. — Le Ver blanc (Pag. 187).

Ils ont quatre ailes; les antérieures, les externes portent le nom d'élytres, et sont de la même substance que l'enveloppe du corps; elles recouvrent au repos des ailes plus amples, membraneuses et parcourues par des nervures ramifiées.

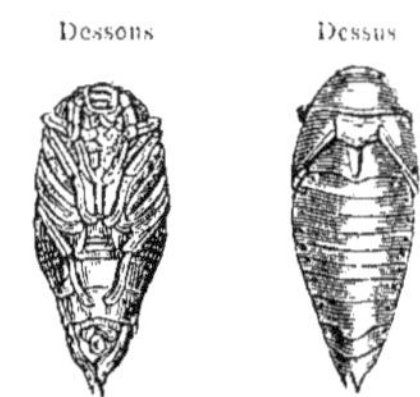

Fig. 339 et 340.
Nymphe du Hanneton (Pag. 187).

Les coléoptères sont de forts mangeurs, et leurs pièces buccales sont conformées pour la mastication.

Enfin, en regagnant la route de Honfleur, on mit la main sur un hanneton foulon, autre coléoptère assez commun au bord de la mer; fort grand, de couleur brune, avec des dessins faits sur toutes les parties du corps par de petites écailles blanchâtres. En sa qualité de mâle, il portait pour antennes de vrais panaches. Il volait en bourdonnant.

Ce hanneton-là amena la conversation sur le hanneton commun et ses méfaits. Les vers blancs sont un des plus redoutables fléaux de l'agriculture.

Sur la route de Honfleur, on recueillit des cétoines dorées, aux reflets métalliques et chatoyants. Elles suçaient le miel et rongeaient les

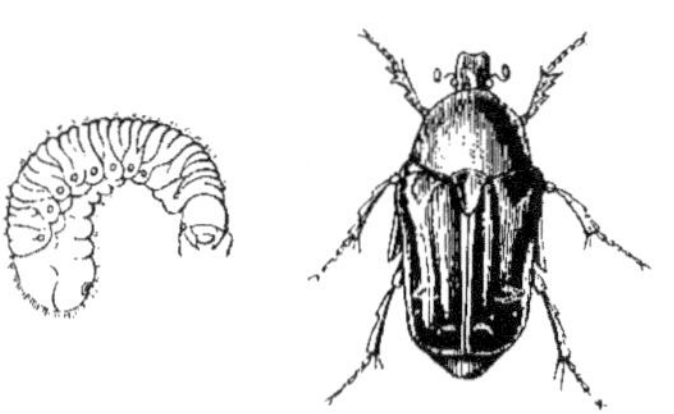
Fig. 341 et 342. — Cétoine dorée et sa Larve (Pag. 187).

pétales d'un chèvrefeuille. Il faut à ces jolies bêtes les plus belles fleurs pour nourriture et pour abri. On les trouve souvent au cœur des roses.

. Les bons yeux et l'adresse de Pierre lui permirent de voir et d'attraper le plus singulier et le plus petit des lépidoptères, l'orneode, dont les

.quatre ailes entièrement découpées semblent faites chacune de plumes d'une finesse incroyable qui, au repos, se superposent comme les branches d'un éventail. Dans la haie, il partageait le chèvrefeuille avec les cétoines, et avec des ptérophores non moins élégantes que lui.

Sans nouveaux ricochets, les voyageurs arrivèrent à Honfleur, vieille ville noire, boueuse, montueuse, qui a des rues entières de chalets normands à larges toits, à poutres apparentes.

On trouva à caser sûrement la voiture, et l'on donna une journée à la visite de la ville, c'est-à-dire à l'ascension de la côte de Grâce et à l'étude du port.

La côte de Grâce, haute de 90 mètres, est couronnée par une chapelle où les marins, au retour d'une expédition périlleuse, vont déposer des ex-voto. Un observatoire prête aux touristes une forte lunette qui leur permet de·commettre des indiscrétions dans le Havre.

Redescendus au niveau de la mer, les Bravandas commencèrent par suivre une longue jetée, moitié de pierre, moitié de bois à claire-voie. Ils admirèrent la baie, par laquelle la Seine entre majestueusement dans la mer, baignant, à droite des falaises de craie, à gauche des argiles jurassiques.

Fig. 343 et 344.
Ornéode et Ptérophore pentadactyle (Pag. 187).

Le grand commerce de Honfleur c'est le bois. Ses navires vont chercher d'énormes quantités de sapin en Norvège. Aussi, les scieries, très nombreuses aux environs du port, y mènent-elles un train d'enfer. Deux mille six cents navires touchent annuellement à Honfleur, joignant au transport des planches celui du charbon, de la pierre, des denrées alimentaires de toutes sortes. Des paquebots vont régulièrement en Angleterre. Enfin, le service pour le Havre et pour Rouen ajoute encore à l'activité de ce beau port, l'un des plus utiles de la Manche.

Les Bravandas, pour continuer leur promenade le long de la côte, se trouvèrent un instant assez embarrassés. Ils ne pouvaient sur cette large baie faire passer directement leur voiture au Havre : cela leur eût coûté les yeux de la tête. Fallait-il donc remonter jusqu'à Rouen pour avoir un pont? Heureusement, ils rencontrèrent un bac. Pas très loin, à Quillebœuf.

Deux jours après, ils étaient au Havre, et se campaient un peu en dehors de la ville.

Voir un grand navire, tel était le vœu général, facile d'ailleurs à satisfaire. Un des plus grands qu'on ait jamais construit, *L'Amérique*, était précisément en rade. On y monta par une échelle (non, c'est plus raide!) qui va du quai au pont de ce géant. Toute liberté fut laissée aux curieux de se promener partout.

Après quelques pas sur le pont, ils descendirent dans la salle à manger des premières. Toutes les boiseries, tables, panneaux, etc., étaient d'acajou,

Fig. 345. — Un Transatlantique (Pag. 189).

les fauteuils de velours rouge, placés devant les tables, pouvaient tourner sur un pivot.

De la salle à manger ils passèrent dans un salon couvert de tapis, avec des divans sur tout son pourtour. Il y avait un piano que Marius voulut essayer : il était fermé à clef.

— Tant mieux! lui dit sa femme, tu nous aurais fait remarquer.

Sur un corridor étroit, mais d'une longueur considérable, s'ouvraient les cabines des premières et des secondes. Les unes contenaient deux lits, les autres six ou huit, superposés deux à deux. Au plafond, très bas, étaient attachées autant de ceintures de sauvetage que la cabine devait compter de locataires.

— Précaution lugubre!

Chaque cabine avait sa petite fenêtre ou sabord.

Dans le dortoir des troisièmes la tristesse du voyage se voyait dans toute sa lamentation. Pour lits, des boîtes de bois à peine dégrossi, sur deux rangs en hauteur; celles de dessous touchant au sol. Il y avait au moins une cinquantaine de ces niches dans une vaste salle, mal protégée du froid, haute de plafond, avec des recoins obscurs. C'était le dortoir des hommes; un autre était affecté aux femmes (females, selon l'insolente expression de la langue anglaise qui, pour cette classe inférieure, n'admet pas le mot ladies accordé aux simples bourgeoises qui payent bien).

— Ah! mes enfants, dit Mme Bravandas, dont le cœur se serrait, vous figurez-vous une nuit passée dans cet antre, avec les cris des enfants, les soupirs, les cauchemars des pauvres femmes s'en allant à travers la mer noire et orageuse, chercher d'autres misères sur une terre inconnue, pleine de dangers, de sauvages, de monstres. Ah! qu'il est doux de rester dans son bon pays! Comme la plus grande propreté est nécessaire au milieu d'une si grande agglomération de personnes et de choses, les troisièmes mêmes étaient pourvues de plusieurs cabinets de bain.

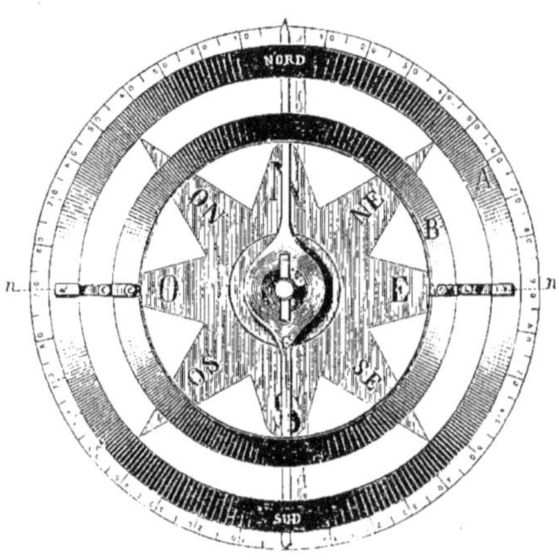

Fig. 316. — Boussole circulaire (Pag. 190).

Scabieuse fit à ses amis de longues explications sur les machines à vapeur. Mais l'esprit d'aucun d'eux n'était tourné vers ce côté des connaissances humaines. Ce qui les frappa surtout, ce fut la grandeur et la puissance de ces engins, ainsi que leur étincelante propreté. Longtemps aussi ils s'arrêtèrent devant la boussole et le gouvernail qui dirige l'immense bateau dans sa course. C'est une roue placée sur le pont dans une chambre vitrée, et se mouvant sous les doigts avec la plus grande facilité.

— Maintenant, amis, étudions le port, parcourons-le en tous sens. C'est un univers. Les cinq parties du monde y abordent, lui apportent leurs denrées. Quelle merveilleuse activité! quelle foule de travailleurs! Jamais de repos. La nuit est dissipée par la lumière électrique. L'homme ne se soumet qu'à la marée. C'est elle qui règle les départs et les rentrées. Pour commencer par un bon commencement, allons au bout de la jetée la plus extrême, jusqu'à ce phare, dont le sommet de cristal brille sous le soleil.

On parvint par le Grand Quai à la jetée du Nord.

Un étroit escalier mena les promeneurs au haut de la tour du phare, sur un étroit balcon. Le gardien leur prêta une forte jumelle, et ils purent voir très loin, dans la pleine mer, les navires et les barques de pêche. On apercevait aussi une grande étendue de côte, sur laquelle nos amis parcouraient du regard le pays qu'ils venaient de traverser : Lion-sur-Mer, Villers, Trouville, Villerville, Honfleur ; puis, au delà du Havre, mais à une faible distance, le cap de la Hève où ils se proposaient d'aller.

A l'extrémité de la jetée se trouve un autre signal également fort important : la Sirène, énorme tuyau d'orgue dont le bourdonnement s'entend de loin (il arrive jusqu'à Villerville). Par le brouillard, c'est un guide extrêmement sûr.

La jetée du Nord est séparée de la jetée du Sud par un chenal large de 75 mètres qui forme l'entrée de l'avant-port et par conséquent des différents bassins du Havre. L'avant-port est considérable et présente un important développement de quais. Après avoir longé une série de bassins, les touristes arrivent dans les docks, en plein temple du commerce. Les magasins généraux sont situés à l'est du bassin Vauban et du bassin Dock. Les denrées les plus diverses se rencontrent là : les cafés d'Arabie et d'Amérique, les bois de teinture (campêche, sumac, quercitron), les cornes des bœufs de la Plata, les thés de Chine, le lard d'Amérique (avec ou sans trichine), le coton, le blé, les cuirs et les fourrures, la cassonnade, les minerais de cuivre, d'argent, de fer, les épices, etc.

Tous ces objets exhalant chacun son odeur, mettaient dans l'air le mélange le plus indéfinissable.

— J'en suis écœurée, disait Alice d'un ton précieux.

Par la rue du Dock on arriva à la Cale sèche, très petit port, destiné à la réparation des bateaux. Le bâtiment y pénètre au moment de la marée haute ; la marée basse laisse le bassin à sec. On ferme alors une porte qui empêche l'eau de rentrer pendant tout le temps des travaux.

Il restait à voir le double bassin à flot. Mais Mme Bravandas et Marie étaient si fatiguées qu'on dut songer au retour.

M. Marquat, devant quitter le lendemain la famille Bravandas, lui demanda encore la permission de lui offrir à dîner, ce qu'elle accepta avec un peu de façons. On se rendit donc par le plus court chez Frascati, où l'on dîna dans une salle à manger largement ouverte sur la mer. Puis l'on regagna la voiture, en prenant un tramway, et tout le monde dormit tout d'un somme jusqu'au lendemain.

Nous passons sur la visite de nos touristes aux boutiques pleines de coquillages, d'objets en nacre et de curiosités maritimes, et à l'aquarium où cependant ils virent entre autres une bête qui les intéressa bien vivement :

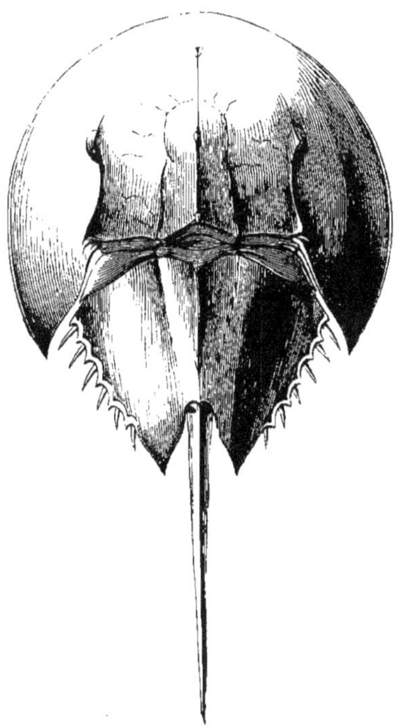

Fig. 347. — Limule (Pag. 192).

une limule. Pierre mettait tout d'abord, avec quelque apparence de raison, cet animal singulier parmi les crustacés, dont il a la carapace. Mais Scabieuse lui apprit que des recherches récentes ont fait créer pour les limules un groupe spécial intermédiaire aux crustacés ordinaires et aux arachnides. La limule n'est rien moins qu'un animal français ; elle vit dans l'océan Pacifique.

Quand on en eut fini avec le Havre, la voiture reprit sa course, traversa Sainte-Adresse et s'arrêta au cap de la Hève.

Mme Bravandas, qui gardait volontiers la maison lorsqu'il s'agissait de courses au soleil vers un but incertain, laissa Scabieuse, son mari et ses enfants aller reconnaître de près le chaos sur lequel se dresse le promontoire. Elle garda Alice avec elle, et fit bien.

Au lieu de prendre la route de la falaise, la petite troupe voulut suivre le rivage. La mer, assez haute, la força à marcher sur les amoncellements de galets qu'à chaque marée les flots remuent à grand bruit. Nul n'attrapa d'entorse sur ces pierres placées par l'eau dans les plus bizarres équilibres, et vraiment ce fut miracle. Aussi quand Scabieuse, qui marchait en avant, avait découvert quelque oasis de sable où les pieds pouvaient reprendre un peu d'assurance, s'y groupait-on avec satisfaction. On profitait de ce repos pour regarder de tous ses yeux la mer miroitante, constellée de voiles, et le cap jaunissant sous une large bande de soleil. Il apparaissait fier comme une montagne, promettant à son sommet une vue splendide, et en même temps se montrait presque inaccessible.

Ce qui du Havre avait semblé aux voyageurs une pente douce aboutissant à un vaste talus, était un amas de blocs éboulés. Ils commencèrent cependant à grimper par un petit sentier traitre, facile aux premiers pas. Mais ils remarquèrent bientôt que de tous côtés les ajoncs, seule végétation de cette âpre solitude, cachaient des trous, de véritables pièges à briser les jambes. Ils regardèrent derrière eux : le sentier avait disparu. Ce qui inquiétait le plus Scabieuse, c'étaient les blocs, dont la couleur contrastait avec la teinte grise du sol, et qui venaient évidemment de dégringoler. Il leva les yeux et vit les morceaux d'une haute muraille tout prêts à se détacher.

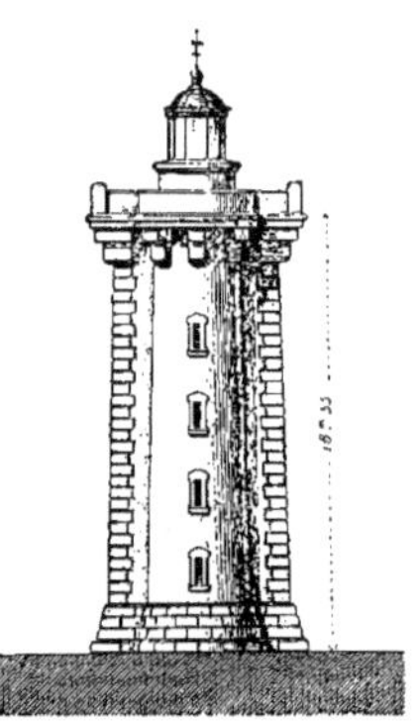

Fig. 348. — Un Phare (Pag. 191).

— Retournons sur nos pas, dit-il.

On redescend ; on s'arrête devant une crevasse ; on s'écarte de la crevasse, on se heurte à un mur de rochers. Décidément le chemin est perdu. Forcément on remonte un peu. On reconnut même que l'escalade était moins dangereuse que la descente.

Cependant on erra longtemps ; par moments on n'apercevait plus le sommet de la falaise. Marie, découragée, se laissa tomber sur une pierre rôtie par le soleil. Un appel triomphant de Pierre lui rendit ses forces. L'intrépide gamin, agile comme un cerf, avait gagné une belle pelouse verte et en indiquait le chemin à ses compagnons. Ils l'eurent bientôt rejoint. Le sommet de la falaise ne fut pas, de là, difficile à atteindre.

— Qu'est-ce que ces fils de fer? demanda Marius Bravandas.

Un paysan qui passait lui apprit qu'ils interdisaient l'approche d'une partie du sol destinée à s'ébouler dans très peu de temps. La falaise s'écroule rapidement. L'année précédente un énorme morceau du cap se détacha et produisit en tombant, un tremblement de terre ressenti jusqu'au Havre.

Les phares eux-mêmes sont menacés dans cette démolition du sol, due à la nature argileuse des couches inférieures qui, sur leurs assises glissantes, supportent les lourdes masses de la craie.

Naturellement, il fallut monter dans un des phares. Le gardien, avec sa longue vue, fit voir, à vingt lieues de là, la pointe de Barfleur. La lanterne, haute de 7 mètres, se dressait au faîte de la tour. Dans ses verres irisés se reflétaient tous les détails du paysage. Le foyer de lumière électrique est si intense qu'il est visible à une distance de 27 milles.

LA
MONTAGNE

Contre mauvaise Cuisine bon Appétit.

CHAPITRE PREMIER

A LA BELLE ÉTOILE

Un mois s'est écoulé depuis que les Bravandas ont quitté la côte à Dieppe. Leurs collections sont déjà si considérables que Scabieuse a expédié à Paris trois caisses pleines d'objets très précieux pour lui et pour tout naturaliste.

Donc, au commencement du mois d'août, la voiture, toujours solide, entre en Suisse par le val de Travers, et fait sa première halte dans le village important qui donne à cette région son nom, célèbre dans les vingt-deux cantons par sa fabrication de liqueurs impossibles : le *Parfait Amour*, le *N'importe quoi*, la *Liqueur des Pompiers*, la *Liqueur fabriquée* comme *à la Grande-Chartreuse*, etc., etc.

Le Parisien sceptique se demande involontairement si l'asphalte que Travers exploite si activement n'est pas mis à contribution pour parfumer ces alcools plus ou moins sucrés.

Quant à l'asphalte lui-même, on n'en peut dire que du bien. On l'emploie pour la confection des trottoirs et des chaussées, et cela sous deux formes bien différentes : tantôt à l'état de mastic fondu et étalé sur le sol ; tantôt en poudre chaude comprimée avec des outils de fer.

L'asphalte en poudre, c'est la roche de Travers simplement chauffée ; l'asphalte fusible, c'est l'extrait fourni par cette roche dans l'eau bouillante.

Comme l'exploitation de Travers se fait par galeries souterraines, les Bravandas ne purent voir le gisement de l'asphalte ; mais ils trouvèrent celui-ci, hors des travaux, en nombreux blocs déchargés par les wagonnets.

— Si, dit Scabieuse, nous plongions cette roche dans un acide, elle ferait effervescence, parce qu'elle est calcaire. Quant aux matières bitumineuses dont elle est imprégnée, elles donneraient par distillation des pétroles analogues à ceux qui nous viennent d'Amérique.

— Cette formation, demanda Pierre, est-elle bien étendue ?

— Elle se prolonge au nord et au sud de façon qu'on la retrouve pour l'exploiter depuis Seyssel, dans le département de l'Ain, jusqu'à Lovagny, près d'Annecy, en Savoie. Les géologues en rapportent l'âge au terrain crétacé le plus ancien. Ils pensent que la substance bitumineuse provient d'une espèce de distillation souterraine qu'auraient subies des accumulations d'animaux ou de plantes enfouies lors du dépôt du terrain.

De Travers à Noiraigue il n'y a qu'une courte promenade, le long de l'Areuse, rivière dont la source n'est pas bien connue, mais qui paraît produite par l'écoulement souterrain du lac de Tallières. Elle suit le val dans toute sa longueur, puis s'engouffre dans des gorges, pour tomber ensuite dans le lac de Neuchâtel. Jusqu'à Noiraigue, elle est très calme, et ses eaux sont si sombres que ce village en a pris son nom.

Noiraigue est un endroit important, qui a des fabriques de ciment où l'on traite le calcaire jurassique.

Le val y devient plus étroit, et les montagnes y sont plus hautes. Les Bravandas achevèrent dans le repos le reste de la journée. Ils voulaient être frais et dispos le lendemain pour leur première ascension, celle du Solliat.

Mme Bravandas, qui voyait devant elle une longue suite d'excursions variées à travers les montagnes, déclara qu'elle s'abstiendrait de celle-là, et qu'elle garderait la maison avec Alice.

A 7 heures du matin, Scabieuse, Bravandas, Julien, Pierre et Marie se mirent en route munis de quelques provisions. C'était un dimanche.

Pour les gens du pays, la promenade du Solliat et celle du Creux-du-Vent comptent parmi les plaisirs du jour du repos. La route n'était donc pas une solitude.

— Tiens! dit Marie, des bandes de jeunes filles.

En effet, par troupes de huit, dix et davantage, leur petit panier de provisions à la main, elles arrivaient des villages environnants. Quelques-unes, en marche depuis plusieurs heures, avaient déjà descendu cinq ou six cents mètres. Le train en amenait d'autres de Neuchâtel : des élégantes portant des modes de Paris, datant de trois ou quatre ans seulement.

Après la traversée de l'Areuse, un bout de route entre des prairies, la montée commence, pénible d'abord sous le soleil, facile ensuite sous les grands arbres qui ne tardent pas à abriter le chemin. Celui-ci est un lacet très long, que les imprudents évitent en prenant des raccourcies glissantes. Mais les arbres cessent à mi-pente pour faire place à de vastes prairies, puis à une végétation de broussailles. Il y avait alors beaucoup de framboisiers,

Fig. 352. — Sureau (Pag. 199).

de sureaux, de fraisiers chargés de leurs beaux fruits rouges. Les tussilages se montraient en abondance, et leurs larges feuilles semblaient menacer de tout envahir. Le soleil dardait ses flèches d'or sur les promeneurs; leurs figures s'empourpraient, et la sueur perlait à leurs fronts. Mais leurs jarrets ne se fatiguaient point, et leur respiration demeurait calme, grâce à leurs pas, petits et réguliers. La vue devenait magnifique; les nuages s'étaient dissipés; et, à une grande distance, à de grandes hauteurs, se montraient des villes, des villages, des cultures.

Annoncé longtemps par les clochettes des vaches et le chant des coqs, le sommet parut enfin; c'était un pâturage immense, domaine d'un grand troupeau.

Bravandas portait dans son sac deux poulets rôtis ; mais, comme il avait, ainsi que les siens, une soif terrible, il s'achemina avec eux en toute hâte vers le châlet qui s'élève au milieu du pâturage. La rustique maison est grossièrement bâtie, de torchis dans le bas, de planches noirâtres dans le haut, avec des pierres posées sur son large toit, pour le consolider. Le long du châlet une table et des bancs de bois s'offraient aux promeneurs, sous une corde où séchaient des loques. Le dessous de la table était une sorte de basse-cour où une quinzaine de poules, point farouches, picoraient les miettes tombées des repas. Des odeurs de laitage, frais ou caillé, sortaient de la salle basse, par la porte large ouverte. Ce lieu sauvage ne présente aucun des raffinements de la civilisation ; on y déjeune

Fig. 353. — Tussilage (Pag. 199).

pourtant avec gaieté et appétit, en dépit du fumier des poules et des émanations de la laiterie. On servit aux Bravandas du vin blanc assez agréable, du bon pain bis ; et, au dessert, un vaste saladier rempli d'une crème épaisse. Ils en prirent seulement quelques cuillerées ; et les garçons, en vrais espiègles, prirent plaisir à voir tomber dans la blancheur de l'écuellée, les mille poussières, les corpuscules, les insectes que l'air, même à ces hauteurs, tient en suspension. Cette crème était une révélatrice de toutes les impuretés inaperçues sur les autres objets. Le spectacle à la fin dégoûta Marie, qui se leva et alla reporter la crème à l'aubergiste.

Cependant nos amis commençaient à ressentir les heureux effets d'un copieux repas pris après une bonne promenade. La conversation devenait vive et animée ; et, tout en vidant une petite fiole de vieille eau-de-vie, on échangeait des réflexions sur les voisins et sur le paysage.

Un soleil ardent inondait l'immense prairie, faisait bruire les sauterelles entre les herbes courtes, rendait féroces les essaims de mouches attachés aux vaches. Mais le châlet jetait de l'ombre sur les dîneurs ; et une bonne brise, la brise des montagnes, les éventait à larges coups. Une fraîcheur se dégageait aussi du puits d'où un petit garçon tirait de l'eau sans relâche pour la verser dans le tronc profondément creusé d'un arbre géant. L'enfant accomplissait facilement ce labeur : sur un poteau est attachée une longue perche de bois proportionnée à la profondeur du puits. A l'une des extrémités de cette perche est fixée une grosse pierre, à l'autre une corde

courte tenant le seau. Pour plonger celui-ci, il suffit de soulever la pierre:
le seau tombe dans l'eau. Pour le remonter plein, on abandonne la pierre,
plus lourde que le seau, et son poids relève le reste de l'appareil. Au lieu
du mouvement si fatigant de la personne qui tire avec ses bras la corde
d'un puits, l'enfant n'avait à dépenser que très peu de forces en élevant la
pierre.

Des gens peu soucieux de la fraîcheur, c'étaient les joueurs de boule
qui, à quelques pas de là, en dehors de l'ombre, envoyaient leurs
pesantes sphères de bois sur de grosses quilles. De temps à autre, cependant, ils arrosaient largement le chemin de bois; et, tout autour, se délayait
la poussière en une boue épaisse qui s'attachait aux boules et de là aux

Fig. 354. — Une Vache du Solliat (Pag. 199).

mains des joueurs. Ah! c'est un jeu bien délicat que le jeu de boule, et
bon pour mettre aux doigts et à la paume des mains de solides durillons. Mais les montagnards ne craignent point les durillons. A manier la
charrue, la hache, le pic, la faux, ils ont vite pris leur parti de ces petits
inconvénients; et la terre, ramassée avec leurs boules, est une bonne
chose qu'ils connaissent, manient avec amour; et qui peut-être leur man-
querait le dimanche, si dans leurs amusements ils ne la retrouvaient pas.
Ils déploient beaucoup de force, montrent beaucoup d'adresse. On voit
que le travail ne leur déplaît point, puisqu'ils le continuent si facilement,
au lieu de s'engourdir dans le repos. Leur costume ressemble à celui des
Auvergnats: pantalon de drap noir, veste de même étoffe, large chapeau
de feutre. Mais, pour le moment, vestes et chapeaux s'entassent sous l'œil
des femmes, restées assises avec des poses fatiguées. Hâlées sous leurs

petits chapeaux ronds, elles ont l'air tranquille et calme des solitaires ; et,
ainsi réunies, n'échangent que de rares paroles.

Leurs filles sont graves comme elles. Sur une estrade de bois, élevée
d'une marche au-dessus du gazon, elles dansent lentement, aux sons d'une
flûte de Pan, que tient un petit garçon. L'air est monotone, et l'instrument
ne produit qu'une faible musique grêle et douce, comme un chant d'oiseau.

Scabieuse et les Bravandas se complaisent devant ces scènes rustiques ;
mais il leur reste une longue route à parcourir pour le retour. Il faut partir.
Non sans jeter un coup d'œil à l'intérieur du châlet. Le plancher de

Fig. 355. — Couches du Sol pliées dans la Chaîne du Jura (Pag. 203).

pierres, les murs, le plafond, tout est noir. Rien ne reluit que l'intérieur
d'un immense chaudron de cuivre, soigneusement frotté, aussi splendide
que s'il était d'or pur. Comme curiosités, des cloches suspendues à une
poutre ; elles seraient dignes de figurer dans un carillon de village ; ici, c'est
au cou des vaches qu'on les destine.

Pour gagner le Creux du Vent, il faut d'abord suivre les bords du
sommet sur tout leur développement. De là, les voyageurs jugèrent bien
de la forme et de l'étendue de cette immense cavité, donnant l'idée d'un
demi-cratère, dont l'aspect, vu d'en haut, est vertigineux. Les beaux pâturages si vastes, si plats, si doux, se terminent, du côté du Creux, brusquement. On avance, et l'on voit à ses pieds une paroi verticale de rochers

nus, haute de 160 mètres, et d'une lieue de circonférence. Au-dessous des rochers, c'est une dégringolade de forêts qui semble ne plus finir. Les sombres sapins s'étagent à perte de vue, rigides de port, et, de si haut, petites comme des broussailles. Aussi loin que porte la vue, elle a la perspective étrange d'une surface infinie de verdure, qui s'incline et semble tomber sous un cataclysme subit. Tout, dans ce Jura verdoyant et rocheux, vous donne, de certains points suffisamment élevés, l'impression de l'instabilité, du soulèvement, de l'affaissement. Et lorsque la montagne vous montre, en ses flancs de pierre, les grandes dalles autrefois paisiblement déposées à l'état de vase au fond de la mer, elles sont redressées, contournées, obliquement dirigées vers le ciel.

Mais, si du Solliat, au lieu de plonger les yeux dans les abîmes, on regarde droit devant soi, la chaîne s'abaisse, et des lacs apparaissent : le lac de Neuchâtel, le lac de Bienne, bleus comme le ciel clair.

La marche est fatigante sur l'interminable plateau ; le pied n'a pas d'élasticité sur la terre herbeuse et molle, et puis le sol se met à onduler légèrement. Tout à coup, de l'une des petites éminences, les voyageurs découvrent un sublime spectacle : celui des grands glaciers de l'Oberland, qui étincellent éblouissants derrière la profondeur de l'espace.

Enfin, on arrive à une descente bien nette, mais douce ; la montagne va de la sorte en pentes modérées jusqu'à la plaine des lacs. Mais pour gagner le Creux du Vent, il faut prendre un chemin plus rapide. Où le trouver ? Justement voici un chalet, qui est en même temps une auberge, comme toutes ces maisons isolées. Tout en buvant une bouteille de Neuchâtel, nos touristes obtiennent des renseignements. La route qu'on leur indique est d'abord fraîche et charmante, sous bois, d'une faible inclinaison. Puis les arbres disparaissent, le sentier devient étroit et pierreux et se met à descendre brusquement. On marche avec précaution et difficulté sous un soleil desséchant qui rôtit la pierre, grille l'épiderme des promeneurs, mais exalte la vie des grillons, des lézards, des orvets, grouillant sur la poussière avec un entrain plein d'allégresse. Le chemin s'éboule tellement par places que Marie hésitante ne sait où poser le pied, et qu'elle a bien besoin de l'aide de son père. Enfin il s'améliore, et c'est sous l'abri protecteur de beaux arbres qu'on arrive à la Fontaine Froide. Les gourmets emportent, parait-il, pour la mêler à ses eaux glacées, la fameuse absinthe suisse, et obtiennent une boisson aussi agréable que celle qui résulte, sur les boulevards de l'alliance, du *Pernod* et de la carafe frappée.

Scabieuse, prévoyant cette Fontaine Froide, avait réservé un peu de son eau-de-vie. Chacun tira de sa poche sa petite timbale, but avec délices l'eau claire corrigée par la fauve liqueur. C'était délicieux!

Un tuyau de bois amène dans un réservoir de pierre la source sortie, non loin de là, des profondeurs de la montagne. Son jet, brillant comme de l'argent, tombe avec le doux murmure de l'onde dirigée par les soins de l'homme. Sur de grosses pierres garnies de mousse, tout le monde s'assit rêveur, subissant le charme de cet endroit sauvage, se laissant bercer par le gazouillement paisible de la naïade, qui semblait à Marie la chanson de la forêt.

Ce fut la jeune fille qui se leva la première, prise soudainement de la peur de la nuit.

Mais on n'était pas sûr du chemin à suivre. Celui qui avait amené la petite troupe à la Fontaine Froide, continuait, mais dans une direction évidemment autre que celle de Noiraigue.

— Un poteau! cria Marie.

On s'approcha. Le poteau, sur une planchette, portait tout simplement: C. A. S.

— Hélas! dit Scabieuse, je connais ces trois lettres; elles veulent dire Club Alpin Suisse. Quelquefois une main les accompagne, indiquant aussi bien au voyageur le chemin qui doit le perdre que celui qui doit le mener. Mais C. A. S., que vous êtes, vous ne savez donc pas écrire? Est-ce que cela nous intéresse d'apprendre que vous êtes venu ici? Ce n'est pas utile pour nous, et ce n'est pas glorieux pour vous; le Creux du Vent, que diable! n'est pas la cime de l'Himalaya, et nous autres qui ne sommes pas du C. A. S., nous y venons tout simplement. Nous nous perdons, par exemple! Mais peut-être vous êtes-vous perdu aussi, C. A. S., et avez-vous planté là votre poteau, comme le marin jette une bouteille dans l'Océan, pour qu'un jour l'univers retrouve de lui une faible trace. Autrement, C. A. S., vous auriez compris que votre devoir de C. A. S. est de rendre service au touriste perplexe, et, à l'imitation du C. A. F., votre voisin, vous eussiez mis votre poteau sur la route avec un nom en grosses lettres. Maintenant, mes amis, puisque nous n'avons pas de secours à espérer du C. A. S., prenons ce sentier qui commence, et espérons qu'il continuera.

Le sentier choisi dégringolait rapidement parmi les herbes, les brous-sailles et les pierres. Bientôt nos amis se le virent disputé par de nombreux troncs d'arbres coupés qu'on avait lancés sur la pente pour les reprendre vers le bas de la forêt, et qui gisaient là, par deux ou trois dans la lar-geur, à moitié dépouillés de leur écorce, ou même complètement dénudés.

Il fallait ou bien marcher sur ces arbres, au risque de glisser ou de les faire

Fig. 356. — L'Ours que tua Robert du *Creux du Van* (Pag. 207).

rouler, ou bien passer entre leurs masses, semblables à d'énormes pièges pour les pieds des imprudents. Quelquefois, ils avaient encore leurs branches.

On crut d'abord que ce bois était un obstacle momentané; mais, après les premiers géants de 20 mètres de long, il en vint d'autres, et puis d'autres. On mit trois quarts d'heure à parcourir un demi-kilomètre. Marie se tordait les pieds; elle trébucha, déchira sa robe, et se serait brisé la figure sans son père qui la soutenait. En même temps, la forêt semblait devenir plus épaisse.

— Ce n'est pas la route, dit M. Bravandas.

Marie, avec découragement, s'assit sur un tronc.

— Attendez-moi là, dit Scabieuse, je vais retourner à la Fontaine, et explorer l'autre chemin.

Il remonta en courant. Pierre et Julien le suivirent, malgré leur père qui leur criait de ne pas se fatiguer inutilement.

Marius Bravandas et sa fille attendirent patiemment pendant une demi-heure; puis ils commencèrent à s'inquiéter, et se mirent à pousser des cris de ralliement. Il était sept heures du soir, et dans les montagnes, la nuit tombe plus vite qu'ailleurs. Tout à coup, Marie s'écria:

— Les voilà!

On entendait, en effet, des pas. Mais hélas! c'étaient ceux d'un paysan qui allait à Noiraigue.

Cet homme dit à Bravandas qu'il était dans le bon chemin, et que pour lui, il n'avait rencontré personne depuis le Creux du Vent.

Puis il continua sa route.

— Ils sont perdus! gémit Marie, les larmes aux yeux et pâle d'anxiété.

— Non, mon enfant, répliqua en souriant Bravandas, très tourmenté, mais affectant la tranquillité pour rassurer sa fille. Ils vont faire bien des pas en pure perte; mais ils se tireront d'affaire. Scabieuse est là; c'est tout dire. Je suis d'avis de poursuivre notre route. Nous ne leur serions d'aucun secours, et je ne serai pas fâché, à cause de toi, d'être sorti, avant la nuit, de ces troncs d'arbres.

— Mais eux, mon père, s'ils s'y engagent, ils risquent de se casser les jambes.

— Non! tous les trois sont fort adroits, et Scabieuse est prudent. S'il ne se retrouve pas avant la fin du jour, il s'arrêtera et campera dans la forêt.

— Mon Dieu! mon Dieu! ce serait terrible! Papa, attendons-les, et partageons leurs ennuis.

— Non, mon enfant. Ta santé est plus délicate que la leur; et ta mère serait dans les plus mortelles angoisses si elle ne nous voyait rentrer ni les uns ni les autres.

Ils furent pendant longtemps encore dans la coulière; puis ils trouvèrent un bon chemin, qui les conduisit au châlet Robert.

Le châlet Robert est célèbre dans le pays par la patte d'ours saignante peinte sur son enseigne, et par l'inscription qui l'accompagne: *„En 1700 Louis Robert, dans une lutte corps à cor tua le dernier ours du Creux du Van.“*

— Ainsi, Marie, dit Bravandas, tes frères et Scabieuse n'ont à craindre aucune bête féroce.

Dans le voisinage de la Fontaine Froide, Scabieuse et ses jeunes compagnons avaient cru découvrir un autre sentier. Ils s'y étaient engagés, pour voir s'il était praticable, puis avaient pénétré sous des ombrages tellement épais que le jour manquait presque absolument. Ce fut précisément à cet endroit que la voie devint tout à fait indécise et parut se bifurquer. Ils se lancèrent, un peu trop vivement, dans la direction qui leur parut la mieux orientée vers leur but. Mais, au bout d'une cinquantaine de pas, ils se trouvèrent dans une véritable impasse.

— Revenons sur nos pas, dit Scabieuse.

La chose n'était pas facile.

A la bifurcation, il se trompa, et prit le chemin qu'il n'avait pas suivi. Les trois amis marchèrent pendant assez longtemps; puis, une ombre qui n'était plus celle des arbres, mais qui venait de la montagne, commença à leur cacher les détours du sentier et les détails de la végétation.

Scabieuse s'arrêta.

— Mes enfants, dit-il, nous sommes égarés. Je vous ai mal dirigés. Votre père et votre sœur doivent être bien malheureux de notre absence prolongée.

— Voici la nuit! s'écria Pierre avec effroi.

A douze ans, il est bien permis de n'avoir pas le cœur très ferme.

— Le soleil n'est pas encore couché, répliqua Scabieuse, mais les sommets qui nous environnent de toutes parts nous interceptent ses derniers rayons. Nous avons une heure à jouir de ce crépuscule. Profitons-en pour marcher résolument. Mais ne comptons pas rattraper votre père.

Au bout d'une heure, ils ne s'étaient pas retrouvés, et la nuit était bien réelle. Il devenait impossible de poursuivre une marche au hasard dans cette forêt remplie de pentes et de fondrières.

Nos égarés se trouvaient précisément au centre d'une clairière où naguère des bûcherons avaient dressé leurs tas de bois. Elle était couverte d'un amoncellement considérable d'écorces sèches.

— Arrêtons-nous là, mes amis, dit Scabieuse. Il faut nous résigner à passer la nuit à la belle étoile. Voyons, ajouta-t-il, en entendant Pierre soupirer douloureusement, le mal n'est pas grand, n'est-ce pas, Julien ?

Celui-ci, en effet, montrait par son allure que l'aventure était assez de son goût.

— Nous serons gelés, grommela Pierre.

— Non, mon petit : nous ferons du feu.

— Pas à cette place, nous incendierions la forêt.

— Sois tranquille. Tiens, voici un large bloc de rocher qui affleure. Nous le gratterons, et il nous servira d'âtre. Le bois mort ne manque pas. Notre flambée sera superbe. Quant à ces belles écorces, elles nous fourniront un lit pas beaucoup plus dur que nos hamacs.

— Bon ! mais nous mourrons de faim.

— Allons ! pessimiste ! travaille au lieu de t'inquiéter. Tout à l'heure, lorsque la nuit sera opaque, nous ne saurons même plus où trouver de quoi allumer notre feu. Tandis que Julien va ramasser le bois nécessaire, nous autres, avec nos piochons, débarrassons la pierre de la mousse et des détritus qui y entretiennent une humidité nuisible. Les bûcherons et autres habitués des forêts ne prennent pas ces précautions ; mais nous qui avons quelquefois bien de la peine à faire prendre dans un bon réchaud de bon charbon de bois, nous ne saurions préparer la chose avec trop de soin.

Au bout de quelques instants, le feu éclatait joyeusement, d'abord avec de gros nuages de fumée et des craquements terribles, ensuite avec des flammes claires et des myriades d'étincelles.

— Continuons notre œuvre, maintenant ; ce que Julien nous a apporté de bois durera bien un quart d'heure. Et il en faut pour la nuit entière. Notre brasier éclaire violemment tout ce qui l'environne, et ses lueurs vont se perdre loin sous les branches ; nous pouvons donc nous écarter, et travailler dans un assez grand rayon.

Les égarés firent une provision à chauffer un petit ménage pendant tout un hiver. Un arbre énorme, jeté par terre par une tempête, fut dépouillé de la moitié de ses grosses branches cassées dans sa chute. Scabieuse, aidé des deux enfants, avait peine à en porter une seule.

La sueur leur coulait du front. Et quand ils approchaient du foyer, ils trouvaient la chaleur tellement insupportable qu'ils s'éloignaient aussitôt.

— Dans les pays où l'on craint les bêtes féroces, dit Scabieuse, les voyageurs se chauffent et se sauvegardent, en se plaçant au centre d'un cercle de feux qui met entre eux et les animaux nocturnes une barrière infranchissable. Ici, nous sommes en pays paisible et sûr. Seulement notre vaste foyer aura l'inconvénient de nous brûler la figure, tandis que rien ne nous protégera le dos contre la bise. Ah! une idée. Nous allons rapprocher notre tas de bois, le disposer convenablement, nous en faire un abri. Nous nous étendrons sur de bonnes écorces, et nous ne serons pas trop à plaindre.

— Oui, Scabieuse, vous nous donnez de l'ouvrage, et vous nous promettez du repos. Mais vous ne nous nourrissez pas.

— Incrédule!... Je suis persuadé, moi, que dans la forêt, toute pleine de bêtes et de plantes, les ressources ne nous manqueront pas.

Les trois amis, cependant, étaient épuisés de fatigue. Ils se laissèrent tomber avec un grand ouf! sur leur rude matelas. Scabieuse se mit à chercher dans sa gibecière.

— Voyons d'abord si nous n'avons rien oublié là dedans. A midi, nous nagions dans l'abondance, et peut-être n'avons nous pas songé à vider tout le sac.

Fig. 357. — Coudrier (Pag. 210).

Eureka! voici un morceau de pain. Ah! ça, qui donc l'a glissé là?

— Moi, répondit Julien. Voyant que ce croûton restait sur la table, je vous en ai chargé, à votre insu, comptant le reprendre au goûter. Puis les charmes, les émotions de la route me l'ont fait oublier.

— Il n'est pas gros, ton croûton, remarqua Pierre.

— Il nous préservera tout de même des crampes d'estomac. Le fond de la gibecière nous réserve peut-être encore quelque surprise.

Il retira lentement les serviettes et les secoua avec précaution. Mais, hélas! il n'en tomba que quelques miettes et un petit papier blanc, que Pierre développa et qui contenait du sel.

— Joli renfort à notre dîner!

— Cruelle ironie!

— Ne vous plaignez pas, mes petits, je vais vous cueillir des noisettes. J'aperçois un coudrier qui en est chargé. Victoire! voilà au moins une demi-douzaine d'agarics comestibles.

Et Scabieuse allait des champignons aux vertes noisettes avec un empressement rempli de bonne humeur, déposant sa moisson dans son vaste mouchoir.

La perspective de ne pas dîner abaissait tellement le moral des deux enfants qu'ils demeuraient apathiques. Songez donc! ça ne leur était jamais arrivé de se coucher sans s'être restaurés avec une bonne soupe brûlante, un rôti quelconque, des légumes selon la saison et un dessert plus ou moins varié. Et les 200 grammes de pain qu'ils contemplaient sur la serviette leur semblaient aussi peu que rien.

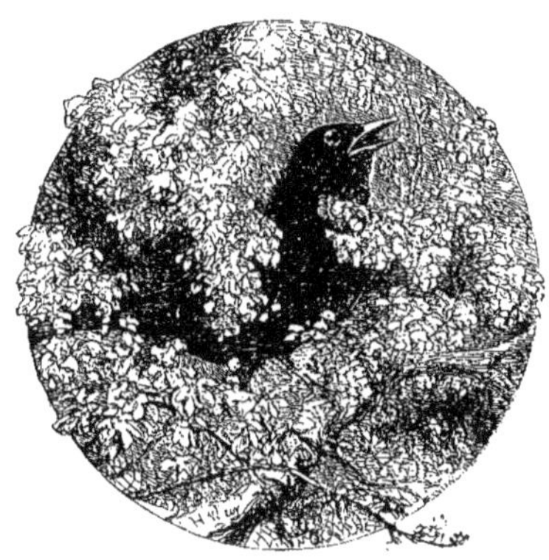

Fig. 358. — Merle (Pag. 210).

Cependant le feu mettait un singulier émoi dans tout le petit monde grouillant, ailé, à demi invisible de la forêt. Des myriades d'animalcules furent misérablement grillés, ainsi que plusieurs douzaines de limaces, escargots, coléoptères, hémiptères, etc., etc. Désastre bien insignifiant pour la grande abondance de la nature, et dont les obscures victimes souffrirent silencieusement. Dans les airs, au contraire, une gent très bruyante se plaignait vivement de l'incommodité que lui causaient la lumière, la chaleur et la fumée. C'étaient les oiseaux des arbres voisins fort désagréablement réveillés. Des merles, des geais, des pies s'enfuyaient en criant vers les profondeurs inviolées de la nuit; mais là, se heurtant aux branches, ne trouvant dans l'épaisse obscurité nulle place favorable pour dormir, ils revenaient vers la partie éclairée, effrayés, indignés, reculaient encore, puis finissaient par trouver, derrière une feuille, assez d'ombre pour oser remettre leur tête sous leur aile, et se rendormaient, peut-être avec des rêves agités.

Parmi le concert des hôtes des bois, l'oreille exercée de Scabieuse avait distingué la note d'un beau volatile succulent à la broche. Et dans son esprit fertile une idée superbe naquit et grandit en quelques minutes.

— Enfants, dit-il, si nous déployons de l'adresse et de la dextérité, nous aurons pour dîner autre chose que des noisettes. Ne bougez pas, et faites silence.

Les garçons, très intrigués, mais très désireux de goûter de la chair fraîche, s'abstenaient de toute question.

Au bout d'un quart d'heure, Scabieuse se leva, prit une grosse et longue branche bien enflammée à l'un de ses bouts et murmura :

— Attendez-moi !

Ils le virent s'avancer lentement entre les arbres. La lueur, après avoir brillé quelques instants à travers les rameaux, disparut tout à fait. Puis des cris désespérés d'oiseau annoncèrent une lutte et probablement une capture.

Le cœur des deux enfants battait violemment. Ils se regardèrent et se mirent à rire ; ils étaient pâles tous les deux. Cette attente, l'immensité au milieu de laquelle eux, tout petits, se trouvaient perdus, un peu de défaillance d'estomac, la voix stridente de la bête à l'agonie, tout cela leur portait sur les nerfs, et ils poussèrent

Fig. — 359. Geai (Pag. 210).

un cri de soulagement et de joie lorsque Scabieuse reparut. Il tenait par le cou un bel oiseau inanimé.

— Pierre, reconnais-tu cette bête ?

— Un instant, mon ami, c'est... c'est... ma foi, je n'en sais rien.

— Tiens, regarde-la bien en m'aidant à la plumer. Elle est à peu près de la taille du faisan. Son plumage est noir, avec de beaux reflets bleus, que tu ne distingues pas bien à la lueur trouble de notre feu ; l'aile, la gorge sont marquées de blanc. Une bande sourcillère écarlate donne à l'oiseau vivant un aspect des plus fiers. La tête est jolie, bien garnie. Nous avons affaire à un mâle, car la femelle est autrement vêtue, d'un manteau strié qui rappelle celui de la faisane. Tout le corps de l'animal est ramassé ; ses pattes sont courtes, munies de doigts forts. Son bec pourrait le faire prendre par un ignorant pour un oiseau de proie, car il est recourbé dès sa base et extrêmement tranchant... Mais jeune naturaliste, à l'esprit lent, avant d'enlever brutalement les rectrices de cette belle queue, considère donc qu'elle simule une sorte de lyre, blanche à sa base. Enfin, puisque tu ne devines pas, je te dirai que cette espèce, extrêmement rare en France et qui ne se rencontre plus guère que dans ces montagnes-ci, est le petit...

Fig. 360. — 1. Pie. 2. Frayonne. 3. Choucas (Pag. 210).

— Coq de bruyère, s'écria l'enfant, subitement illuminé.

— A la bonne heure.

— Mais dites-moi donc, Scabieuse, comment vous l'avez pris.

— En traître, mon ami. C'est, comme tu le sais, un oiseau très sauvage et que l'homme ne peut approcher qu'au printemps, lorsqu'il entonne son chant de noces, dont il se grise au point d'oublier tout danger. La nuit, la pauvre bête n'a ordinairement à redouter que le grand-duc, également habitué de ces parages. Et comme elle comptait sans moi, elle fut bien stupéfaite de voir mon falot devant ses yeux. Stupéfaite n'est pas assez dire : elle était étourdie, assommée, hypnotisée de la brusque lumière, et elle restait sur son tronc d'arbre abattu, tendant le cou, sans faire d'autre mouvement. Comme ma branche était à peu près consumée et que j'allais me brûler les doigts, je saisis mon coq par le cou, sans étudier plus long-temps son trouble, et je laissai tomber mon tison. Alors il recouvra la force, me battit de ses ailes, m'égratigna de ses ongles; je faillis le laisser échapper, et il poussa des gémissements épouvantables, pendant que je le retenais par une seule aile. Je mis fin à son agonie en l'étranglant. Dans

Fig 361. — Coq de Bruyère (Pag. 212).

certains pays on chasse ainsi le faisan à la lumière, et c'est ce qui m'a donné l'idée du bon tour que je viens d'exécuter.

— N'y a-t-il pas un autre coq de bruyère?

— Oui, le grand, une espèce qui, je le crois, a totalement disparu de France, et qui est de beaucoup supérieure à celle-ci en volume, mais non en délicatesse de chair. L'un et l'autre, pour être très tendres, ont besoin d'être faisandés. Mais, nous autres, avec nos bonnes dents, notre estomac solide, notre faim canine, nous trouverons le rôti parfait sans cette prépa-ration. Celui-ci est très gras. Il se trouvait en pays de cocagne, ayant à profusion les framboises et les myrtilles qu'il adore.

— Mais, dit Julien, au printemps et pendant l'hiver, de quoi vivent les coqs de bruyère?

— De tout, car ils sont omnivores. Le printemps leur fournit des in-sectes et l'hiver des graines de sapin, des chatons de bouleau et différentes herbes. Mais c'est la myrtille qui donne à leur chair sa plus exquise qua-lité. Et maintenant, tandis que je vais débarrasser mon gibier de ses vis-cères désormais inutiles, vous allez, mes enfants, me préparer la broche.

— ? ?

— Oui, une longue branche de sapin mort; vous la gratterez, lui don-nerez le diamètre convenable, lui taillerez une bonne pointe. Puis vous ficherez en terre deux fourches qui serviront de supports.

Une heure après, les trois amis savouraient le rôti si savamment conquis. Il était un peu brûlé par places, pas assez cuit ailleurs. Mais la pincée de sel faisait passer sur toutes ces imperfections, et le coq fut mangé jusqu'aux os (exclusivement). On l'avait arrosé de l'eau d'un ruis-seau, dont on eut bien soin de vérifier la pureté.

Fig. 302.
Perce-Oreilles (Pag. 214).

Les enfants, l'estomac satisfait, se disposaient à goûter un sommeil réparateur en s'étendant sur leurs écorces, lorsqu'ils se redressèrent, avec assez de pré-cipitation.

— Des perce-oreilles, s'écria Julien.

— Ne crains rien, ces orthoptères n'ont nulle envie de s'introduire dans ton crâne par ton conduit auditif, comme le veulent leur nom et la super-stition populaire.

— Ils sont pourtant bien menaçants avec les pinces portées sur leur abdomen redressé.

— Arme peu redoutable; les perce-oreilles n'en veulent qu'aux sub-stances végétales.

Pierre, qui tombait de sommeil, examinait pourtant avec attention l'in-secte.

— On dirait un coléoptère, à voir ses ailes antérieures, dit-il. Ce sont de véritables petites élytres, courtes comme celles des staphylins, et elles ne se croisent point, ainsi que cela se voit chez les autres orthoptères.

— Orthoptères et coléoptères ont, en effet, de grands points de res-semblance. Les pièces buccales des deux ordres sont libres et puissantes, convenant à des insectes masticateurs ou broyeurs. Quant aux ailes, les antérieures croisent l'une sur l'autre pendant le repos, excepté chez les forficules: vois ton perce-oreilles, il ne présente pas cette disposition.

Quant à ses ailes postérieures, elles sont charmantes: membraneuses, avec leurs grandes nervures noires, elles se plient longitudinalement à la manière d'un éventail pour se placer sous les élytres.

— Les perce-oreilles subissent-ils des métamorphoses?

— Pas précisément; ils sortent de l'œuf, comme tous les orthoptères, dans un état à peu près voisin de l'état adulte; ils subissent des mues; mais, dans le cours de leur existence, n'ont pas de périodes d'inactivité.

Julien se rendormait au cours de la dissertation, lorsqu'il se réveilla en sursaut, enlevant de dessus son nez une grosse vilaine bête, gigotant d'une centaines de pattes.

— Un jule! s'écria Pierre en riant.

— C'est horrible, dit Julien. Nous allons être dévorés vivants.

— Non. Ces pauvres bêtes sont dans l'émoi de leur déménagement causé par le voisinage du feu. Ton myriapode ne vit que dans la terre humide. Il est fou de terreur et de désolation.

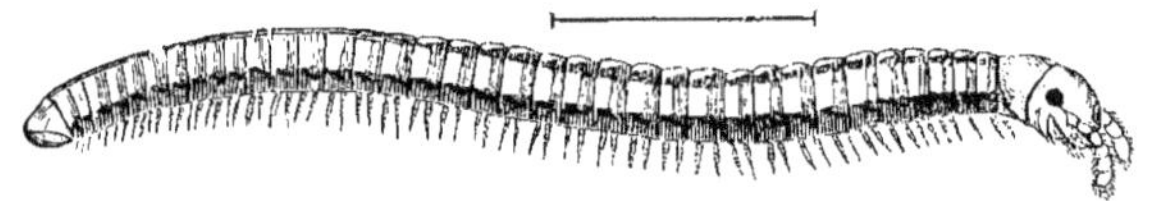

Fig. 363. — Jule (Pag. 215).

— Scabieuse, étudions-le. Je ne veux pas dormir.

— Alors ne m'écoute pas.

— Oh! Scabieuse!!

— Nous disons donc que le jule ou iule fait partie de la classe peu riche en espèces des myriapodes. Il a une tête, suivie de nombreux anneaux portant chacun deux paires de pattes! Il est né avec trois paires de pattes en tout, et son développement s'est fait par l'addition successive d'anneaux. Par conséquent, le myriapode arrive à l'état adulte d'une manière inverse de celle qu'on observe chez les insectes, dont la larve a de nombreux anneaux qui, en se soudant, semblent avoir disparu pour l'état adulte. Maintenant vous pouvez constater par vous-mêmes que le long corps du iule est cylindrique, sa surface lisse et luisante; que ses anneaux sont d'un noir bleu, avec des bords jaunâtres. Dans l'Amérique du Sud, il y a des iules de 40 centimètres de long.

— Combien j'ai la tête lourde!

Voyons, cherche une bonne place et dors!

— Une légion de cloportes! des araignées!

— Bonne affaire pour notre collection. Ces formes bouchent des trous que nous n'avions pas encore songé à remplir. Je gage, Julien, que tu ne saurais où classer le cloporte.

— C'est un insecte, parbleu!

Fig. 364. — Cloportes (Pag. 216).

— Les insectes n'ont que six pattes, le cloporte en a quatorze!

— Le cloporte est un crustacé, dit Pierre.

— Un animal terrestre!

— Oui, c'est une exception, en effet, parmi les crustacés.

— Au Brésil, il y a des crabes terrestres.

— Les cloportes, cependant, ont besoin d'humidité pour vivre, et il y en a de marins. Ils appartiennent à l'ordre des édriophthalmes, caractérisé par l'absence de carapace, par des yeux sessiles, par sept paires de pattes ambulatoires; — et à la section des isopodes, parce que leurs appendices de l'abdomen sont propres à la respiration.

— Et qu'est-ce que ces espèces d'araignées?

— Celle-ci qui a le céphalothorax et les pattes rouges, et l'abdomen d'un blanc laiteux est la *dysdera erythrina*. Elle fait son nid sous les pierres, au voisinage des fourmilières dont elle est une ennemie acharnée. Voici une drasse: je la reconnais à son corps brillant; elle niche aussi sous les pierres, sous les tas de bois, tels que celui-ci, et s'y construit une tente soyeuse. La clubione que tu me montres, a pour logement une coque de soie blanche établie sous les pierres, sous les écorces, entre les feuilles des plantes. Oh! combien splendide est cette autre, l'épeire diadème, dont l'abdomen rosé est couvert de délicats ornements. C'est une fileuse très savante, qui ne s'installe pas à terre, mais entre

Fig. 365.
Clubione (Pag. 216).

les branchages. Les drassides et les épéirides ont huit yeux, la dysdère en a six seulement.

— Vilaines bêtes en somme que ces insectes.

— Mais, mon ami Julien, tu fais bien étendue la classe des insectes. Les arachnides en forment une, bien distincte, dont l'ordre le plus intéressant est celui des aranéides. En outre, ce ne sont pas de vilaines bêtes. Leurs mœurs sont des plus curieuses, et dans leurs travaux elles font preuve d'intelligence. Leur régime n'a rien de répugnant, puisqu'elles ne se nourrissent que de proies vivantes. Voici les caractères des arachnides qui s'appliquent aux araignées : tête et thorax confondus, pattes ambulatoires au nombre de huit, bouche armée antérieurement d'une paire de pinces et pourvues d'un crochet à venin, et sur les côtés de palpes maxillaires également terminées par un crochet. Les araignées, ainsi que les scorpions, sont des arachnides pulmonaires : leur respiration, en effet, s'effectue par des sacs analogues à des poumons. Les organes producteurs de la soie sont des glandes, dont les conduits débouchent à l'extrémité des filières,

Fig. 366. — Épéire (Pag. 216).

petits tuyaux aboutissant, par des orifices microscopiques, à la partie inférieure de l'abdomen. Le fil de l'araignée, déjà si fin, est lui-même composé d'une multitude de fils.

C'en était trop : cette fois Julien dormait, et solidement. Pierre ne tarda pas à l'imiter. Scabieuse, lui, resta éveillé, pour garder ces deux enfants qui, frileux maintenant, s'étaient autant que possible rapprochés du brasier.

Au bout de quelques instants il se laissait envahir par la poésie de la noire forêt. Et son esprit si supérieur, si fin, si mélancolique, si habile à saisir le sens de la nature, se mettait aux écoutes, avide des mystères qu'il devinait autour de lui.

Il lui semblait que la clairière se rétrécissait, que les arbres dont les formes bizarres dansaient à la lueur du foyer, avançaient vers lui leurs bras démesurés, marchaient sur leurs racines noueuses, sorties de terre avec des allures de pattes et de griffes, des contorsions et des enroulements de serpents...

Pour mieux percevoir les phénomènes nocturnes, Scabieuse tournait le dos à son feu. A quelques pas du cercle lumineux, des rochers moussus, blocs énormes entassés les uns sur les autres, décomposés à leur surface, nourrissaient une humide légion de cryptogames de toutes sortes: peuple immense, ayant pour rois les champignons phosphorescents, dont l'incertaine lueur bleue flottait dans le chaos sinistre des pierres et des broussailles. Feux follets, propres à troubler une âme moins juste, à évoquer l'idée de la sorcière qui devait trouver là un piédestal digne de ses enchantements.

Scabieuse oubliait d'alimenter son foyer, qui pâlissait; et plus grande devenait la sécurité des chasseurs nocturnes, se glissant silencieux comme des ombres vers les retraites de leurs proies endormies.

Aussi le grand repos de la nature n'était-il qu'apparent; les drames lugubres qui se jouaient parmi les herbes odoriférantes, sur les branches écailleuses des sapins, sous l'abri touffu des hêtres, étaient de loin en loin attestés par la plainte stridente d'un gallinacé surpris par l'aboiement court d'un jeune renard, par le cri lugubre, abominable, de ce terrible rapace qu'on appelle le grand-duc.

Scabieuse frissonne à cette voix lamentable qui va troubler le sommeil des rouges-gorges, des merles, des rossignols, inquiéter dans ses rêves jusqu'au faucon lui-même. Oui, le grand-duc habite encore le Jura, vrai pays de cocagne pour les gros mangeurs, chargés de famille, comme lui. Il y trouve des rochers pour lui servir de repaire, assez d'ombre pour vivre en paix, même au milieu du jour, assez de solitude pour digérer tout au long ses lourdes proies. Le chasseur reconnaît son gîte à la présence des vilaines boulettes de poils, de plumes, d'os qu'il vomit après ses repas, afin de débarrasser son estomac, moins solide que celui du coq ou de l'autruche. Avec son bec tranchant, ses serres acérées, ce rapace n'a à redouter que l'aigle et l'homme. Hors ces deux ennemis, rares tous les deux dans la région, le grand-duc ne trouve que des victimes parmi les créatures vivantes, dignes de son vaste bec. Le lapin, le lièvre, les gracieux chanteurs des bois, aussi bien que les rapaces ses voisins, tombent sous sa patte pleine de traîtrise qui, dans une merveilleuse manchette, faite de plumes de soie, cache une griffe terrible, prête à devenir *étau* pour retenir et déchirer la proie qui se débat.

— Ah! pense Scabieuse, comme je voudrais tenir l'assassin, tourner sa face diabolique vers le foyer, et jouir de ses grimaces.

A force de tout sonder, les yeux du naturaliste deviennent aussi pénétrants que ceux du lynx, et satisfont sa curiosité. D'abord, il a l'idée que quelque chose d'énorme vient de planer sur lui, il a senti sur sa tête un souffle qui n'est point celui du vent, et qui semble provenir de grandes

Fig. 367. — Le Grand-Duc (Pag. 218).

ailes. Mais les ailes font du bruit... Non celles des oiseaux de nuit, toutes composées de petites plumes douces. Décidément, un de ces rapaces habite ou explore le voisinage... Scabieuse interroge les arbres, et finit par découvrir... un fantôme ailé, qui n'a pas mine d'oiseau, vraie caricature de la figure humaine, dont les yeux, aux pupilles énormes, semblent vides de prunelle, dont la tête est surmontée par des oreilles de chat... C'était bien un grand-duc. Son corps massif paraissait assis dans sa robe emplumée, brune avec des stries et des mouchetures plus sombres. Sans remuer le tronc, il décrivait avec sa tête un cercle presque complet, ce qui lui donnait l'aspect le plus étrange qu'on pût se figurer. Lorsque ses yeux se trouvaient dans la direction du foyer, il grimaçait épouvantablement, en prenant de ridicules expressions, qui exprimaient la désagréable sensation perçue par sa rétine trop sensible. Cet œil énorme, fait pour recueillir les moindres clartés de la nuit, ne supporte pas, sans être ébloui, celles qui émanent du soleil ou d'un flambeau. Et vraiment le feu des promeneurs rendait fou le vilain oiseau. N'ayant jamais aperçu rien de pareil, il se figurait, peut-être, que le soleil, ce gêneur, venait de descendre sur la terre pour taquiner l'espèce des grands-ducs.

— Attends! que je t'attrape, grommela Scabieuse.

Il se levait à demi; mais la prudence, qui lui dépeignait le bec et les serres de l'animal, le rendait lent. De sorte que le grand-duc eut le temps de s'envoler, ce que Scabieuse ne vit pas avec trop d'ennui.

Tout retomba dans le silence et l'immobilité. Fatigué d'être assis, Scabieuse s'étendit à son tour sur le lit d'écorces. C'est alors qu'il remarqua l'immense quantité de papillons dont le sol était jonché. Les pauvres insectes, habitués du crépuscule, mais amoureux (ou affolés?) de la lumière, s'étaient trop approchés du bûcher, puis, les ailes brûlées, étaient retombés sur le sol, pareils à des larves difformes.

Qu'est-ce encore?... Scabieuse prête l'oreille, attentif à un bruit très faible et très doux; on dirait celui d'une cloche ou d'un harmonica... Le savant sourit, il a reconnu la note du *crapaud sonneur*, solitaire qui charme sa retraite avec une musique monotone et mélancolique.

Ces faibles accents sont bientôt couverts par des accords formidables auxquels ils semblent avoir donné le signal. Quoi de commun cependant entre des chants si différents? L'un, poétique délassement d'un sage, l'autre, clameur belliqueuse, éclatante, digne d'une légion de bêtes féroces, de fantastiques troupeaux lancés à la poursuite d'un mortel ennemi. Ce sont des grenouilles qui coassent. Elles font bruire les échos de la forêt, mais laissent en paix les petites bêtes de poil et de plume, habituées à la sauvage manifestation de bavardes sans fiel et sans défense.

O magnifiques grenouilles, toutes gonflées de vent, vous réveillez l'appétit d'un tas de carnassiers aquatiques friands de vos blanches chairs, et vous faites naître en l'esprit de Scabieuse une terrible idée. Taisez-vous donc!... Mais non! Comment ne pas chanter la tiède nuit étoilée, le calme d'une nature probablement recueillie pour vous écouter, la mare couverte de lentilles d'eau, pleine de massettes, de charas, de potamots, de renoncules d'eau, — fangeuse et verdoyante forêt, où pullulent, comme un gibier de haute seigneurie, les larves de cousins, d'éphémères, de libellules, les hydres, les *Gyrinus natator*, les ranâtres, aux noms barbares. Comment ne pas chanter, lorsque ces exquises créations, faites pour votre usage, vous emplissent d'inspirations aussi hautes que celles dont dut frémir

Fig. 368 et 369. — Grenouille et Crapaud (Pag. 220).

le divin Homère, lorsqu'il chanta la gloire et les malheurs de la gent batracienne ?

Certes, les heures passèrent vite pour Scabieuse. Et, quand l'aube effaça du firmament, sous sa triste blancheur, les étoiles resplendissantes, quand, se levant pour se dégourdir, et rendre à ses genoux un peu de souplesse, il sentit sur son cou le petit vent aigu du matin, il trouva le jour naissant moins superbe que la nuit profonde. Tout lui paraissait triste et mort. Les bêtes nocturnes étaient rentrées en leurs trous, et les bêtes du

jour, encore dans le leur, semblaient tarder à s'éveiller. Mais cette mauvaise impression de Scabieuse ne dura pas longtemps, non plus que la
paresse des petits oiseaux. Des notes aiguës sortent bientôt de toutes les
branches, des trilles étourdissants s'élancent de tous les sommets, des rou-
coulements appellent et répondent, des fanfares achèvent d'exciter les plus
nonchalants. Tous les ramages font tapage.

Avant d'appeler les enfants qui dorment comme sur de la plume, Scabieuse attend, non pas le soleil, lent à dépasser les montagnes, mais un peu
plus de jour dans ce ciel blafard... Au lieu de la lumière, c'est le brouillard
qui envahit le Creux du Vent. Alors Scabieuse secoue Pierre, appelle Julien
et leur dit :

— Ouvrez les yeux, mais restez sur le dos.

Les dormeurs soulèvent avec peine leurs paupières lourdes, et, ne se
souvenant plus de leur aventure, restent stupéfaits du singulier ciel de lit
qu'ils ont sur la tête. D'épaisses vapeurs glissent le long des rochers arides,
viennent s'accrocher à la cime des grands sapins, tourbillonnent lentement
au centre de la cavité, comme des fumées sur une marmite. Leurs spirales
s'allongent, puis se mêlent. Le nuage devient épais, et petit à petit, descend, emplissant jusqu'au fond le *Creux* de son opacité, faisant autour des
voyageurs une sorte de nuit blanche que, par places, les restes du feu
colorent faiblement.

Un instant muets, Pierre et Julien comprennent leur situation, et le
petit pessimiste s'écrie :

— Nous voilà plus perdus que jamais.

— Oui, mais pas pour longtemps, je l'espère.

Le bizarre phénomène ne tarde pas, en effet, à finir. Les nuées
regrimpent par où elles sont descendues sur les arbres, sur les rochers, sur
les couches aériennes. Les trois amis sont libres.

— Scabieuse, ferons-nous à jeun cette longue route ?

— Non ! mes petits. Votre maître d'hôtel vous offre des grenouilles à
la brochette.

— Des grenouilles !... Pourquoi pas des serpents ?

— Nous n'en trouverions pas en quantité suffisante, et la cuisinière
bourgeoise ne donne pas d'indications sur l'art de les accommoder.

— Tandis qu'elle n'en donne pas non plus sur celui d'empoisonner les
gens avec des grenouilles.

— Si fait ! Comment, ignorants, n'avez-vous pas remarqué à la halle
de ces batraciens, enfilés en chapelets, dépouillés, prêts à être accommodés
à la poulette ?

— Tiens, c'est vrai, nous avons aperçu une marchandise qui ressemblait vaguement à ce que vous dites.

—· L'assaisonnement à la poulette consiste en vin blanc, beurre, farine,
sel, poivre, jaune d'œuf, toutes choses dont la plupart nous manquent.
Nous nous contenterons donc de faire rôtir nos grenouilles, et de les
saupoudrer de sel... Bigre! le feu qui tombe, ranimez-le !...

— Et les grenouilles, Scabieuse ? Les grenouilles!

— Tout près d'ici, toute une colonie. Elles ont fait la nuit un vacarme
épouvantable, et il faut que votre sommeil soit aussi dur que votre tête,

Fig. 370. — Libellules (Pag. 224).

pour que vous ne les ayez point entendues. Julien, occupe-toi du feu. Pierre,
viens avec moi dénicher le gibier. Je sais la direction de son gîte.

Il y avait une grande mare à vingt pas. Scabieuse prit le filet qui lui
servait pour le surcroît d'échantillons qu'il récoltait dans ses courses, et
avec quatre roseaux le maintint ouvert. Pierre se contenta de ses mains
agiles. Malgré leurs sauts, les grenouilles sont des animaux maladroits.
Une cinquantaine se laissa attraper en moins d'un quart d'heure.

Avec elles on avait recueilli nombre de bêtes intéressantes, non pour la
cuisine, mais pour la collection, et pendant la pêche les explications
n'avaient pas manqué :

Une larve de cloé bioculée fut saisie par un hasard très heureux, car

cette bestiole nage avec une vélocité extrême, pour échapper à ses ennemis et attraper les proies vivantes dont elle se nourrit. On admira son
corps frêle, presque diaphane. Scabieuse attira l'attention sur ses branchies en lamelles, ses pattes grêles et les appendices abdominaux larges et
frangés, qui lui servent de rame.

— La cloé bioculée, dit-il, est un névroptère de la famille des éphémères. A l'état adulte, c'est un insecte au thorax fauve et aux ailes trans-

Fig. 371. — Éphémères (Pag. 224).

parentes et incolores; chez les mâles les yeux sont partagés en deux, de
manière à paraître doubles de chaque côté de la tête.

Le plus beau type des névroptères, c'est celui des libellules. Pour leur
forme élancée et élégante, leur riche parure de gaze et de couleurs éclatantes, on les appelle des demoiselles. Pierre en captura plusieurs de deux
espèces différentes. On constata sur elles sans difficulté les caractères de
leur ordre: quatre longues ailes, nues, membraneuses, prodigieusement
réticulées, des pattes grêles, des pièces buccales libres, fort meurtrières
dans l'espèce qui se nourrit de mouches et de papillons, car les mandibules
ont des dents acérées, des mâchoires fortes, une lèvre inférieure large,
des palpes courtes et épaisses. En outre, les libellules ont une grosse tête, de

grands yeux, de petites antennes, des appendices au bout de leur abdomen. Scabieuse donna sur la famille des détails intéressants : les femelles laissent tomber leurs œufs dans l'eau, des larves massi-ves à la tête aplatie, à la démarche lente, en sor-tent. Très carnassières, elles attendent sans bou-ger leur proie, presque toujours très agile, et la saisissent avec leurs pal-pes, disposées en pince, et qui, au bon moment, s'allongent avec la force et la rapidité d'un res-

Fig. 372. — Hydrophile (Pag. 225).

sort. Elles respirent d'une façon très curieuse : elles font entrer une masse d'eau dans leur gros intestin, muni des ramifications d'une multitude de trachées qui s'emparent de l'air dissous dans l'eau. Et ces larves, si lentes, pour se dérober à un ennemi, expulsent violemment l'eau contenue dans leur rectum, ce qui les projette en avant d'une façon subite et imprévue pour le chasseur qui les guette.

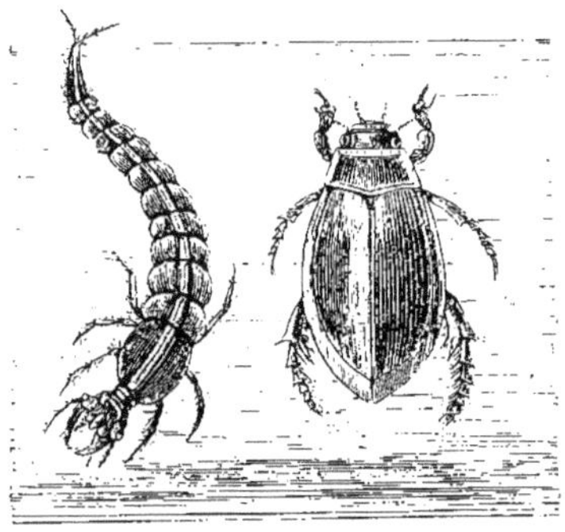

Fig. 373 et 374. — Dytique bordé et sa Larve (Pag. 225).

— Ce sont des bêtes, observa Ju-lien, qui mangent et fuient par des artifices.

— Pour se transformer, la libel-lule sort de l'eau, s'accroche au bord du rivage, sa peau se dessèche, se fend, et l'insecte parfait s'envole.

On ramassa une grenouille à moi-tié dévorée par un dytique, gros co-léoptère qui, accroché à son dos par ses puissantes mandibules, ne lâcha pas prise, lorsque sa proie fut aux mains de Scabieuse.

Autre coléoptère : l'hydrophile brun, long de six centimètres, d'un noir olivâtre, nageant à l'aide de ses pattes postérieures, véritables petites rames. De la pointe aiguë, qu'il porte sous le thorax, dirigée en arrière, il blessa Julien qui le prit sans précaution. Scabieuse pressa la piqûre, la lava, et dit :

— Ne t'inquiète pas. D'ailleurs ton insecte est fort intéressant, parce que la femelle entoure ses œufs d'un cocon soyeux ; seule, parmi les coléop·tères elle a ce talent.

— Des argyronètes aquatiques! Tâchons de découvrir leurs demeures!

— Ces araignées noires et poilues ?

— Oui, vivant dans les eaux, il leur faut, à cause de leurs poumons, respirer dans l'air. Que font-elles? elles se construisent une cloche à plon·

Fig. 375. — Argyronètes et leurs Nids (Pag. 226).

geur. J'ai lu, dans un livre de M. Emile Blanchard, la façon dont elles pro·cèdent, car je n'ai pas eu par moi-même l'avantage de les voir travailler:

„L'argyronète plonge rapidement, la tête en bas, entraînant avec le duvet qui la recouvre une certaine quantité d'air attachée à la surface de son corps comme un vêtement d'argent. Se plaçant sous quelque enchevêtre·ment de tiges, et frottant rapidement son corps avec ses pattes, elle détache les petites bulles d'air, qui se réunissent en une masse retenue par les plantes. Elle remonte à la surface, et recommence jusqu'à ce que la masse d'air soit un peu considérable. Alors elle emprisonne cet air dans un réseau de fils qui, peu à peu, devient un tissu fin et serré. Des cordages, fixés aux plantes ou aux pierres, maintiennent la cloche. Dans de bonnes conditions, l'araignée lui donne la forme d'un dé à coudre, souvent un peu rétréci par en-bas, de façon à se garantir contre les visites importunes. La cloche achevée, si elle n'est pas suffisamment remplie d'air, l'argyronète s'y prend, pour combler la mesure, comme elle l'avait fait au début de son travail. Le domicile bien établi, son propriétaire s'y blottit et guette les insectes au passage. Le naturaliste de Lignac a vu le mâle construire sa cloche près de celle d'une femelle, établir une galerie pour communiquer avec celle-ci après avoir fait une ouverture dans la paroi."

Enfin, on procéda à la préparation des grenouilles. Tout en les dépouillant et les épluchant, nos gourmets causaient batraciens anoures.

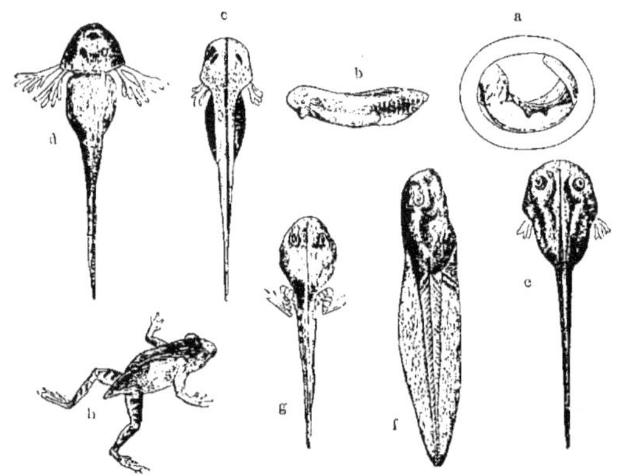

Fig. 376 à 383.   Métamorphoses de la Grenouille (Pag. 227).

a Œuf. — b Embryon artificiellement sorti de l'Œuf. — c Têtard au moment de l'Éclosion. — d Têtard avec les Branchies développées au maximum. — e Têtard dont les Branchies sont en voie de Résorption. — f Têtard dont les Branchies ne sont plus visibles. — g Têtard avec les Pattes postérieures. — h Têtard avec les quatre Pattes et la Queue très diminuée.

— Poissons au sortir de l'œuf, se métamorphosant ensuite pour prendre des pattes et des poumons, tels sont les êtres qui entrent dans cette grande division de la quatrième classe des vertébrés. La *larve* de la grenouille s'appelle le têtard; elle est tout d'une venue, et elle a une queue comprimée en forme de nageoire, elle respire par des branchies, arbuscules rouges placés en arrière, de chaque côté de la tête. Quand les poumons fonctionnent, les branchies s'atrophient.

Et par quoi est produit le coassement des grenouilles?

— Par l'arrivée de l'air dans une paire de poches membraneuses situées près des oreilles.

Les grenouilles furent *épluchées* et enfilées sur une brochette longue et aiguë qu'on posa sur les fourches qui avaient servi à la cuisson du coq de bruyère. On cueillit, mais en abondance cette fois, les agarics entrevus la veille par Scabieuse. C'étaient des *Agarics volemus*, jolis champignons jaune chamois et dont le large chapeau mesure huit à dix centimètres de diamètre. Depuis quelque temps, les voyageurs rencontraient en abondance de ces cryptogames, mais toujours ils étaient tombés sur des espèces vénéneuses. En croquant tout crûs leurs agarics, les enfants interrogèrent Scabieuse sur l'immense légion.

Fig. 384.
Agaric (Pag. 228).

Fig. 385. — Pezize (Pag. 228).

Les champignons, leur dit-il, ont un caractère qui, bien que négatif, est constant et par conséquent infaillible : ils ne contiennent jamais la matière verte respiratoire ou chlorophylle dont on serait tenté de faire l'apanage inévitable du règne végétal tout entier. Cela s'explique d'ailleurs par la condition de parasite à laquelle n'échappe aucun champignon, et qui, le greffant sur d'autres plantes dont il absorbe les sucs tout élaborés le dispense et lui refuse le moyen d'exécuter par lui-même les fonctions physiologiques les plus indispensables aux êtres indépendants.

Le nombre des champignons est immense et très supérieur à celui des végétaux supérieurs dont chacun est assailli par des légions de ces cryptogames. En France seulement on compte plus de six cents agarics, plus de deux cents pezizes, plus de trois cents sphéries, et il n'y a aucune témérité à dire qu'on est bien loin de tout connaître.

Fig. 386.
Sphérie (Pag. 228).

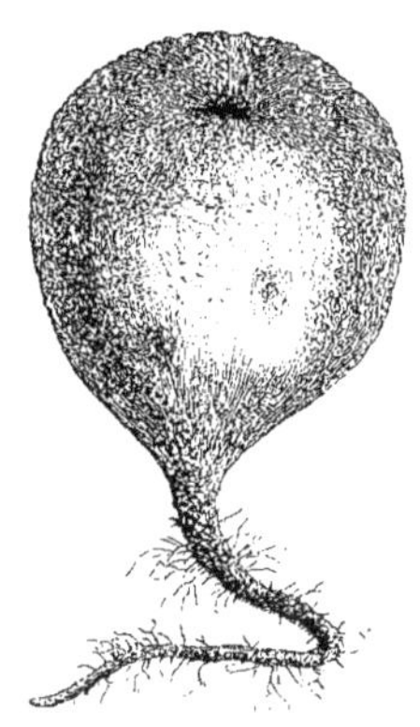

Fig. 387.
Lycoperdon (Pag. 229).

Variées sont les formes des champignons. Le vulgaire champignon de couche, notre agaric, et beaucoup d'autres qui poussent dans les bois, arborent un chapeau en haut d'un pédicule autour duquel s'enroule une manchette plus ou moins appa-

Fig. 388.
Chanterelle (Pag. 229).

rente. Mais la vulgaire vesse de loup, le lycoperdon des botanistes qui se résout quand on le crève en un nuage de poussière, est un champignon presque exactement sphérique. Il y a des champignons en urnes comme la chanterelle, en massues, comme les clavaires, en tubercules, comme la truffe.

Fig. 389. — Clavaire (Pag. 229).

D'autres enfin, plus nombreux encore se montrent comme de petites taches

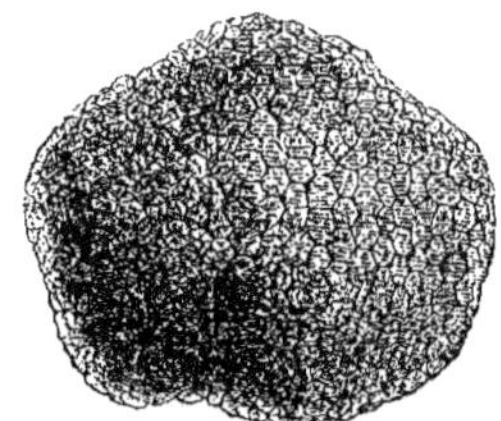
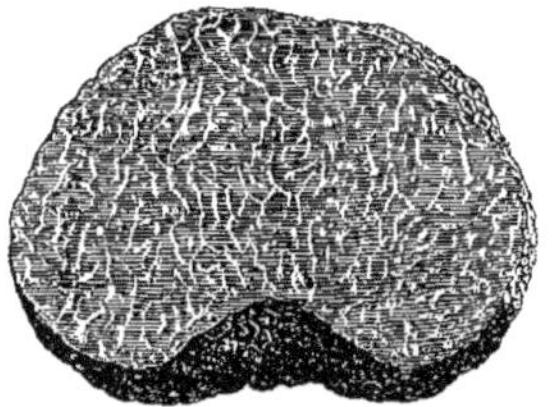

Fig. 390 et 391. — Truffe (Pag. 229).

noires, rouges, grises, jaunes, blanches, à la surface de corps variés et ne révèlent leur élégance qu'à l'œil armé du microscope. Alors c'est un émerveillement sans fin : le pain moisi offre des perspectives et des mystères qui font penser aux forêts vierges du Brésil et qui tiennent dans un millimètre cube.

Le domaine du champignon, c'est toute la terre : depuis le pôle jusqu'à l'équateur; il vit à toutes les altitudes, depuis les bas-fonds de la mer en parasite des algues, jusqu'aux

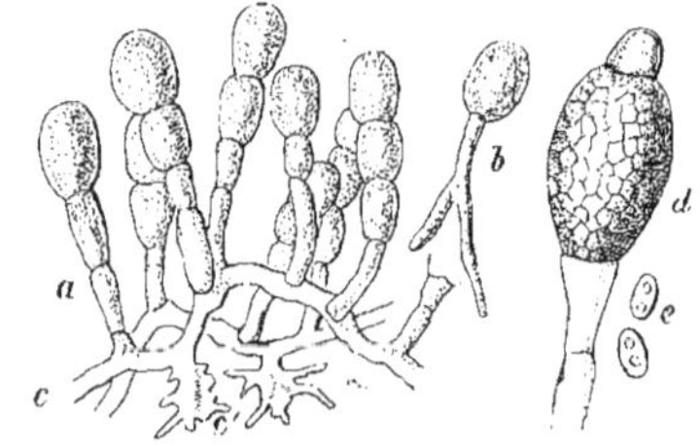

Fig. 392 et 393. — Oïdium (Pag. 230).

c Filaments du Mycélium. — c' Organes d'implantation. — a Conidie de l'Oïdium. — b Cicinobolus formant un Mycélium et en voie de développement (Gross. 400). — d un Cicinobolus à un plus fort grossissement. — e Spores.

sommets des montagnes les plus hautes dont la neige se dissimule quelquefois sous les teintes sanglantes de certains cryptogames. Il étend son empire aux objets mêmes que nous nous approprions: la vigne est envahie d'oïdium, la pomme de terre de péronospore, le blé d'uredo, d'ustilago ; le ver à soie meurt de la muscardine, et l'homme du muguet.

Outre ces parasites, la vaste classe des champignons renferme une légion de plantes vénéneuses, parfois repoussantes de loin, comme les clathres aux émanations cadavéreuses; mais aussi elle nous offre dans quelques-unes de ses espèces des aliments excellents; l'agaric comestible en est une preuve éloquente; il y a aussi les cèpes, les morilles, et bien d'autres, par-dessus tous la truffe.

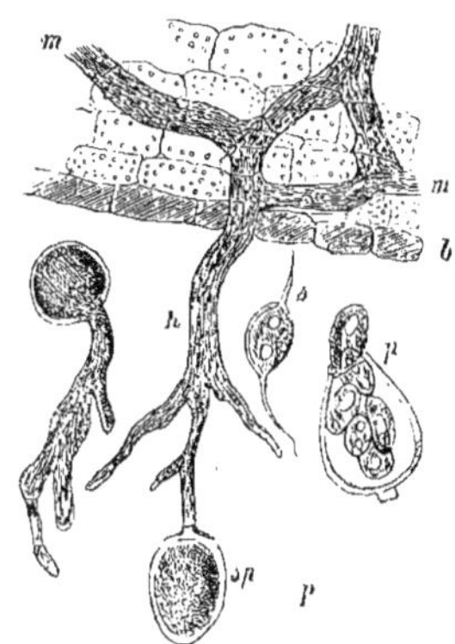

Fig. 394.

Péronospore de la Pomme de Terre (Pag. 230).

m Mycélium. — *h* Hyphes. — *sp.* Sporanges (Gross. 350). — *p* une des Sporanges expulsant des Spores (Gross. 500). — *s* Monceau de Spores à gauche; Spores en voie de Développement.

Fig. 395.

Uredo (Pag. 230).

D'autres champignons fournissent des produits à l'industrie. L'amadou qui sert comme hémostatique, et que les fumeurs recherchent pour allumer leur tabac, vient de champignons de genre polypore. Les teinturiers trouvent une belle substance très solide dans un dothidée originaire de la Nouvelle-Grenade, etc.

Pousser comme un champignon, c'est ne pas perdre son temps pour augmenter sa taille. Le lycoperdon déjà cité peut en douze heures atteindre un volume de plus d'un décimètre cube et produire des millions de cellules. Le mécanisme de cette croissance est d'ailleurs bien bizarre, et une visite dans une des vieilles carrières où l'on entretient des *couches*, est fort instructive.

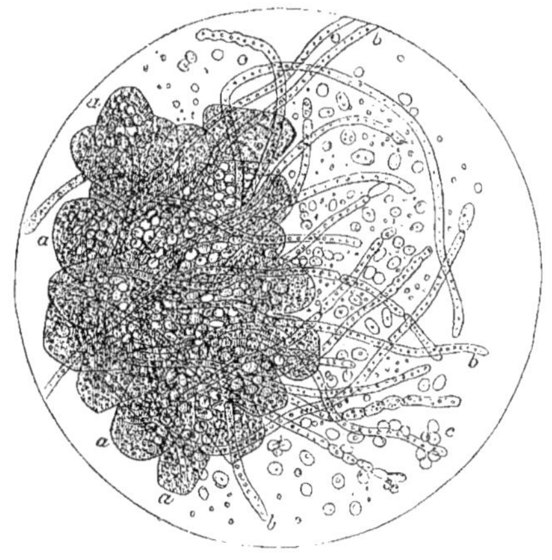

Fig. 396. — Muguet (fortement grossi) d'après Robin (Pag. 230).

a Cellules épithéliales de la Muqueuse buccale recouvertes par les Filaments du Muguet *b*, et par les Spores de ce Parasite.

La *couche* c'est un grand tas de fumier qui constitue le sol favorable au développement de l'agaric. Pour l'obtenir il faut mettre sur le fumier du *blanc de champignon*. Ce n'est pas une graine, mais une matière filamenteuse qu'on prendrait aisément pour un débris n'ayant aucune existence propre.

Fig. 397 à 399. — Cèpe (Pag. 230).

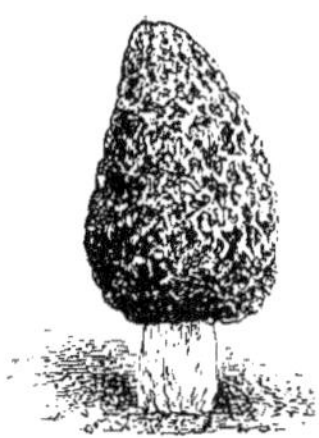

Fig. 400.
Morille (Pag. 230).

En quelques heures on voit sur ces filaments (mycelium) se développer de petites nodosités, à peu près comme les tubercules naissent sur les racines de la pomme de terre. Ils augmentent très vite et chacun d'eux devient un champignon.

Mais d'où sort le *blanc?* Pour le savoir il faut laisser un agaric poursuivre tout le cours de son développement. Entre les feuillets qui rayonnent à la face inférieure de son chapeau on voit des cellules produire de petits prolongements plus ou moins fourchus, à l'extrémité desquels se développent des corps ovoïdes : ce sont les spores. Tombées sur le sol, elles donnent du mycelium tout préparé, si les circonstances sont favorables, à la reproduction du champignon.

Malgré la pimprenelle dont on parfuma le rôti, il fut trouvé un peu fade. Scabieuse, heureusement, avait eu soin la veille de dissimuler une partie du pain : la bouchée que chacun reçut aida à faire passer les grenouilles.

Fig. 401.
Polypore amadouier (Pag. 230).

Mais les trois amis eurent un joli dessert: une quantité de fraises vermeilles, qui leur mit dans la bouche toute la poésie des bois et du matin.

Il était six heures lorsque d'un pas délibéré, ils quittèrent leur gîte.

Ils pensaient être en moins de deux heures à Noiraigue. Mais ils comptaient sans leur curiosité.

Ils s'engageaient dans le sentier qui mène au Chalet Robert, lorsqu'ils firent la rencontre d'un homme assez curieux.

Vieux, grand, maigre, portant de longues moustaches grises, pendantes comme celles de Vercingétorix, il avait sur la tête un grand chapeau de feutre pointu à larges bords, et sur le dos, un plaid gris, dans lequel il se drapait majestueusement. Ce châle, relevé d'un côté, laissait voir une jaquette de velours. Le pantalon était de même étoffe, et serré au bas de la jambe par de bonnes guêtres de cuir, attachées à de forts souliers de chasse. A la vue de Scabieuse et de ses jeunes compagnons, il s'arrêta, les considéra en souriant.

— Bonjour, Monsieur, dit la petite troupe toujours très polie.

— Bonjour, mes enfants. Est-ce que vous revenez déjà du Creux du Vent ?

— Oui, Monsieur, nous y avons passé la nuit.

Voilà la conversation engagée. Le vieux s'intéresse à l'aventure des jeunes ; puis à son tour raconte ce qui l'amène à cette heure dans la forêt. Il chasse le renard.

— Quoi ! tout seul, sans chien, sans fusil.

— Eh ! oui. Voulez-vous venir voir comment je m'y prends ? Cela ne vous écartera pas beaucoup de votre route.

— Nous sommes pressés... Mais n'importe ! nous vous suivrons. Curieux de la nature, nous ne négligeons aucune occasion d'en surprendre les secrets.

Ils s'enfoncèrent dans une partie de la forêt, si épaisse qu'elle semblait impénétrable ; mais l'inconnu, qui, apparemment avait déjà passé par là, savait quelles branches il fallait déranger pour trouver une étroite issue à l'usage exclusif des bêtes sauvages et des vieux trappeurs comme lui.

Ils arrivèrent pourtant dans une clairière, et le vieillard dit :
— C'est ici.

Les enfants regardèrent de tous côtés sans rien apercevoir ; mais Scabieuse découvrit immédiatement un indice qui le mit au courant de la sorte de chasse que pratiquait son guide : une fumée légère, presque imperceptible, sortait du sol.

Le vieillard reprit :
Nous sommes ici sur le terrier d'un renard. Je l'ai découvert, il y a un mois ; mais alors il n'appartenait pas à cette rusée bête. Un blaireau en était le propriétaire. Vous connaissez bien le blaireau, n'est-ce pas, mes enfants ? C'est un carnassier qui, tête, corps et queue, mesure bien un mètre de long, et qui est fort bas sur jambes. Ses longs poils, ronds et luisants, sont, sur le dos, jaunes à la racine, noirs au milieu, grisâtres au bout, et le

couvrent ainsi d'un manteau d'une teinte indécise; sa tête est blanche, sa
queue et ses flancs sont roses; son ventre et ses pattes, noir brun. Vous le
voyez d'ici, n'est-ce pas? Animal paisible, ami de la solitude et du silence,
il choisit pour y creuser son terrier un lieu retiré, boisé autant que possible, et où ne se porte jamais le pied du gamin profane. Il aime la chaleur,
déteste l'humidité et la boue qui en résulte, sait trouver le terrain qui lui
convient, au penchant d'une montagne exposé au midi. Il travaille avec une
rapidité surprenante, et ne tarde pas à mener à bien son immense ouvrage.
Il ne s'agit, en effet, de rien moins que de creuser plusieurs couloirs de
sept à huit mètres de long, éloignés par leurs ouvertures d'une trentaine
de pas, et aboutissant tous à une chambre principale appelée *donjon*. Cette

chambre est située à une profondeur
d'un mètre et demi. Ici, comme la
pente est très forte, elle se trouve à
$4^{m},50$ de la surface du sol. Dans le
donjon, le blaireau vit en paix, se nourrissant la plupart du temps de choses
infimes : herbes, vers, limaces, chauve-
souris, reptiles, batraciens. Il est, pour
les vipères, en grand nombre dans ces
parages, un ennemi acharné, et, par
conséquent, devrait nous être sacré.

Fig. 402. — Blaireau (Pag. 232).

Mais non! on détruit sans pitié ce pauvre animal; et, par-dessus le marché,
on le traite de paresseux et d'égoïste.

Il est vrai qu'il vit seul, s'étend avec délices au soleil. Quelquefois
même, lorsqu'il a fixé son gîte non loin de champs cultivés, de fermes plantureuses, il va, pour prix de ses services de nettoyeur, ravir du miel à
la ruche, sans se soucier des aiguillons que les abeilles laissent dans sa
fourrure, dans sa peau épaisse, impénétrable même à la morsure de la
vipère. Souvent aussi, il mange à même un champ de carottes ou de choux.
Mais il faut que sa faim soit bien terrible pour qu'il s'enhardisse jusqu'à
voler une poule ou une oie. Somme toute, ce n'est pas un gourmand, et
au besoin, tous les détritus, toutes les ordures des bois et des champs
satisfont son appétit. En outre, il dort l'hiver, n'a donc aucun besoin de
provision. Ce qu'il aime par-dessus tout, c'est l'eau fraîche. Vous jugez
qu'il doit se plaire dans ce pays-ci. Moi, mes enfants, je suis un sauvage.
J'ai vécu vingt ans au Canada, chassant toutes sortes de bêtes à fourrures,
campant dans des déserts, m'oubliant dans des affûts interminables, ima-

ginant les ruses les plus compliquées. Je suis revenu en Suisse jouir de la petite fortune de la sorte amassée.

De mes qualités de Nemrod, j'ai perdu la force et la fougue; il m'est resté la patience et le flair, que j'utilise dans ces montagnes, dans ces forêts que j'aime. J'en connais toutes les bêtes; je sais par cœur leurs habitudes, leurs vices, leurs vertus. Je les épie, je les vois vivre. Quelquefois je me mêle de leurs querelles. Quelquefois aussi le côté sanguinaire du chasseur reparaît; et, avec des raffinements d'artiste, je m'empare du gibier excellent par sa chair ou par sa fourrure. Ici, après avoir assisté à une comédie, j'ai inventé une tragédie.

Le blaireau est un animal stupide. Dans sa tête allongée loge peu de cervelle. La conscience de son incapacité le rend défiant, et de vulgaires chasseurs ne le peuvent approcher. Moi, j'ai eu la chance d'assister au travail d'un jeune blaireau : un grand dadais qui venait de quitter maman. Désireuse de jouir de l'automne en paix, et de dormir tout l'hiver sans compagnie fâcheuse, elle l'avait mis à la porte. Mon blaireau, solide gaillait, d'ailleurs, se trouvait donc dans l'obligation de se fabriquer un gîte. Il passa près de moi, j'étais assis sur une souche, achevant le pain et le fromage de mon déjeûner. Il marchait lentement, se traînant et se balançant à la fois; il avait l'air d'un petit cochon. Tout à coup il m'aperçut. Il demeura absolument paralysé par la terreur, se laissant bêtement tomber à plat ventre au lieu de filer. Moi je ne bougeai point. La force lui revint, et probablement un raisonnement se dessina dans sa tête de blaireau. Il se dit que puisque j'étais immobile, je n'étais point une créature nuisible, et que peut-être même je faisais partie du tronc renversé. Alors il continua son inspection du sol, sans s'inquiéter autrement de ma présence. Décidément l'endroit lui convenait. Il se mit à fouir; en quelques minutes, son corps se trouva recouvert de terre. Il enfonçait rapidement, progressant de ses pattes de devant, à doigts complètement réunis et armés d'ongles solides. C'était avec ses pattes de derrière qu'il rejetait ses déblais. Puis, à mesure que l'ouvrage avançait, il se servait de tout son corps pour balayer le couloir, marchant à reculons jusqu'à l'ouverture. Pendant de longues heures, je gardai l'immobilité; j'avais heureusement quelques provisions de bouche, et je ne redoutais pas de passer la nuit en plein air. Je résolus donc de camper là aussi longtemps que je le pourrais. La nuit s'annonçait tiède, et la lune allait nous éclairer, le blaireau et moi, de sa tranquille clarté bleue. Notre repas à tous deux fut court; lui, probablement, mangea les lombrics et les racines qu'il rencontra sur son parcours. La vivante machine à perforer ne s'arrêta pas de toute la nuit. Moi qui ne dormais que d'un œil, je voyais toujours la terre voler activement hors du trou, et former un tas de plus en plus gros. Quand se leva l'aurore, la première galerie était terminée, et mon animal creusait son donjon. Il fut longtemps sans revenir au jour. Il se reposait de sa fatigue, ou bien son nouveau genre d'occupation lui permettait un séjour plus prolongé sous terre. Il fallait bien que je quittasse mon poste d'observation. J'étais quelque peu engourdi, et mon estomac protestait contre l'insuffisant souper de la veille, en me réclamant un déjeûner substantiel. Je regagnai donc la petite maison que j'habite à Noiraigue. Le soir, j'étais de retour dans la clairière. Un nouveau couloir était ouvert, et j'eus la chance de reprendre mon poste d'observation, sans que mes mouvements inquiétassent le blaireau. Le lendemain l'infatigable bête travaillait à sa troisième galerie. Je m'intéressais à elle; et, plusieurs jours de suite, je revins la voir, vraiment édifié de la régularité de ses mœurs. Une chose surtout me frappait : son extrême propreté. Comme les cygnes, elle faisait disparaître les ordures en les mangeant, et nulle bête nuisible ne visitait impunément les environs de sa demeure, qu'elle débarrassait également de la poussière et des feuilles mortes.

A quelque temps de là, un soir, qu'après une bonne chasse, je regagnais Noiraigue par le plus court, je passai si près de la demeure de mon blaireau, que j'allai lui donner un coup d'œil. Je fus frappé de l'abominable odeur qui régnait dans ce petit coin où d'ordinaire les senteurs thérébentineuses des sapins se permettaient seules de flotter. Cette odeur ne m'était pas inconnue; mais je ne savais pas au juste de quelle bête sauvage elle émanait. A cette heure, le blaireau chassait vraisemblablement. J'avançai donc sur le terrier qui jusque-là m'avait été sacré. Dans la terre un peu molle qui touchait au couloir principal, j'aperçus des traces de pas, et de pattes sales encore. " Oh! oh! pensai-je, il y aura du nouveau ici. „ Je montai aussitôt à un sapin, m'installai sur une grosse branche; et, les yeux bien ouverts, j'attendis.

Pas longtemps. Le blaireau arrivait avec une lourde proie : une chouette attrapée certainement dans des circonstances très particulières. Lorsque l'odeur qui empestait le logis, atteignit son odorat, il lâcha son dîner, poussa un grognement énergique, et s'enfonça rapidement dans le terrier. Au bout d'un quart d'heure, il reparaissait, poussant devant lui une masse de terre souillée, qu'il transporta dans les herbes, précisément au pied de mon arbre, ce qui me renseigna bien exactement sur la nature de son

Fig. 403. — Le Renard (Pag. 237).

occupation. Naturellement, l'animal découvrit le gibier que j'avais oublié à terre, et qui consistait en lapins, écureuils et faisans. Il flaira, retourna toutes ces bêtes mortes. Je crois qu'elles finirent par l'inquiéter; car il les laissa et retourna à sa chouette qu'il emporta dans son terrier.

C'est alors que parut le renard, vieux mâle dont quelque accident avait dû détruire le repaire. Il avançait sans bruit, lentement, cauteleusement, et comme se faufilant, pour juger de l'effet de sa manifestation. Il reconnut vite que le terrier avait été nettoyé, et que le blaireau l'habitait. Il rôda autour de toutes les ouvertures, hésitant à entrer. Hélas! le gueux aperçut mon gibier. Il l'examina de loin, ensuite de près, constata qu'il ne cachait aucun piège, et tomba dessus de toute la longueur de ses dents. Ah! quel appétit, mes enfants! Il dévora tout, ce qui me confirma dans l'idée que ce renard errant n'avait nul lieu sûr pour conserver ses rapines : il mangeait, par provision. Je fus bien tenté de lui envoyer du plomb dans la tête. Mais je me retins, sûr, d'ailleurs, de le rattraper. Quand il eut l'estomac plein, il se sentit plus de courage, et résolûment pénétra dans le domicile du blaireau. Cinq minutes après, des grognements, des aboiements éclataient, et l'intrus décampait, non sans avoir sali le seuil de son adversaire. Le pauvre blaireau n'essaya pas de poursuivre le rusé compère, très agile à la course et de toutes les façons; il rappropria avec constance son domaine, puis en gémissant regagna la profondeur.

Le lendemain matin, lorsque les premiers rayons du soleil tombaient sur la verte montagne, il sortit, heureux de sentir sur son dos la caresse de l'astre ennemi des fripons. Mais le renard ne songeait pas à se reposer le jour de ses fatigues nocturnes. Il guettait la sortie du blaireau. Prompt comme le vent, il pénétra dans le terrier; et, avant que le blaireau eût eu le temps d'accourir, le rendit absolument inhabitable, puis s'enfuit par un autre couloir, pour laisser à sa victime le temps d'exhaler sa colère et son désespoir. Le blaireau ne tarda pas à reparaître au jour, souillé, puant, abattu. Il renonçait à l'assainissement d'une demeure par trop contaminée, et je le vis s'éloigner de toute sa vitesse; il ne devait plus revenir.

Le vilain renard, tout jubilant, montra alors qu'il se savait propriétaire; il se mit à agrandir le terrier, à le disposer à sa convenance. C'était peu de chose à faire. Je le laissai à cette besogne, mais avec l'idée de le châtier à mon profit. Hier, à midi, le sachant bien fatigué d'une nuit de chasse dans les fermes de Noiraigue, je bouchai hermétiquement toutes les ouvertures de son terrier, sauf une seule dans laquelle j'introduisis une vieille culotte hors d'usage, bien imbibée de pétrole. J'y mis le feu; puis je comblai le couloir de feuilles sèches et de paille. Quand je vis qu'une fumée épaisse faisant son œuvre, allait remplir tous les recoins du gîte, je fermai la dernière issue, et je partis. Aujourd'hui le renard est mort, et nous le trouverons à l'une de ses portes closes.

Ce récit avait vivement impressionné les enfants. Silencieusement, ils aidèrent le vieux chasseur à retirer le plâtre et le gravier dont il avait obstrué les couloirs du terrier. Dans le deuxième, ils aperçurent la bête hideuse, le poil enduit d'une suie gluante, la langue pendante, les yeux hors de la tête. On la tira, non sans peine, au grand jour, et on l'examina.

Du bout du museau à la naissance de la queue, elle mesurait bien qua-tre-vingt centimètres; et la magnifique queue touffue avait tout près d'un demi-mètre. Ses pattes étaient courtes et nerveuses. Sa fourrure très épaisse lui donnait un aspect massif. Autant qu'on en pouvait juger sous la couche de noir de fumée qui la recouvrait, elle était d'un roux fauve tirant sur le grisâtre, avec des taches et des stries blanches irrégulière-ment réparties. Le renard était moustachu comme un chat, porteur d'o-reilles dressées, larges en bas, pointues en haut; ce qu'il avait dans la tête de plus remarquable, c'était sa pupille ovale et oblique. Scabieuse insista auprès des enfants sur la forte dentition de ce carnassier, bien armé pour déchirer et couper la viande, moins bien cependant qu'un chat. Les canines étaient longues, recourbées; les fausses molaires, au nombre de trois à la mâchoire supérieure, de quatre à la mâchoire inférieure, étaient pointues; mais les vraies molaires, assez mousses, ne devaient bien rem-plir que leur rôle de meules.

— C'est, dit Scabieuse, un *canidé,* mais non pas un chien : il forme, ainsi que la hyène, un genre spécial.

— Et le blaireau? demanda Julien.

— Il appartient à une famille très différente, à celle des Mustélidés, où se rangent aussi les martes, les fouines.

— Pardon, M. Scabieuse, interrompit le vieillard, je mets pour ma part le blaireau avec les ours. C'est un plantigrade.

— Oui, mais.....

Pierre et Julien n'écoutèrent pas cette discussion de naturalistes. Elle fut longue, et pour mieux la continuer, le vieillard fit un bout de chemin avec Scabieuse impatient de rejoindre enfin Bravandas.

Les Gorges de l'Areuse.

CHAPITRE II.

LE CHAMP-DU-MOULIN.

N accueillit le retour des trois amis avec des transports faciles à concevoir. Eux, ravis de leur aventure, la racontèrent longuement, tandis que Mme Bravandas leur préparait l'excellent café au lait que les grenouilles ne leur avaient pas fait oublier du tout.

Aller à Neuchâtel par la grande route était la chose la plus facile du monde; mais nos Bravandas aimaient assez à prendre le chemin des écoliers. Ils avaient entendu vanter la sauvage beauté des gorges de l'Areuse. Ils voulurent les visiter, et engagèrent leur voiture dans un sentier, d'ailleurs admirablement entretenu, mais assez difficile, vu son étroitesse. De Noiraigue au Champ-du-Moulin, c'est une véritable allée de parc. Après s'être enfoncé de quelques centaines de mètres dans la grande forêt de sapins, le voyageur trouve pour s'asseoir

des bancs confortables sur un escarpement à pic à deux cents mètres au-
dessus de la rivière devenue torrent, qui coule avec un bruit sourd et des
sauts de cascade; puis il passe des sources sur des ponts rustiques semblables à ceux du bois de Boulogne. Ce sentier, d'une douzaine de kilomètres,
est dû à un philanthrope, jaloux de rendre accessibles les beautés du canton
de Neuchâtel. C'est la seule route qui suive la rive droite de l'Areuse.
Pour en trouver une autre, il faut s'élever par la pente la plus raide, en
suivant le lit caillouteux d'un ruisseau, très haut dans la montagne, à travers
la forêt, jusqu'au pied de la muraille dénudée qui supporte le sommet her-
beux. Large, bien battu, avec des ornières profondes attestant le passage
de voitures ou tout au moins de *chars*, ce chemin, qui commence du côté
du lac de Neuchâtel en passant par Boudry, n'aboutit qu'à des tas de
bois amassés par des bûcherons. Il a été fait pour l'exploitation de la forêt,
non pour le voyageur qui, s'il ne veut revenir sur ses pas, n'a qu'à risquer
son cou dans l'inextricable et vertigineuse forêt. Ce beau pays, si vert,
si calme, si majestueux, si amical, si rempli de trésors pour le naturaliste,
a le tort (ou le mérite) d'être absolument sauvage et inconnu. Seuls, les
gens de Neuchâtel et des petites villes environnantes y viennent herboriser
le dimanche dans la belle saison, ou bien contempler les arbres et les
rochers qu'y admira Jean-Jacques Rousseau. Ce grand écrivain, errant,
persécuté par les hommes et aussi par son humeur chagrine, porta ses pas
en bien des coins de la Suisse. Nos Parisiens devaient plus d'une fois rencontrer ses traces.

On comprend combien le *Sentier des gorges* a transformé le pays. Sur
les bords de l'Areuse s'élève un grand chalet qui offre aux touristes des
lits, des rafraîchissements, des truites, de la volaille, du laitage. Le chemin
de fer, qui va de Neuchâtel à Pontarlier, a établi non loin de ce chalet
une station où s'arrêtent quelques trains, et qui permettent de commencer
la visite des gorges de l'Areuse à un fort bon endroit.

Donc, après beaucoup d'inquiétudes sur leur voiture lorsqu'elle descendait les pentes en lacet du chemin, après avoir tant soit peu endommagé
les arbres dont elle accrochait les feuilles au passage, les Bravandas arrivèrent devant l'*Hôtel Pension du Sentier des Gorges de l'Areuse,* et s'y
arrêtèrent. Il était six heures du soir : ils pensèrent aussitôt à leur cuisine.

— Voilà une rivière, dit Bravandas, qui doit être pleine de truites; je
vais en prendre quelques-unes. Il jeta sa ligne. Mais, bien qu'il fût pêcheur
habile, et qu'au cours du voyage, il eût mainte fois attrapé d'abondantes
fritures, il n'arriva qu'à casser son fil.

Découragé, il rejoignit sa femme en conversation avec l'aimable et grosse hôtesse du chalet, qui l'accueillit avec un sourire.

— C'est très difficile de pêcher les truites, dit-elle. Mais j'en ai d'excellentes dans mon vivier, et je les mets à votre disposition.

— Hum! cela doit être cher.

— Non, mon ami, dit Mme Bravandas, déjà au mieux avec sa nouvelle connaissance : les denrées sont ici d'un bon marché incroyable. Figures-toi que le café ne coûte que dix-huit sous la livre, et tout est à l'avenant; aussi Mme Pascalin offre-t-elle de nous faire dîner dans de si bonnes conditions qu'avec ta permission nous nous dispenserons de cuisiner ici.

— Voilà qui est à merveille, dit Bravandas, satisfait de la mine placide et fleurie de l'hôtesse. Celle-ci appela sa fille Pâquerette qui cousait sur une large terrasse de l'étage supérieur, et toutes deux s'occupèrent activement des préparatifs du souper.

Toute la troupe alla voir retirer les truites du vivier. Ces beaux poissons d'argent vivaient dans une eau courante, mais aussi dans une obscurité profonde, et dans un jeûne qui durait depuis plusieurs mois. Je ne sais si de tels procédés sont favorables à leur engraissement; mais ce que je puis affirmer, c'est qu'une heure plus tard, lorsqu'on les leur servit frites, les Bravandas les trouvèrent excellentes.

En attendant cet heureux moment, nos amis s'assirent sous la vérandah formée par la terrasse du chalet. Ils avaient sous les yeux une longue et étroite prairie, et au delà de la prairie, qui appartenait au chalet, la forêt et la montagne. L'arbre dominant de cette région, c'est le sapin (pl. XIV), essence d'élite du monde végétal, qui prospère aux hautes latitudes, comme aux grandes altitudes, là où bien d'autres arbres renoncent à lutter contre les frimas, et qui reste verte et luxuriante dans la saison où ces derniers ne présentent que des branchages dénudés et désolés.

— Les montagnards des parties les plus élevées des Alpes, disait Scabieuse, ne regardent pas le sapin comme un arbre ordinaire : ils lui ont de tels sujets de gratitude que, dans leur superstition naïve, ils n'hésitent pas à lui accorder ce qui constitue la vie des êtres supérieurs : tout coup de hache porté au sapin en fait couler du sang. Jadis même, l'*assassinat* d'un arbre était puni de mort, comme celui d'une personne; et cette législation sévère n'était pas sans raison, les forêts de sapins constituant la protection la plus efficace contre les avalanches de neige.

Quiconque pénètre sous ce profond manteau des montagnes, se trouve dans une ombre qui ne permet qu'à peu de plantes de vivre; le sol est seulement recouvert du feutrage des aiguilles tombées, sauf dans les points

Fig. 406. — La Truite (Pag. 414).

où a pu pénétrer le myrtil. Des mousses verdâtres revêtent les troncs
verticaux d'une rectitude géométrique, et des branches mortes, descendent,

comme des rideaux, de grandes draperies de lichens grisâtres, d'une grandeur et d'une ampleur incroyables.

Peu de bêtes sous ces voûtes, qui font plutôt penser à quelque prodige

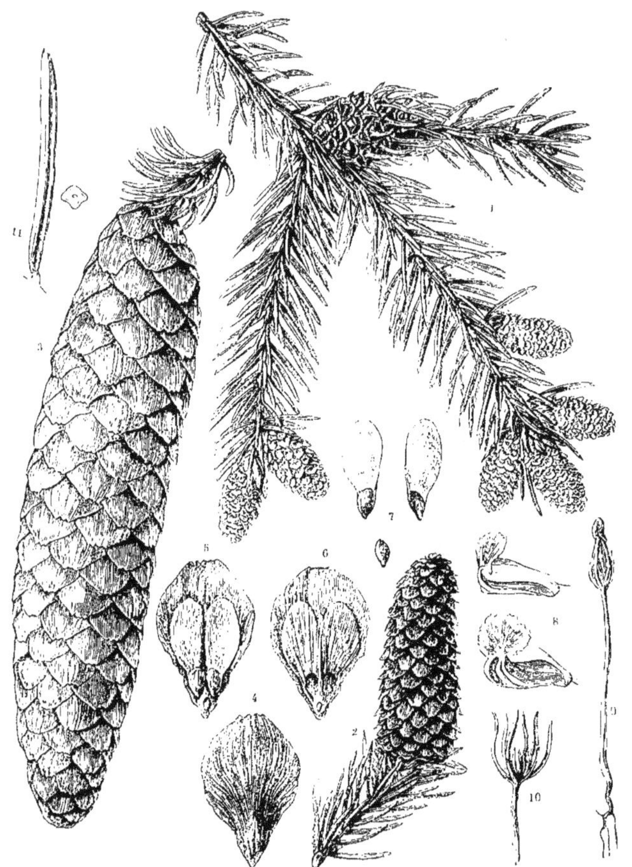

Fig. 407 à 422. — Le Sapin (Pag. 241).

1. Rameau avec Chatons de Fleurs mâles (la Tubérosité ou Galle, qui se voit à la Base du Ramuscule supérieur, est l'Effet d'un Insecte). — 2. Jeune Cône femelle. — 3. Cône mûr. — 4 et 5. Faces externe et interne de l'Écaille, avec ses Graines. — 6. Face interne, Graines enlevées. — 7. Graine avec Aile et Graine sans Aile. — 8. Anthère vidée, vue des deux Côtés. — 9 et 10. Graines germées, la première coiffant encore la Plantule. — 11. Feuilles séminales.

de l'architecture qu'à une exubérance végétale, et partant peu de bruit. Seuls le murmure des filets d'eau qui ruissellent ou le craquement des bois morts qui se rompent, empêchent le silence d'être absolu. Involontairement les passants parlent plus bas; bientôt ils cheminent sans mot dire.

Le sapin est le type d'une famille végétale des plus importantes et des plus dignes d'intérêt : celle des conifères dont le nom fait allusion à la forme des fructifications connues sous le nom de cônes, ou plus vulgairement de pommes de pin, pommes de sapin, etc.

Ces cônes ne sont pas des fruits : les conifères n'ont pas de fruit. En d'autres termes, la graine, au lieu d'être enveloppée dans un ovaire sec ou charnu, reste nue, collée à la face interne d'une écaille coriace correspondant au réceptacle de la fleur. C'est cette disposition que les savants ont voulu exprimer en réunissant tous les végétaux qui la présentent dans la catégorie des gymnospermes (c'est-à-dire à graines nues), les autres étant dits angiospermes (ou à graines enveloppées).

Fig. 423.
Myrtille (Pag. 242).

— Cependant, dit Pierre, l'if est un conifère, et pour sûr il a des baies dont les grives, les merles et autres volatiles sont aussi friands que des baies du genévrier, autre conifère.

— Tu serais bien heureux de me prendre en faute, espiègle! répliqua le bon Scabieuse; mais c'est toi qui as tort d'appeler baie ce qui n'est pas une baie. La partie charnue dont se nourrissent les grives et les merles n'est pas autre chose que le réceptacle correspondant à l'écaille de la pomme de sapin, mais dont la consistance est tout autre.

Enfin, voilà le dîner servi. On pénètre dans la salle à manger. Elle est vaste, elle a la vue sur les deux faces de la vallée. L'Areuse l'emplit de son vacarme. Le train qui sort d'un tunnel pratiqué dans la montagne sur laquelle s'étend la partie civilisée de la région, — quelques maisons, la grande route, — éclate en sifflets étourdissants.

La petite troupe est seule dans l'hôtel. La gentille Pâquerette, fraîche fillette de treize à quatorze ans, qui a de beaux yeux rieurs et doux et de grosses nattes tombant dans le dos, fait le service, active comme une fée.

— Un piano ici, s'écrie Bravandas.

— C'est le mien, Monsieur, dit Pâquerette.

— Eh! quoi, mon enfant, vous êtes musicienne.

— Un peu, Monsieur. En Suisse, tout le monde chante et joue du piano.

— Ah! la Suisse est un noble et digne pays, remarque Bravandas attendri par cette révélation.

— Et qui aime bien les Français, ajoute l'enfant.

— C'est vrai! dit Scabieuse. Et il attire l'attention de ses amis sur les lithographies coloriées appendues au mur dans des cadres : on y voit les soldats de Bourbaki accueillis et soignés par les paysans suisses.

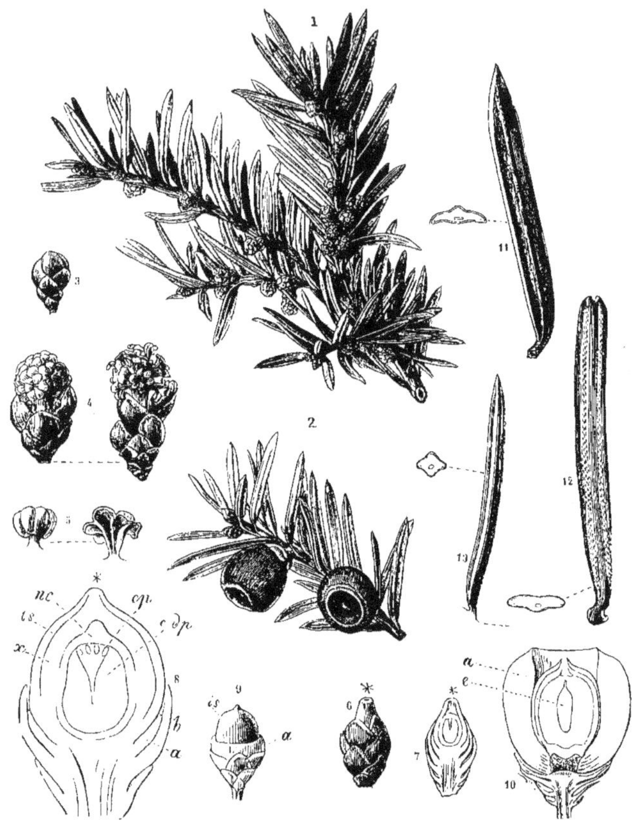

Fig. 424 à 436. — If (Pag. 244).

1. Rameau avec Fleurs mâles. — 2. Jeune Pousse avec Fruits. — 3. Bouton de Fleurs mâles. — 4. Bouton épanoui de Fleurs mâles. — 5. Anthères vidées. — 6. Fleur femelle. — 7. Fleur, Coupe longitudinale. — 8. Fleur, cinq fois grossie; Ovule avec l'Ouverture * d'une des Enveloppes séminales *is*, Périsperme devenant ligneux *x*, Placenta *nc*, avec le Suc nucellaire, où s'est formée l'Albumine *cdp*, et où se voient les Nucelles *cp*. — *a* Tégument interne. — *b* Tégument externe de l'Ovule. — 9. Fruit à Téguments inachevés. — 10. Fruit mûr (coupe longit.). — *a* Enveloppe charnue. — *c* Embryon. — 11. Feuille et Coupe transv. de l'If. — 12. Feuille et Coupe transversale du Sapin. — Feuille et Coupe transv. de l'Épicéa.

A peine Bravandas a-t-il bu son petit verre de liqueur (un verre de prunelle heureusement étranger à Travers) qu'il s'élance vers le piano.

Il est bien vieux, de forme carrée; ses touches blanches sont jaunes comme de mauvaises dents, ses touches noires sont ébréchées. Impossible de tirer un pianissimo de cet instrument caduc. Pour en obtenir quelque chose, il faut taper dessus à grands coups, et alors il chante comme une poitrine cassée, avec des déchirements, des enrouements, des grondements, des éclats; quelques notes aiguës ont une douceur et une pureté merveilleuses qui rendent plus bizarre encore le son extravagant de leurs sœurs.

Néanmoins comme le piano venait d'être accordé, Marius prit plaisir à secouer sa paresse, et à déchaîner l'ouragan endormi dans ses flancs. Pâquerette, sa mère et leur bonne vinrent l'écouter la bouche béante, les yeux écarquillés. Ce fut Mme Bravandas qui mit fin au concert, en disant :

— Voici des touristes qui arrivent.

Le pianiste se leva brusquement, et Mme Pascalin s'empressa de se rendre au-devant des personnes qui traversaient le pré, et dont quelques-unes, — des jeunes filles, — s'emparaient déjà des deux balançoires.

Un vieux monsieur prit la parole.

—. Madame, nous sommes vingt-cinq qui voudrions souper : qu'avez-vous à nous offrir?

— Des truites, des poulets...

— C'est parfait, c'est excellent. Combien par personne?

— Un franc vingt-cinq.

— Trop cher! Nous nous contenterons donc d'une collation.

— Ce sera cinquante centimes pour une tasse de café au lait, pain et beurre à discrétion.

— A merveille! Voilà qui est dans nos prix, et satisfera à nos besoins.

Le vieux monsieur entra dans la salle à manger suivi de toute la partie sérieuse de la bande qui s'assit autour de la grande table. Ces messieurs et ces dames tirèrent de leur poche un livre qu'ils ouvrirent tous à la même place. Alors le vieux monsieur, sans dire gare, entonna :

„Oh! que ton joug est facile," et aussitôt tous les autres continuèrent avec lui : „Dieu, saint Dieu de l'Évangile".....

Ils étaient superbes, ces pieux touristes, tant ils mettaient de sérieux, de conviction dans leur chant. Les voix cassées des vieux, les voix tonitruantes des hommes mûrs, les voix dominantes des jeunes gens, le fausset des dames formaient un mélange indescriptible. Aucun ne songeait à se mettre au piano pour faire un accompagnement à cet unisson formidable. Ils ne levaient pas le nez de dessus leur *cantique;* pas plus que les vieillards, les bons jeunes gens n'avaient de distractions; les femmes poussaient le son de toute la force de leur larynx; il y en avait une qui se tenait le gosier, comme pour le soulager de sa grande fatigue.

Tout ce monde manquait des principes les plus élémentaires de l'art; plusieurs chantaient faux. Les nuances, l'expression étaient selon le goût de chacun. La mesure marchait au hasard. Bravandas, qui les regardait et les écoutait de la cuisine où il s'était réfugié, riait à se tordre.

— Qu'est-ce que ces gens-là, madame Pascalin? Vous n'avez pas l'air étonné de leur exercice.

— En Suisse, monsieur Bravandas, il y a beaucoup de sociétés de cette sorte. Des messieurs et des dames se réunissent de temps en temps, chantent des psaumes, et vont ensemble admirer la nature, bénéficiant dans leur promenade des profits de l'association. Ce chant n'est pas pour eux une obligation : c'est un repos de la fatigue de la journée. Voyez là-bas ces petites filles qui se balancent et qui courent comme si elles n'avaient pas plusieurs lieues dans les jambes, eh bien, nul dans la sage assemblée ne le trouve mauvais.

Mme Pascalin et sa fille allèrent étendre la nappe, aligner vingt-cinq bols et autant de cuillers, entasser des tartines sur des plats... Ces préparatifs alléchants ne dérangèrent personne. Les couplets du premier cantique épuisés, on en attaqua un autre pour ne s'arrêter que lorsque le lait fumant et la cafetière parurent sur la table.

Mme Pascalin qui disposait de plusieurs chambres à coucher les mit gracieusement à la disposition de la famille Bravandas. Le père et la mère, ainsi que les deux jeunes filles lui représentèrent que leurs propres lits ne laissaient rien à désirer. Quant à Scabieuse, Pierre et Julien, ce fut avec plaisir qu'ils acceptèrent d'être, pour une nuit ou deux, infidèles à leurs hamacs.

Le lendemain Marius donna une longue leçon à Mlle Pâquerette qui sut apprécier le mérite de cet incomparable professeur.

Puis toute la famille traversa l'Areuse sur un pont de bois, et monta au Champ-du-Moulin-du-Haut, qui se compose de quelques pauvres maisons. Les montagnards élèvent des abeilles. Sur des planches fixées à la façade de leur demeure, sont placées des ruches cylindriques où les actives ouvrières déposent l'abondante récolte qu'elles ont été faire dans les champs voisins. On s'en approcha bien doucement, et l'on aperçut les abeilles, les unes posées, les autres volant. Leurs quatre ailes transparentes et membraneuses, à nervures très fines, se voyaient très nettement.

— C'est, sans doute, dit Julien, cette membrane légère qui leur a valu le nom d'hyménoptères.

— Précisément. Et ce nom s'applique à un ordre nombreux où se trouvent, par exemple, les guêpes, les bourdons.

Pierre avait attrapé traîtreusement un des insectes, et il examinait ses fortes mandibules.

— On dirait, en vérité, qu'elles doivent servir à broyer.

— Il n'en est rien pourtant, et c'est en léchant les sucs des fleurs avec leur lèvre inférieure remarquablement allongée que les abeilles recueillent les matières nécessaires à leur subsistance.

Marie aimait beaucoup le miel; aussi s'intéressait-elle vivement aux

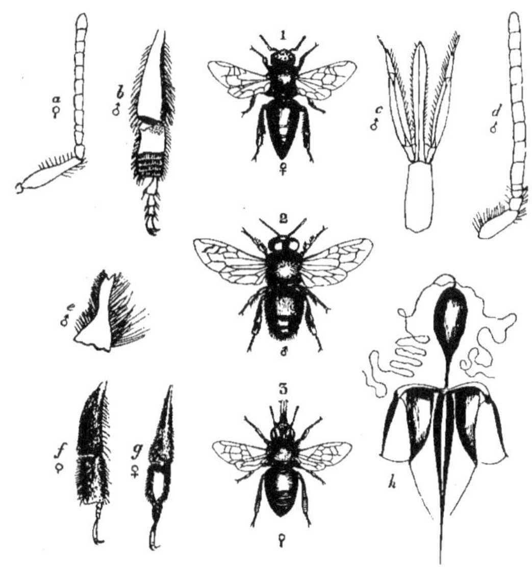

Fig. 437 à 447. — Abeilles (Pag. 248).

1. Abeille femelle ou *Reine*. — 2. Abeille mâle ou *Faux Bourdon*. — 3. Abeille neutre ou *Ouvrière*. — a Antenne de Femelle. — b Patte postérieure de Mâle. — c Langue de Mâle. — d Antenne de Mâle. — e Mandibule de Mâle. — f Patte postérieure de Neutre. — g Patte postérieure de Femelle. — h Aiguillon et Vésicule à Venin.

insectes qui le produisent. Elle savait bien à peu près leur genre de vie, mais il fallut qu'on lui précisât les faits.

— Vous le voyez, Mademoiselle, lui dit Scabieuse, les abeilles vivent en société; elles forment des essaims. Dans un essaim, toutes les abeilles ne sont pas semblables; les plus nombreuses, qualifiées d'ouvrières, ne sont ni mâles ni femelles et consacrent toute leur activité à la construction de la ruche, aux soins qu'elles donnent aux larves, à la récolte des substances nutritives et utiles. Dans l'essaim, qui compte parfois 40,000 individus, on rencontre seulement une femelle appelée la reine ou mieux la mère, plus grosse que les ouvrières, et entourée de leurs soins assidus. Les mâles, ou faux bourdons, sont peu nombreux. Une seule femelle pond des milliers d'œufs, qu'elle dépose un à un dans les alvéoles des gâteaux de cire construits par les abeilles. Des ouvrières l'accompagnent et surveillent son opération. Si elle laisse tomber deux œufs dans la même alvéole, l'un est aussitôt enlevé et détruit. Après la ponte, la mère devient absolument étrangère aux travaux de la colonie. Les larves éclosent trois jours après la ponte, et reçoivent leur nourriture de la bouche même de leurs nourrices. C'est le genre de la nourriture qui leur est distribuée qui en fait des femelles ou des ouvrières. Quand une ruche perd ses larves de reines, les abeilles changent le régime de plusieurs larves d'ouvrières, en

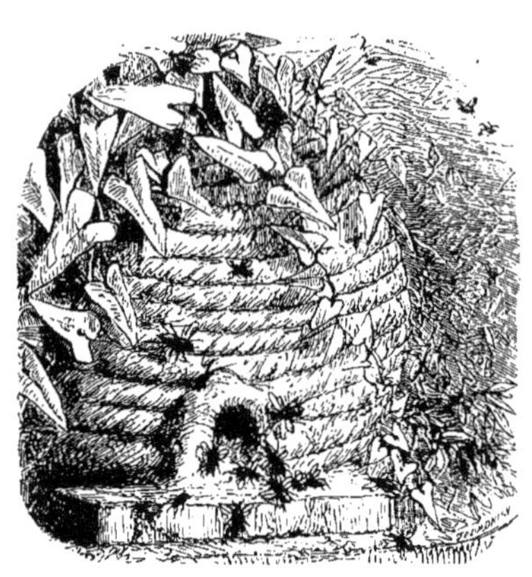

Fig. — 448. Une Ruche (Pag. 248).

agrandissant leurs alvéoles, et en les alimentant comme des larves de femelle féconde. Au bout d'un certain temps, les larves se filent une petite coque soyeuse, pour se transformer en nymphes. Les alvéoles semblent avoir alors un couvercle que les ouvrières déchirent avec leurs mandibules au moment de l'éclosion des adultes. Voici de nouvelles ouvrières, une nouvelle reine. La vieille quitte la ruche avec quelques milliers d'ouvrières et va former un autre essaim. Mais si la ruche n'est pas assez nombreuse pour cette séparation, les deux reines se livrent un combat à mort, à coups d'aiguillon. Celle qui survit, reste maîtresse paisible du logis.

Fig. 449. — Guêpe (Pag. 247).

— Julien, interrompit Mme Bravandas, ne touche pas aux ruches : tu risques de te faire piquer.

— Oui, dit Scabieuse, les abeilles sont admirablement armées; elles ont un aiguillon fait de deux stylets; quand elles piquent, une pression s'exerçant sur la glande à venin qui accompagne cet appareil, du poison s'écoule dans la plaie. Vous pouvez considérer l'aiguillon sur cette abeille que je réduis à l'impuissance.

Mais ce qu'il y a de plus merveilleux dans l'abeille, ce sont ses pattes postérieures. Examinez-les. La jambe, fortement élargie vers le bas, a la forme d'un triangle très allongé qui, à son extrémité, porte une rangée de pointes disposées en un râteau, avec lequel l'abeille ramasse la cire produite entre les anneaux de son abdomen. (Les abeilles font la cire en transformant dans leur économie les matières sucrées en matières grasses : celles-ci s'amassent dans de petites glandes abdominales qui la laissent transsuder à l'extérieur.) Le premier article du tarse, celui qui tient à la jambe, est appelé la pièce carrée; il est énorme, comparé aux

Fig. 450. — Bourdons de Mousse et leur Nid (Pag. 247).

autres parties du tarse. Il forme avec la jambe une véritable pince. Cette pièce carrée sert à la fois de truelle et de brosse, car elle est lisse en dehors, et garnie en dedans de séries transversales de poils raides d'égale longueur. Les pattes antérieures des ouvrières sont aussi garnies de petites brosses. Le miel, personne ne l'ignore, est la nourriture des abeilles; elles l'extraient des fleurs, et en font des provisions pour l'hiver et la nourriture de leurs larves.

Un peu au hasard, nos amis continuèrent leur route, toujours en montant, et arrivèrent auprès d'un immense tas de cailloux. Il y en avait de toutes les grosseurs et de toutes les couleurs, et Scabieuse y reconnut aisément d'abondants débris de roches cristallines, granit et autres, c'est-à-dire de matières absolument différentes de celles qui constituent le sol

Fig. 451. — Restauration de quelques-unes des Bêtes qui vivaient à l'Époque glaciaire : Le Rhinocéros à Narines cloisonnées,
le Cerf à Bois gigantesque, le Mammouth, etc. (Pag. 252).

calcaire sous-jacent. En outre, beaucoup de ces galets étaient recouverts de faisceaux de stries fines et profondes.

Quant à l'accumulation de cailloux, elle était évidemment artificielle, et on voyait à quelques mètres la profonde excavation d'où on l'avait extraite.

Cette excavation était comme une carrière ouverte dans le flanc d'une colline très surbaissée dont le sol était cultivé en avoine. Ici, plus de couches comme celles dont ailleurs les escarpements sont formés; mais une terre fine remplie de blocs de pierre disposés sans aucun ordre de grosseur ou de nature minéralogique.

— C'est une *moraine*, dit Scabieuse.

Ce mot suscita naturellement la curiosité des jeunes gens.

— Vous comprendrez mieux ce dont il s'agit dans quelques jours, leur dit-il, alors que vous aurez vu de près ces fleuves d'eau solide qui sont maintenant l'apanage des montagnes les plus élevées. Néanmoins, faites bien attention à ce qui se présente ici, et gravez-le dans votre mémoire, comme par provision.

La moraine que voici prouve que cet endroit a été, il y a bien long-temps, recouvert par un glacier, prenant sa source dans les Alpes Ber-noises, à une centaine de kilomètres d'ici, et présentant une épaisseur, en rapport avec son énorme longueur, de plusieurs centaines de mètres.

Les glaciers actuels sont enfermés dans une vraie fortification qu'ils édifient eux-mêmes sur tout leur pourtour et qui constitue leurs moraines. Les matériaux de celles-ci sont fournis par les roches dont les escarpements enserrent la vallée, et leur accumulation est due à ce phénomène étrange mais maintenant incontestablement constaté de la *progression des glaciers*. Il résulte en effet d'observations nombreuses et précises que la glace s'écoule dans les vallées de montagnes qu'elle remplit, en suivant rigoureu-sement les mêmes lois que les rivières, mais, bien entendu, avec une extrême lenteur. Le milieu va plus vite que les bords, et la surface va plus vite que le fond. Toutes les pierres tombées sur le glacier sont donc charriées peu à peu comme des morceaux de bois flottant, et elles viennent culbuter sur les rives.

La moraine du Champ-du-Moulin, disposée en travers de la vallée où elle forme un barrage que le torrent a dû percer, est une moraine frontale.

— Mais, demanda Pierre, comment se fait-il qu'un glacier si actif, qui transportait, à 25 lieues de distance, comme des fétus, des blocs de granit d'un mètre cube, ait disparu au point que son existence passée est attestée seulement par ses œuvres?

— Mon ami, cela tient à ce que la température est plus clémente aujourd'hui dans la région jurassienne qu'à l'époque de ce glacier. Mais alors même, elle ne devait pas être aussi basse que le feraient croire d'abord les vastes espaces envahis par l'eau congelée des sommets. Ainsi M. Charles Martins a calculé que si la moyenne de la température annuelle s'abaissait à Genève de 5 degrés seulement, ce qui la laisserait encore fort supportable, les glaciers des Alpes ne tarderaient pas à gagner de nouveau les vallées du Jura.

Cependant on a souvent donné le nom de *période glaciaire* au temps correspondant à la grande extension des glaciers, non seulement dans les Alpes, mais encore dans les Pyrénées, dans les Vosges et dans le plateau central de la France.

L'après-midi de cette même journée fut consacré à la visite des gorges de l'Areuse.

Quelquefois le sentier semble s'enfoncer dans la forêt; le plus souvent il suit le bord du torrent dont le grondement accompagne toute la promenade. Il s'élève à une centaine de mètres, puis redescend si bas qu'un pêcheur peut s'y installer pour jeter sa ligne. Tantôt le voyageur n'a sur sa tête que la tente éclatante ou sombre du firmament; tantôt il savoure la fraîcheur d'ombrages merveilleux, de chênes énormes, de sapins élancés jusqu'à la cime de la montagne. Même contraste dans les couleurs : voici une terre aride et comme roussie, et voilà des rochers gigantesques couverts d'une mousse épaisse, verte, humide, à brins si longs que Scabieuse lui-même déclare n'en avoir jamais vu de si belle.

Il fallut en déterminer l'espèce.

— Comment! dit Julien, est-ce qu'il y a différentes mousses à distinguer.

— Petit malheureux! on en connaît plus de mille espèces. Il y en a de terrestres, il y en a d'aquatiques; d'annuelles, de vivaces; les unes ont une tige dressée, d'autres une tige couchée. Dans tous les cas la tige est feuillue, et son accroissement, au lieu de se faire en diamètre, a lieu par l'extrémité terminale : c'est cette particularité que les botanistes ont voulu exprimer d'un mot en disant que les mousses sont des végétaux acrogènes.

La tige des mousses est tantôt simple, tantôt rameuse; ordinairement cylindrique, plus rarement triangulaire. Les racines secrètent une matière résineuse qui assure l'adhérence de la plante sur le sol mouvant des dunes. En outre, on observe souvent des racines aériennes partant de l'aisselle des feuilles, lesquelles sont toujours sessiles à limbe généralement simple.

Au point de vue de la reproduction, les mousses sont les unes monoïques, les autres dioïques. Dans le polytric, qui est une de nos mousses les plus communes, on voit se produire les organes de fructification au bout de tiges plus longues que les tiges stériles. Les unes portent des archégones et les autres des anthéridies, qui sont des espèces de petites urnes. Des anthéridies sortent à certains moments des petits êtres appelés anthéro-zoïdes, et qui sont fort analogues pour la forme comme pour les allures aux infusoires visibles au microscope dans les macérations de substances végétales. Ils nagent vivement dans la rosée dont toute la plante est

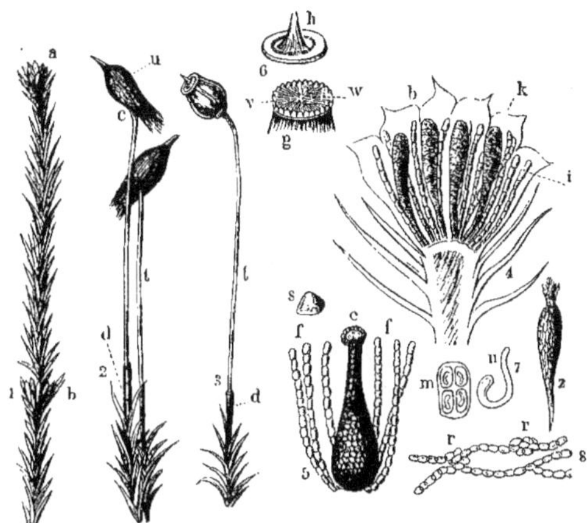

Fig. 452 à 462. — Le Politric vulgaire comme Type de Mousse (Pag. 254).

1. Tige. — 2. Urne, Coiffe et Soie. — 3. Urne dépourvue de Coiffe. — 4. Anthéridie et Paraphyses.
5. Archègone. — 6. Couvercle de l'Urne et Péristome. — 7. Protonéma.

baignée, pénètrent dans les archégones, et là donnent naissance aux spores.

En même temps l'archégone se change en fruit, et celui-ci, chez le polytric, est fort joli. Suspendu à une tige cylindrique très grêle, il a la forme d'une urne quadrangulaire fermée par un couvercle et protégée par une espèce de petit chapeau pointu en soie, couleur de rouille.

Les spores tombées sur le sol donnent des filaments qui se transforment peu à peu en une ou plusieurs tiges feuillées reproduisant la plante mère. Ces phénomènes merveilleux ne sont pas exclusivement propres aux mousses. On les retrouve avec des variantes chez les autres cryptogames et spécialement chez les fougères.

— Qu'est-ce que cela, M. Scabieuse? demande Marie arrêtée devant

Fig. 463. — Une Fourmilière (Pag. 256).

un monticule conique, haut d'au moins un mètre. Si je ne me savais en pleine nature sauvage, je croirais voir un tas de tout ce qu'un jardinier pourrait ramasser avec un râteau dans ces bois.

— Mademoiselle, c'est une fourmilière.

— Si énorme?

— Oui. C'est un joli échantillon du travail de ces intelligents et laborieux insectes.

— Oh! oh! dit Mme Bravandas, les fourmis c'est mon affaire. Quand j'étais petite et que j'allais à l'école, j'ai entendu raconter par la sous-maîtresse des histoires merveilleuses à leur sujet. Elle devait nous apprendre beaucoup de choses: la zoologie, la botanique, la minéralogie; mais elle ne connaissait qu'une bête: la fourmi, à cause de son industrie, qu'une plante, la violette, parce qu'elle est modeste, qu'un minéral, le caillou, dont la dureté lui rappelait la tête de ses élèves.

— Ça devait faire un drôle de cours d'histoire naturelle, maman, remarqua Pierre.

— Aussi tu sais comme je suis savante.

— Mais, Mme Bravandas, dit Scabieuse, cette sous-maîtresse vous a peut-être dit des choses intéressantes sur la fourmi. Répétez-les-nous.

— Les fourmis ont un gouvernement, une hiérarchie sociale, obéissent à une reine, ont des chefs pour les conduire à la bataille.

— Erreur!

— Elles pondent des œufs beaucoup plus gros qu'elles.

Scabieuse ne put s'empêcher de rire:

— Erreur!

— Mais pourtant, mon ami, j'ai vu chez un marchand d'animaux des œufs de fourmis qu'il vendait pour la nourriture des faisans. Eh bien, très certainement, leur volume dépassait celui de ces bestioles qui courent à nos pieds.

— Aussi, les œufs de fourmis du commerce et des faisans ne sont-ils pas des œufs de fourmis: ce sont des nymphes de fourmis enfermées dans leur cocon soyeux. Quant à la monarchie, elle n'existe pas plus chez les fourmis que chez les abeilles. Il y a une femelle, une mère, mais qui demeure absolument étrangère aux actes des ouvrières; chacune de celles-ci contribue à l'entretien de la fourmilière, de son propre instinct, et sans recevoir aucun commandement.

— Bon! je ferai bien, Scabieuse, de vous laisser la suite des explications.

— Nous allons faire mieux que des explications: nous allons ouvrir la fourmilière.

D'un coup de piochon Pierre aussitôt enlève un large morceau du monticule.

Grande agitation parmi les fourmis. C'est un grouillement merveilleux. Tout le tas, composé surtout d'aiguilles de sapin, vu l'essence dominante de la forêt, semble vivant; chaque brindille est recouverte d'insectes; près de l'endroit endommagé, c'est un tourbillon.

— Elles vont nous dévorer, s'écrie Marie.

— Ne craignez rien; ce n'est pas de vous qu'elles s'occupent. Elles se demandent ce qu'il y a à faire pour les réparations. Remarquez-les bien. Ce n'est pas la première fois, d'ailleurs, que vous voyez cette petite forme dépourvue d'ailes, à tête triangulaire, ornée de longues antennes qui sont de l'avis de tous les observateurs les organes du langage... Mais prenons une loupe. Tu tiens une fourmi, Julien?... Bien! regarde la bouche. Tu y verras six pièces articulées : une lèvre supérieure ou labre, deux mandibules, deux mâchoires, une lèvre inférieure. La lèvre supérieure est large chez les fourmis; leurs mandibules fortes, triangulaires et dentées, insérées exactement au-dessous du labre, sont des instruments de travail, de préhension; les mâchoires et la lèvre inférieure sont courtes. Quoique orga-nisées en apparence pour broyer et triturer, les fourmis ne se nourrissent que de matières liquides ou molles, et elles ne font pas de provisions, comme a dû vous le dire aussi votre sous-maîtresse, Mme Bravandas.

— Et comme l'a dit La Fontaine, remarqua Julien.

— Les fourmis s'engourdissent l'hiver; elles n'ont donc que faire de greniers.

Ensuite les pattes grêles et longues de la bête, son abdomen étroit attaché au thorax par un pédicule court et mince, furent passés en revue.

— C'est la fourmi rousse, dit Scabieuse, et c'est, comme vous le voyez, sa couleur qui lui a valu son nom ; elle a une tache noire sur la tête. La multitude qui grouille là se compose entièrement d'ouvrières, c'est-à-dire de neutres. Les femelles, beaucoup plus rares, sont aussi plus grosses. Le mâle, entièrement noir, est couvert d'une très fine pubescence.

— Alors, dit Julien, les fourmis appartiennent bien à l'ordre des aptères, puisqu'elles n'ont pas d'ailes.

— Ce Julien! dit Pierre en haussant les épaules.

— Ce malhonnête, cet orgueilleux! répliqua Julien.

— Les fourmis sont, comme les abeilles, des hyménoptères. Les mâles et les femelles ont des ailes. La vie des premiers est courte ; les autres qui, après leur ponte, doivent vivre sédentaires, s'arrachent les organes du vol devenus inutiles, et se mêlent à la foule des ouvrières.

Fig. 464. — Fourmi femelle (Pag. 258).

— Eh! mais j'en aperçois, maman, de tes prétendus œufs de fourmis.

— C'est vrai!

— Tenez! voilà des ouvrières qui les emportent entre leurs mandibules. Oh! que c'est lourd! N'importe, elles continuent: il ne faut pas que l'espoir de la société reste exposé au grand air, à la lumière qui le blesserait.

Cependant Pierre remuait de plus belle la fourmilière, et il regardait de très près.

Tout à coup il se redressa en poussant un petit cri.

— Qu'as-tu? lui demanda sa mère avec inquiétude.

— Une brûlure dans l'œil.

— Tu auras reçu un peu d'acide formique, dit Scabieuse. Cet accident est fréquent pour les indiscrets comme toi: les fourmis, pour s'en débarrasser, leur lancent à la figure cette désagréable sécrétion. Souffres-tu beaucoup?

— Non! ça se passe.

— Si les coups de pioche avaient été mieux donnés, dit Scabieuse, nous pourrions admirer la disposition intérieure de la fourmilière; mais tout est confus en ce moment. Vous apercevez néanmoins un grand nombre de petits morceaux de bois: ce sont les murs, les toits, les poutres de chambres et de couloirs. De patients naturalistes ont vu dans tout cela un ordre admirable.

— Scabieuse, dit Marius, si nous nous attardons davantage ici, nous ne pourrons voir aujourd'hui les gorges de l'Areuse.

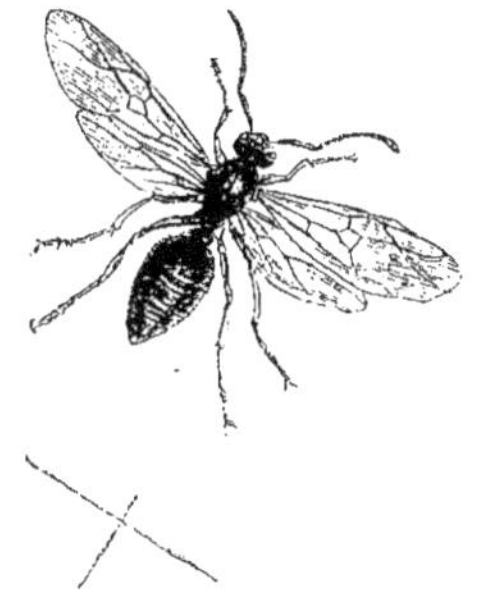

Fig. 465. — Fourmi mâle (Pag. 257).

Scabieuse se laissa entraîner, mais continua ses histoires de fourmis.

— Une fourmilière a souvent les commencements les plus modestes: une femelle qui s'est trop éloignée de sa demeure natale pour y revenir, se creuse une petite cavité, se débarrasse de ses ailes, pond des œufs,

devient ouvrière, nourrice par conséquent, élève ses larves. Celles-ci,
passées à l'état d'insectes parfaits, agrandissent leur demeure, exécutent
tous les travaux, tandis que la mère se repose.

Fig. 466.
Fourmi ouvrière (Pag. 258).

Le grand souci des fourmis, c'est l'éducation
des larves: elles les nettoient en les frottant avec
leurs palpes; elles les transportent aux places les
plus favorables selon les différents moments de
la journée. Les larves sont des êtres fort peu
développés; elles sont vermiformes, et elles ont
des pièces buccales très petites et très faibles;
elles ne font d'autre mouvement que de les ouvrir pour recevoir leur nourriture. Les ouvrières leur donnent la becquée; elles se gorgent de liqueurs
sucrées, de miel, de jus de fruit, emmagasinent cette nourriture dans leur
jabot, et en déversent une partie dans la bouche des larves.

Fig. 467. — Fourmi s'arrachant les Ailes (Pag. 258).

Les fourmis font la guerre, élèvent des troupeaux, réduisent des étran-
gères en esclavage. Selon l'expression de Linné, elles ont trouvé des
vaches à lait dans les pucerons; elles les transportent chez elles, les
traitent bien, leur fournissent la nourriture qui leur convient, et hument la
liqueur sucrée qu'ils produisent. D'autres insectes vivent d'une manière
constante avec les fourmis, et les entomologistes tamisent quelquefois les

matériaux d'une fourmilière afin de récolter des espèces qui ne se trouvent que là : tels sont les clavigères, très petits coléoptères de la famille des Psélaphides, et qui ont absolument besoin des soins des fourmis : ils ne

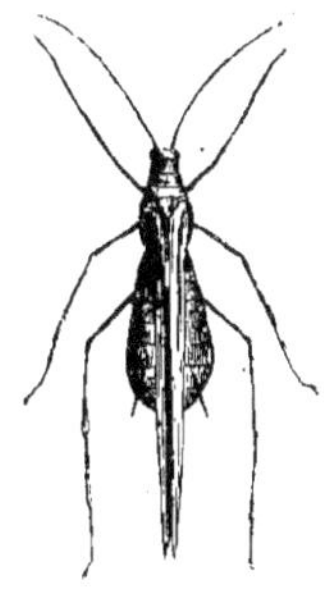

Fig. 468.
Puceron du Rosier
(Pag. 259).

savent pas prendre leur nourriture, et la reçoivent de la bouche des ouvrières; en échange ils leur donnent la sécrétion de poils tubuleux que ces intelligents insectes lèchent fréquemment.

D'après un récit publié récemment par l'illustre Darwin, la fourmi agricole serait bien plus intelligente encore. Elle sarcle le terrain autour de sa demeure conique et sur un rayon de plus d'un mètre, en aplanit la surface. Aucune végétation, à l'exception d'une seule espèce de graminée, n'est tolérée dans l'intérieur de ce périmètre. Après avoir semé sa plante, l'insecte la cultive et la soigne en rongeant toutes les herbes qui poussent par hasard dans l'enceinte. La graminée ensemencée s'épanouit et donne une riche moisson de petites graines blanches dures et qui au microscope ressemblent assez au riz ordinaire. La bestiole la récolte quand elle est mûre et les ouvrières l'emportent en bottes dans les greniers, où elles la séparent de la paille et l'emmagasinent. Si le temps humide arrive plus tôt que d'ordinaire, les provisions mouillées courent le risque de germer et d'être gâtées; dans ce cas aux premiers beaux jours les fourmis transportent dehors le grain humide et avarié et le font sécher au soleil; après quoi elles rentrent les grains intacts, abandonnent ceux qui ne sont plus bons.

Une petite fourmi, appelée le Polyerque roussâtre, a des mandibules arquées, étroites, aiguës à l'extrémité, sans dentelures, et ne pouvant se toucher par leur milieu, des mandibules enfin qui ne sont pas des outils, mais des armes. Le Polyerque roussâtre s'en sert pour aller combattre des fourmis travailleuses ; il pénètre dans leur demeure, enlève leurs larves, et celles-ci devenues adultes

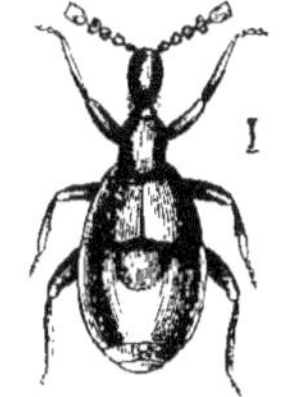

Fig. 469.
Clavigère (Pag. 260).

exécutent tous les travaux de la demeure de leur vainqueur. Dans tous les nids de polyerques roussâtres se trouvent des fourmis brunes et des fourmis mineuses, de véritables esclaves, mais qui n'ont nul désir de recouvrer leur liberté, puisqu'elles ne se souviennent pas de l'avoir perdue.

Tout en parlant ainsi, on avait fait du chemin. On passa l'Areuse sur

un pont de bois qui est un excellent observatoire de la rivière: elle
écume, elle crache, elle rebondit, elle tournoie. Oh! il faut tenir bien fort
la main d'Alice : ce ne sont plus seulement des pentes que l'on rencontre,
mais des marches. On passe au pied de rochers énormes qui semblent
entassés par des efforts titaniques. Un petit chemin conduit au milieu de
leur chaos: bien vite il faut y grimper. Des larmes tombent d'un bloc qui
surplombe, faisant le toit menaçant d'une vaste chambre de pierre.

— Oh! dit Marie, voilà une caverne digne d'être celle de hardis
brigands.

— Cela me fait plutôt penser, répliqua Scabieuse, à un abri sous
roche, à cette première demeure de l'homme, nu et sans défense, contre les
intempéries et les animaux féroces.

Enfin, voici les véritables gorges qui commencent. Elles s'annoncent par
le froid qui sort de leur bouche, humide comme celle d'une cave. Les
parois de la vallée se rapprochent hérissées, déchirées, gluantes, couvertes
de lianes, de mousses, de lichens. Ce ne sont plus de simples galets
qui obstruent le lit de la rivière, mais des blocs, des digues naturelles
qui l'irritent, l'accumulent et la font retomber en vertigineuses cascades.
Immense est la rapidité de l'impétueux torrent, terrifiante est sa force ;
il remue, entraîne, bouscule la légion de pierres que les pluies et les
neiges ont arrachées aux flancs de la montagne, les polit, les arrondit
les unes contre les autres, s'enfonce chaque jour avec elles plus profondément dans les entrailles du sol; toute cette agitation fait un grand bruit,
qui se joint à celui de ses chutes précipitées... Autre pont, pour retourner
sur la rive droite. Cette fois Mme Bravandas et Marie tremblent; elles ne
veulent pas regarder la fantastique rivière; elles se croient à une porte de
l'enfer, aussi terrible que celles que chantèrent Dante et Virgile. Scabieuse,
qui connaît les Alpes, leur promet bien d'autres gorges et bien d'autres
ponts tremblants, les raille de leur faiblesse. Elles ouvrent un œil, puis
deux... C'est fini, elles ont assez montré qu'elles sont impressionnables.

Le chemin est devenu une sorte de balcon fait de troncs d'arbres solidement retenus à la roche par des crampons de fer. Un garde-fou de
branchages rassure les gens sujets au vertige. L'Areuse semble couler
dans un abîme insondable: on ne la voit plus; seul, son grondement, qui se
grossit dans les cavernes du fond, roule comme un tonnerre, éclate comme
une canonnade. Très haut, au niveau du balcon, les rochers dessinent des
méandres, qui rappellent que la rivière coulait jadis à ce niveau élevé.

Enfin on grimpa un petit escalier commençant devant un poteau indicateur avec ces mots: „Chalet de la Tempérance,“ et l'on se trouva non sans plaisir dans une belle prairie ensoleillée, dont l'herbe verte faisait ressortir le riche violet d'innombrables colchiques, curieuses plantes véritablement réduites à la fleur. Le calice, aux sépales colorés comme les pétales, se prolonge en un long tube blanc plongeant dans la terre, et se termine à dix centimètres de profondeur en un bulbe assez volumineux.

— Cette plante, demanda Marie, dure-t-elle ainsi toute l'année?

— Non. La fleur passe; puis au commencement du printemps, de grandes feuilles sortent du sol leur épaisse rosette au milieu de laquelle le fruit est blotti, et le végétal prend une apparence si différente de la première qu'il faut être prévenu pour admettre son identité. Le tubercule a joué un grand rôle dans l'ancienne pharmacopée et maintenant encore la médecine utilise l'alcaloïde ou colchicide qui y est contenu, et qui le rend si vénéneux que le nom vulgaire du colchique est *tue-chien.*

Le Chalet de la Tempérance est un cabaret dont le nom pittoresque est dû aux pieuses intentions de ses fondateurs qui voulaient qu'on n'y vendît aucun alcool: ni vin, ni bière, mais seulement du café, du lait, du chocolat, des sirops. L'entreprise fit de si mauvaises affaires qu'on dut renoncer à ces excès de tempérance et permettre le débit du neuchâtel, du cortaillod mousseux, et de la bière de Travers.

Les Bravandas se firent servir leur collation sur une table placée en plein air. Scabieuse, qui était allé fureter dans le chalet, en rapporta des photographies et une *poésie:*

La Marseillaise des Tempérants.

> Allons enfants de la patrie,
> Le jour de lutte est arrivé;
> Parmi nous contre l'eau-de-vie
> L'étendard de Christ est levé *(bis)*.
> Entendez vous dans nos campagnes
> Les voix sinistres des buveurs
> Qui sans pitié brisent les cœurs
> De leurs fils et de leurs compagnes.
> Aux armes citoyens! formez vos bataillons
> Luttons, prions!
> Que l'ennemi fuie enfin nos cantons.

Cela naturellement sur l'air de notre hymne national. Aussi, toute la petite troupe, fort gaie de caractère, se mit-elle à chanter tout au long les cinq couplets de la réjouissante élucubration.

Les garçons, qui ne pouvaient tenir en place, ne tardèrent pas à aller à la découverte dans les bois avoisinant le pré. Ils revinrent bientôt avec une petite branche à laquelle était suspendue un nid de *guêpes des bois*. Il

Fig. 470 et 471. — Nid de Guêpe (Pag. 264).

était abandonné ; mais en dérangeant avec précaution ses enveloppes, on le vit rempli de larves et d'œufs. Il semblait en papier. Les guêpes, en

Fig. 472. — Orvet (Pag. 264).

effet, récoltent des fibres ligneuses, des feuilles mortes, les triturent entre leurs mandibules et en font une pâte homogène très protectrice. L'intérieur du guêpier est formé d'alvéoles hexagonaux de la plus grande régularité.

Au retour, un peu avant d'arriver au Champ-du-Moulin, on trouva sur le chemin, grillant au soleil, un pauvre orvet mutilé; il avait le corps coupé en deux. Le tronçon qui portait la tête, et qui était le plus long, s'agitait

Fig. 473. — Cicindèle champêtre (Pag. 265).

frénétiquement. Après qu'on l'eut regardé, Bravandas le rejeta dans l'herbe.

— Les serpents ont la vie dure, dit-il. Peut-être celui-ci se tirera-t-il d'affaire.

— Un serpent! papa! s'écria Pierre scandalisé. L'orvet est un lézard.

— Eh bien, où sont ses quatre pattes?

— Elles ne sont pas sorties de la peau; mais il en existe intérieurement des vestiges, ainsi que je l'ai fort bien vu dans un dessin.

L'orvet a une sorte de bassin, ce qui le distingue très nettement du serpent, chez lequel cet organe manque absolument. Enfin, tu pourrais voir par toi-même que ses mâchoires ne sont pas dilatables, tandis que cette faculté permet au serpent d'engloutir des proies beaucoup plus grosses que lui.

Fig. 474. — Larves de la Cicindèle champêtre (Pag. 265).

— N'est-ce pas l'orvet qu'on appelle serpent de verre?

— Oui, à cause de son extrême fragilité. Il perd très souvent sa queue; mais il lui en repousse une autre qui est quelquefois double.

— C'est ce qui est arrivé à un petit lézard que j'ai gardé longtemps.

-- J'aime à croire, reprit Scabieuse, que ce n'est pas une créature humaine qui a démoli la pauvre bête que nous venons de rencontrer; car elle se rend utile en détruisant une foule d'insectes et de mollusques nuisibles.

L'attention des enfants fut attirée à quelques pas de là par un grand nombre de coléoptères à élytres d'un vert bronzé qui volaient avec ivresse au soleil, et de temps en temps se posaient sur la terre chaude, sur les herbes un peu rousses. C'étaient des cicindèles. Elles laissaient sur les doigts une odeur de pommade à la rose.

— Ces jolies bêtes sont des carnassiers féroces, aussi bien armés pour la fuite que pour l'attaque. Les ennemis qu'elles doivent éviter sont d'ailleurs aussi nombreux que les victimes dont elles se nourrissent. Leurs ailes légères sont de grandes dimensions et leurs mandibules fortes et recourbées viennent à bout sans peine des insectes, des vers et des mollusques. Ces mandibules ne sont pourtant qu'un reste de la puissante tenaille dont disposait la cicindèle quand elle était sous terre à l'état de larve.

Neuchâtel et l'Oberland bernois.

CHAPITRE III.

NEUCHATEL ET GENÈVE.

Ès qu'ils eurent mis le pied dans la jolie ville de Neuchâtel, les Bravandas se sentirent bien vraiment en pays ami, mais étranger. Les maisons ont un cachet tout spécial: les unes, neuves, sont bizarres, souvent de mauvais goût; les autres, anciennes, ont un aspect austère qui plaît. Partout ces jolies fontaines que Victor Hugo appelle „des fleurs des Alpes": hommes armés, Thémis aux yeux bandés et aux jupes retroussées, etc.

Nos touristes cherchèrent une place pour la voiture, et la trouvèrent au bord du lac. Là, ils demeurèrent muets d'admiration, car ils avaient sous les yeux l'étincelante masse des Alpes. Du Solliat, ils avaient aperçu quelques sommets, aussitôt cachés par le moindre pli du terrain qu'ils foulaient: à Neuchâtel, aucun obstacle à leur admiration. Ils distinguaient nettement les formes des différentes montagnes; ils croyaient en apprécier les hauteurs.

Pierre découvrit le long du quai, solidement établi sur un piédestal de granit, un instrument qui permet de viser chacun des points de ce magnifique panorama, et de lui donner son nom.

— Maman, sais-tu laquelle de ces montagnes est la Jungfrau?

— Non.

— Eh bien, regarde dans la direction de la règle de cuivre qui peut tourner sur cette table de marbre par l'une de ses extrémités, et que j'arrête sur la ligne où l'on a écrit le nom de la Jungfrau. Si tu vises bien, tu aperçois à coup sûr la poétique montagne.

— Le Mont-Blanc! je veux saluer le Mont-Blanc!

— Voilà m'man! Faites-vous servir. A côté, c'est le Dôme du Goûté!

— Merci, petit! Ton appareil est fatigant.

— Non! c'est que tu ne t'en sers pas bien... La Dent du Midi!... Il me semble que j'y suis! L'Aiguille d'Argentières, la Dent d'Oche, les Diablerets!

— A mon tour, cria Julien jaloux.

— Au mien, dit Marie.

L'appareil à viser les montagnes fit pendant une demi-heure le bonheur de la caravane.

— Que ce grand lac est beau! dit Marie.

— Il n'est cependant pas des plus renommés: la couleur de ses eaux n'a pas ce bleu profond qui donne tant de charme aux lacs qu'il va vous être donné d'admirer dans la suite... Néanmoins je le trouve superbe quand c'est lui que je regarde. Il donne comme les autres le miroitement, les jeux de lumière, l'idée de l'espace, le doux bruit de son flot contre le rivage. Et si bien encadré! tout près par le Jura qui finit; au loin, par ces Alpes blanches et grandioses.

Avant de s'occuper du dîner, on voulut voir la ville.

— Nous ferons nos provisions en nous promenant, dit Mme Bravandas.

Ils commencèrent par monter, comme tout voyageur qui explore une ville bâtie sur différents niveaux. Et ils arrivèrent au château dont la concierge leur fit visiter les salles consacrées aux séances des députés du canton. L'antichambre de l'une d'elles possède un portrait d'Agassiz.

Le célèbre naturaliste est représenté debout, au milieu d'un paysage montagneux appuyé sur un gros rocher et tenant à la main le marteau du géologue. L'un de ses principaux titres de gloire consiste en effet dans les découvertes dont il a enrichi l'histoire de la terre. Il n'avait pas quarante ans quand il donna des *Études sur les glaciers* qui sont restées classiques, et les savants consultent avec fruit son ouvrage considérable sur les *Poissons fossiles*. Né en 1801 à Orbe, dans le canton de Vaud, il semblait destiné à fournir toute sa carrière en Suisse, quand il fut appelé en 1846 par les États-Unis et nommé professeur à l'Université de New-Cambridge, près de Boston. Une de ses dernières publications, faite en commun avec Mme Agassiz, est la relation d'un voyage scientifique au Brésil.

Le château est à deux pas du Temple du Haut. De celui-ci, toutes les portes étaient rigoureusement fermées, et cependant l'on entendait l'orgue jouant à toute volée. Il fallut, pour se faire ouvrir, aller chercher le sacristain qui demeurait assez loin de là. Naturellement, on le rétribua.

Les Bravandas, gens peu économes de leur nature et destinés par conséquent à avoir la bourse toujours légère, commencèrent à Neuchâtel une série de petites dépenses qui se continuèrent tant qu'ils furent en Suisse, et qui ne laissèrent pas d'être onéreuses.

Ils se dédommagèrent en critiquant :

— Combien, disait Bravandas, est généreux notre bon pays de France qui tient si largement ouvertes à tous, nationaux et étrangers, les portes de ses musées et de ses églises. A personne il ne marchande la vue des beautés artistiques ni celle des collections scientifiques; et qui ne connaît rien chez nous, pèche honteusement par paresse et par stupidité.

La plupart des pays étrangers s'acquittent envers le public en lui ouvrant gratuitement ses musées deux jours par semaine. Les églises protestantes, toujours hermétiquement closes, sauf aux heures des cantiques, — où il est défendu aux profanes de circuler pour regarder quoi que ce soit, — font à leurs bedeaux des revenus sérieux avec les pourboires des voyageurs. Si sérieux, qu'ils remettent certainement quelque chose à la fabrique, et que, comme à Petit-Jean, on leur

. . . . donne le soin
De fournir la maison de chandelle et de foin.

— Quant aux églises catholiques, reprenait Scabieuse, elles permettent bien aux fidèles de venir prier à toute heure; mais elles cachent soigneusement leurs curiosités. La chaire magnifique du *Dôme* d'Aix-la-Chapelle, toute incrustée de pierres précieuses, remarquables par leur grosseur, est enfermée dans un revêtement de chêne qui ne s'ouvre que devant celui qui a payé, et qui est disposé de telle sorte que, même dans ce cas, il s'interpose entre la chaire magnifique et l'admiration des pauvres diables. A Anvers, les tableaux de Rubens, divins chefs-d'œuvre, sont comme des coffres-forts, soigneusement fermés. Et ce qui est surprenant, c'est que la Descente de Croix qui, sur son fermoir, porte le saint Christophe du Maître, n'ait pas un fermoir sur ce fermoir.

Fig. 178. — Gypaëto (Pag. 276)

Aussi belle que la Descente de Croix, est l'Assomption, toujours à découvert; mais on a mis assez de distance entre elle et l'approche du public, pour que les presbytes mêmes n'y puissent rien distinguer.

— Et n'est-il pas agaçant de penser que les bénévoles français poussent la candeur jusqu'à faire des gracieusetés spéciales aux étrangers? Sur le vu de leur passe-port, on les laisse entrer dans le Louvre pendant le balayage; à Cluny, les jours de semaine; à la ménagerie du Jardin des Plantes, quand les animaux dorment encore. En vérité! on devrait

Fig. 479. — Autour et Épervier (Pag. 272).

plutôt faire payer ferme ces Belges, ces Suisses, ces Anglais, ces Allemands. Les gardes des Musées les reconnaîtraient aisément à leur tête, à leur mise, à leur baragouin.

Les Bravandas furent contents d'avoir pénétré dans le Temple du Haut, ancienne église catholique construite au XIIe siècle, et portant dans le chœur cette inscription conciliante:

1530.

Le XXIII d'octobre fust ostée et abbatue l'idolâtrie de Céans
par les Bourgeois.

Ce qui frappa le plus les voyageurs, ce fut un monument gothique érigé en 1372 par un comte de Neuchâtel et qui est entouré par quinze

Fig. 480. — Un Nid d'Aigle royal (Pag. 273).

figures sculptées en bois peint et doré. De grandeur naturelle, ces personnages, chevaliers enfermés dans leur casque et leur cuirasse, nobles dames

coiffées du haut bonnet bizarre du XIVᵉ siècle, prient les mains jointes, avec des expressions de foi profonde, d'espérance infinie. Leurs armes et leurs ornements veulent en vain les rendre hautains: leur extase leur donne une allure de naïve soumission devant le juge qu'ils supplient de prendre en pitié leur pauvre âme pécheresse.

Au sortir de la cathédrale, les Bravandas s'arrêtèrent sur la belle

Fig. 481. — Faucon combattant un Corbeau (Pag. 273).

terrasse, devant la statue de Farel. Le bronze a donné au réformateur un air terrible. Au dessus de sa tête puissante et sévère, il tient de ses deux mains la Bible ouverte, comme une massue dont il va assommer le monde. Parmi les inscriptions, qui couvrent le socle de la statue, se trouve celle-ci: „La parole de Dieu est comme un glaive à deux tranchants.“

Les musées de Neuchâtel sont riches et intéressants. L'un d'entre eux fit la joie d'Alice: elle y vit des scènes de la vie des animaux qui habitent la Suisse. Par exemple: un épervier regardant avec envie un autour qui déchire un pigeon; — un couple de bondrées présentant à leurs petits une couleuvre à collier; — deux geais attaquant un nid d'éperviers, et

repoussés par le père et la mère; — un nid d'aigle royal avec des jeunes;
— deux fouines attaquant un nid d'effrayes; — un faucon gerfaut captu-
rant un corbeau, tandis que des petits oiseaux, geai, bouvreuil, etc.,
s'enfuient épouvantés.

Fig. 482. — Effrayes (Pag. 273).

Cette belle collection d'oiseaux de proie entraîna quelques courtes
explications que Pierre affecta de ne pas écouter, parce qu'elles étaient
trop au-dessous de sa science; mais qui intéressèrent ses compagnons.

— Voyez-vous, dit Scabieuse, vous avez sous les yeux plusieurs
espèces de l'ordre des rapaces; elles peuvent vous donner une excellente

idée de ses principales divisions. Ces effrayes vous représentent les rapaces nocturnes qui, par leur grosse tête, par leur masque bizarre, sont si différents des autres oiseaux, et même des oiseaux de leur ordre. Mais les rapaces nocturnes ont avec les rapaces diurnes un certain nombre de

Fig. 483. — Fouine (Pag. 273).

caractères communs: le bec fort et crochu, les pattes à quatre doigts armées de griffes acérées, appelées serres, destinées à déchirer la chair dont ils se nourrissent. Les oiseaux de proie diurnes comprennent d'abord deux grandes divisions: les vulturidés et les falconidés. Les vulturidés, dont naturellement le vautour est le type, ont ici l'une de leurs espèces: le catharte. Remarquez sa tête chauve, ses tarses déplumés, son bec presque droit, crochu seulement à la base, ses ongles qui ne lui permettent pas d'emporter de trop lourdes proies. Aussi, ce gros mangeur se gorge-

Fig. 484. — Pic Épeiche (Pag. 280).

t-il sur place des chairs putréfiées dont il nettoie la terre. Son énorme estomac peut en contenir de telles quantités, qu'une fois repu il a peine à voler. Pour s'enfuir, quand un danger le menace, il a recours au vomisse-

Fig. 485. — Marmottes (Pag. 280).

ment, très facile pour lui. Le gypaëte établit la transition entre les

Fig. 486. — Marta (Pag. 280).

vautours et les aigles. Il se nourrit de proies vivantes; et s'il a le bec et
les ongles des premiers, il porte la coiffure des seconds. C'est un oiseau
plein de ruses qui, voyant une vache au bord d'un précipice, un chamois
sur la pointe d'un pic, fond sur eux avec impétuosité, les épouvante de son

Fig. 487. — Chat sauvage (Pag. 280).

approche, leur fait perdre l'équilibre. Ils tombent brisés au fond du
gouffre où le gypaëte se repait de leurs chairs palpitantes. Les falconidés
sont partagés par l'ancienne vénerie en ignobles et nobles: les ignobles
n'ont jamais consenti à chasser avec les hommes; ce sont les aigles, les
milans, les buses, etc.; les nobles, — faucons, autours, éperviers, — étaient
inséparables des disciples de saint Hubert. L'aigle royal n'est pas rare dans

les Alpes; les bergers, les touristes en péril ont souvent à redouter son

Fig. 488. — Lynx (Pag. 280).

approche. C'est l'oiseau de nos pays qui vole le plus haut : son nid, que vous avez devant vous, porte le nom d'aire: il se compose tout simplement de quelques branchages posés sur un rocher inaccessible.

Fig. 489. — Grèbe (Pag. 281).

Après les oiseaux de proie, on considéra des animaux de mœurs plus douces. Ainsi l'on vit deux pics verts et un pic épeiche, à la chasse des insectes et des vers qui vivent sous l'écorce des arbres. — Les pics sont des grimpeurs, comme les perroquets, et ils ont comme les derniers deux doigts dirigés en avant, et deux en arrière ; mais ils ne se servent pas de leurs pattes pour prendre les objets, et ils se distinguent à première vue des autres grimpeurs (appelés curvirostres) par leur bec droit et conique. Ce bec, qui est très robuste, leur permet de creuser le bois pour y loger leur nid et y chercher leur nourriture. Leur langue, très extensible, est toujours enduite d'une salive gluante qui retient leurs proies.

Les mammifères se mêlaient agréablement aux oiseaux. Il y avait, par exemple, une famille de ces gros rongeurs plantigrades, aux formes lourdes qu'on appelle des marmottes, et que les petits Savoyards ont rendus célèbres. Les unes faisaient le guet, d'autres apportaient des provisions dans le terrier garni de foin.

Les jolis ruminants des montagnes étaient abondamment représentés : il y avait un groupe de huit chamois. L'expression douce de leurs yeux, l'élégance tranquille de leur allure contrastait singulièrement avec l'aspect rusé de ces petits animaux féroces de nos forêts: les chats sauvages, les martes, toujours prêts à s'élancer sur une proie.

Fig. 490. — Linotte (Pag. 281).

— Voici un lynx, dit Pierre; c'est un chat comme le lion. Il est très redouté des bergers des Alpes.

Le nombre des petits oiseaux était considérable. Il y avait des groupes de grèbes en différents états de plumage. Mlle Alice reconnaissait avec plaisir sur eux la chaude parure dont elle avait dans son manchon un si joli échantillon. Le grèbe est une espèce de canard qu'on voit en été sur les rivières de la Suisse.

Voici maintenant deux linottes, deux mésanges à longue queue, un rossignol des murailles, une tourterelle, deux ramiers, un chardonneret, des

Fig. 491. — Mésange à longue Queue (Pag. 281).

coucous, des lagopèdes, des hérons cendrés, des bécasses, des loriots, des guêpiers, des faisans, des perdrix, des vanneaux huppés, des coqs de bruyère, des cailles, des niverolles, des bruands de neige, etc.

Scabieuse donna les plus grands éloges à ce musée local, intéressant, parce qu'il était spécial.

Le Musée de peinture est contigu au Musée des Alpes. Il contient des toiles très remarquables d'Alexandre Calame, de Maximilien de Meuron, de Karl Girardet, de Coypel, de Gleyre, de Karl Vernet, et de bien d'autres. Mais le maître qui, là, domine tous les autres, c'est Léopold Robert, un Neuchâtelois, d'ailleurs, dont la célèbre toile: les *Pêcheurs de*

l'Adriatique, fait à bon droit l'orgueil de la ville qui la possède. Elle fut
achetée en 1872, 90,000 francs par quarante-deux personnes associées spon-

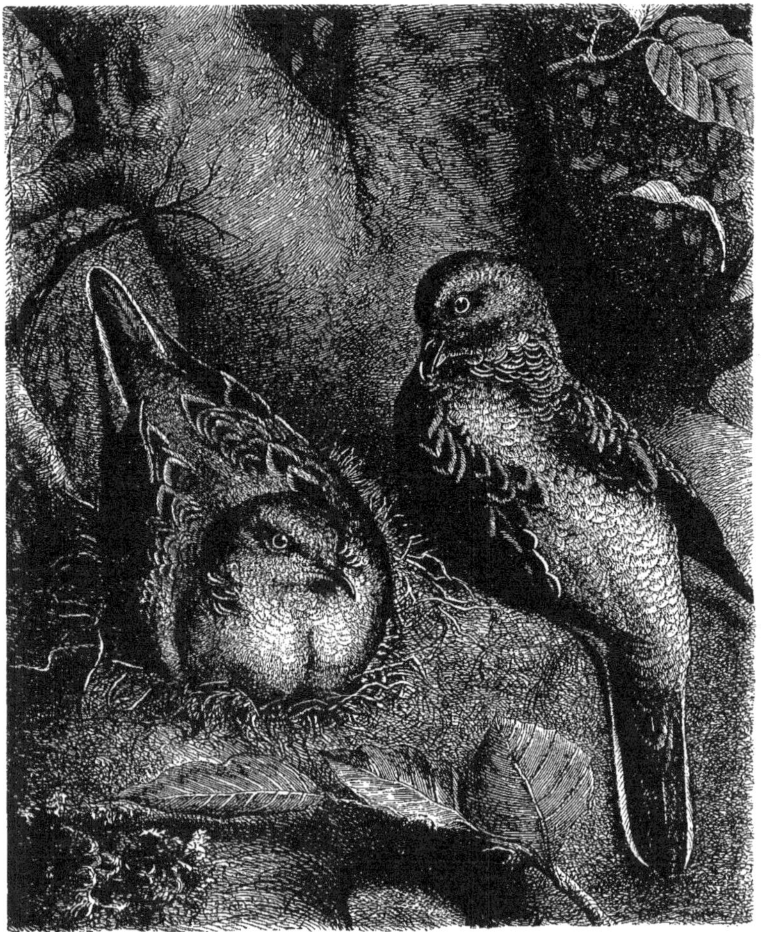

Fig. 492. — Tourterelles (Pag. 281).

tanément, et qui la cédèrent au Musée de Neuchâtel, avec une perte de
50,000 francs. Les autres tableaux de L. Robert à Neuchâtel sont:

l'*Intérieur de la Basilique de Saint-Paul hors des murs, à Rome, après l'incendie de 1823;* une *Étude de bœuf romain,* faite pour le tableau de la *Fête de la Madone de l'Arc;* une *Ébauche d'une sainte famille;* une *Ébauche d'une tête de femme;* un *Portrait de H.-F. Brandt, du Locle, graveur sur médailles de la cour de Prusse.* Ce portrait, qui date de 1814, est une des

Fig. 493. — Chardonneret (Pag. 281).

premières œuvres de L. Robert, né comme on sait en 1794 (mort en 1835); — enfin deux autres portraits; et le *fragment central de l'Improvisateur.*

Un tableau d'Aurèle Robert, frère de Léopold, représente l'*Intérieur de l'Atelier* de l'illustre peintre, à Rome, en 1829. Enfin, voilée de crêpe, la palette d'où sont sorties tant de toiles éblouissantes, s'offre, sous un verre, à la vénération des admirateurs du pauvre grand homme.

Le lac de Neuchâtel est célèbre dans l'histoire de la géologie par les habitations élevées sur pilotis aux temps préhistoriques. Et, naturellement, son Musée d'histoire naturelle conserve un grand nombre d'objets retirés du lac et de ses atterrissements. Un charmant petit modèle d'habitation lacustre fait très bon effet à la tête de la collection.

Fig. 494. — Lagopèdes et Moineau des Alpes (Pag. 281).

— Comme il existe encore, dit Scabieuse, des villages lacustres aux îles Célèbes, à Java, à Céram, aux îles Carolines, etc., les hommes d'aujourd'hui peuvent se figurer aisément ce qu'étaient ces demeures des hommes d'autrefois. Elles s'établissaient ordinairement assez près de la rive, parce que l'eau y est moins profonde; les pilotis, faits de troncs mesurant jusqu'à 28 et 30 centimètres de diamètre, étaient choisis dans des arbres sains et vigoureux, dont le bois très résistant promettait une longue durée. On peut les apercevoir encore dans bien des localités

Fig. 495. — Loriot (Pag. 281).

quand l'eau est transparente et tranquille. Ils étaient enfoncés de 8 à 20 pieds dans la vase. Leur nombre était considérable : une certaine station en comptait 40,000, une autre 100,000. Ils supportaient ainsi les plates-formes sur lesquelles les maisons s'élevaient. La superficie du village lacustre variait beaucoup suivant les localités.

On suppose que les maisons étaient construites à peu près comme celles des premiers Gaulois; en bois et revêtues à l'intérieur d'une couche

Fig. 496.
Hérons cendrés (Pag. 281).

de terre glaise. Peut-être le toit était-il de chaume. — Vous le voyez, c'est dans l'eau que l'on conserve les morceaux de pilotis; car, à l'air ils tomberaient en poussière.

— C'est une idée bien bizarre que celle de ces demeures au milieu de l'eau.

— Nos ancêtres préhistoriques ont multiplié autant qu'il était en eux le mode de leur habitation. Le plus souvent, ce n'était pas seulement une maison, c'était un fort. Ils choisissaient leurs abris sous roche à des hauteurs et dans des positions qui nous semblent inaccessibles; ils s'établissaient dans des grottes dont l'ouverture pouvait être masquée; ils se retranchaient derrière des remparts faits de blocs de granit, joints en-

Fig. 497. — Perdrix (Pag. 281).

semble et *vitrifiés* par une chaleur intense. Et ces précautions se conçoivent dans ces temps durs où l'humanité misérable et nue avait à combattre et l'homme anthropophage par besoin et par goût, et des animaux bien plus

féroces que nos ours, nos lions, nos tigres : l'ours des cavernes, le grand
chat des cavernes, etc.

Fig. 498. — Vanneau huppé (Pag. 281).

Longtemps elle ne sut pas travailler les métaux; ses armes et ses

Fig. 499. — Caille (Pag. 281).

outils étaient de pierre et d'os. Dans l'âge même de la pierre il y a trois degrés qui correspondent à trois pas énormes de l'homme vers la civilisation: il se sert d'abord de pierres éclatées, telles que les lui donne le choc d'un *percuteur* contre un *nucléus*, puis de pierres taillées, auxquelles il impose certaines formes voulues; enfin, de pierres polies, lisses et luisantes comme de l'acier. Vous avez sous les yeux de nombreux vestiges des travaux de ces trois âges: des flèches, des couteaux, des râcloirs, des haches, des hameçons, des aiguilles d'os, des bâtons de commandement, etc.

Fig. 500. — Faisans (Pag. 281).

Fig. 501. — Habitation lacustre (Pag. 284).

Dans les autres vitrines, on a réuni les objets datant de l'âge de bronze qui représente, après la pierre polie, un nouveau et considérable progrès de l'industrie. Le bronze, alliage de cuivre et d'étain, n'existe pas dans la nature ; on n'en rencontre même pas de minerai. C'est un mystère que la découverte de sa fabrication.

Tenez ! j'aperçois une collection de moules en pierre d'où sont sortis des couteaux, des haches, des épées, des peignes, de grandes épingles.

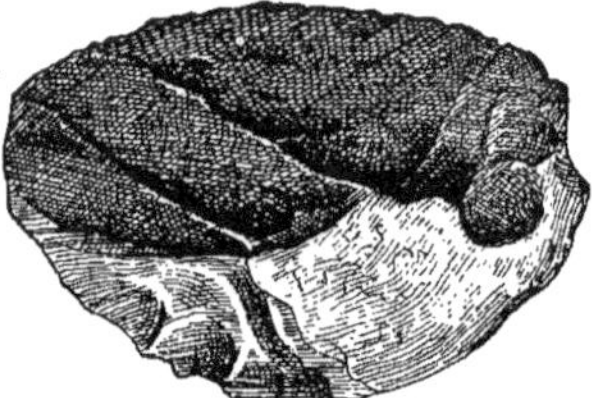

Fig. 502. — Hache éclatée (Pag. 288).

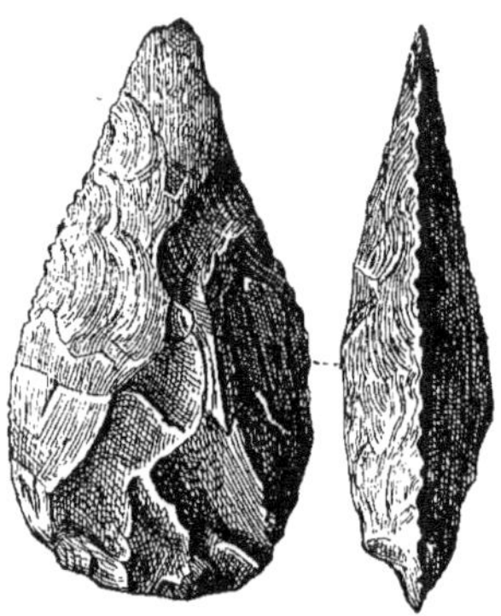

Fig. 503 et 504. — Haches taillées (Pag. 288).

— Qu'elles sont délicieuses de forme ces épingles ! dit Mme Bravandas.

— C'est vrai ! Quand on en trouva dans le lac du Bourget, les dames savoisiennes se les disputèrent.

— De quel âge, demanda Pierre, sont les habitations lacustres ?

— De l'âge du fer, celui qui sert d'introduction aux temps historiques.

Contemplez ses œuvres dans cette collection des palafittes de la Tène : ciseaux, clefs presque pareilles aux nôtres, menus objets appelés fibules, etc.

— Et ces crânes humains ?

— De l'âge du fer aussi. Les hommes d'alors étaient beaucoup plus grands que ceux de l'âge du bronze. Ces derniers avaient des épées à poignées très étroites, et

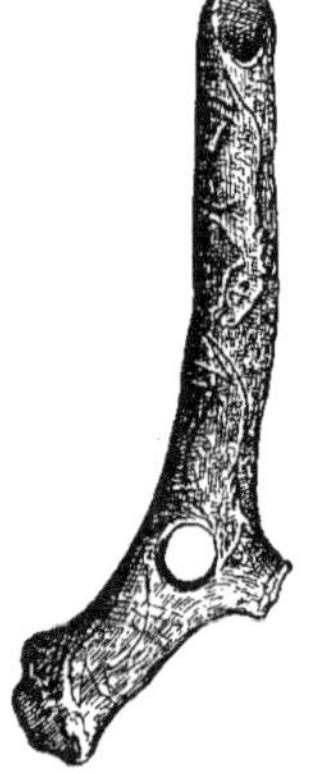

Fig. 505.

Hache polie emmanchée dans un Bois de Cerf (Pag. 288).

Fig. 506.

Os gravé (Bâton de Commandement (Pag. 288).

les empreintes de doigts, qu'ils ont laissées sur beaucoup de leurs poteries, indiquent aussi une main extrêmement petite. Le changement de taille qui se voit dans toutes les œuvres de l'âge du fer, témoigne peut-être d'une grande invasion.

— Voilà des vases très élégants, dit Marie.

Fig. 507. — Flèche d'Os (Pag. 288).

— Ils proviennent d'Auvernier, autre localité des bords du lac de Neuchâtel. De très bonne heure, les hommes préhistoriques surent pétrir et cuire la terre.

Enfin, tout le monde regarda avec intérêt des fils et des étoffes qui avaient servi aux hommes de ces âges reculés.

Fig. 508. — Hache en Bronze (Pag. 289).

Genève est une ville à part. Elle a un nom illustre, harmonieux, qui frappe les ignorants, émeut les autres, qui sonne comme celui de Rome ou de Paris. Pourquoi? Est-ce à cause du grand nombre de ses habitants? de son commerce? de la beauté de sa situation? Est-ce à cause de tout cela à la fois?

Genève est une petite ville, si nous la comparons à nos populeuses cités: elle n'a pas 50,000 habitants. Son industrie consiste surtout en fabrication de montres horriblement chères, pas meilleures qu'ailleurs, et de boîtes à musique, délicieuses, si l'on

Fig. 509. — Épée de l'Age du Bronze (Pag. 289).

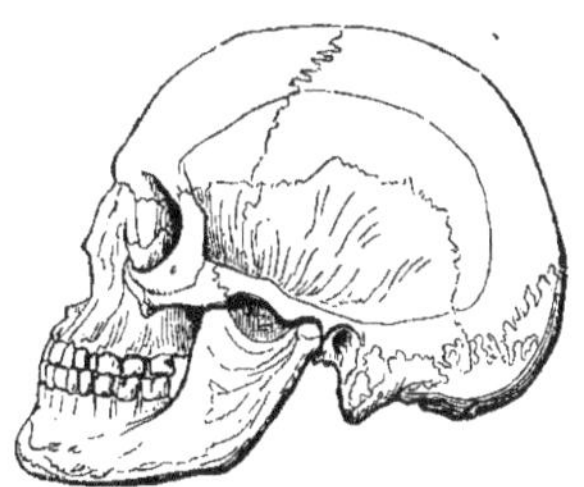

Fig. 510.

Crâne d'un Homme de l'Age du Fer (Pag. 289).

a l'esprit de n'y mettre que des prix modérés (trois francs à cent sous).

Comme beautés naturelles, elle a le Mont-Blanc, — qu'on voit aussi de lieux moins célèbres, — elle a le Rhône, qui est superbe, — l'Arve qui lui donne d'horribles galets dont elle pave ses rues; — elle a le Lac, moins beau ici qu'ailleurs, et gâté par la tête de ligne des bateaux à vapeur, par les hôtels qui bordent ses rives et par le monument du duc de Brunswick.

Tout cela ne constitue pas des titres à la gloire.

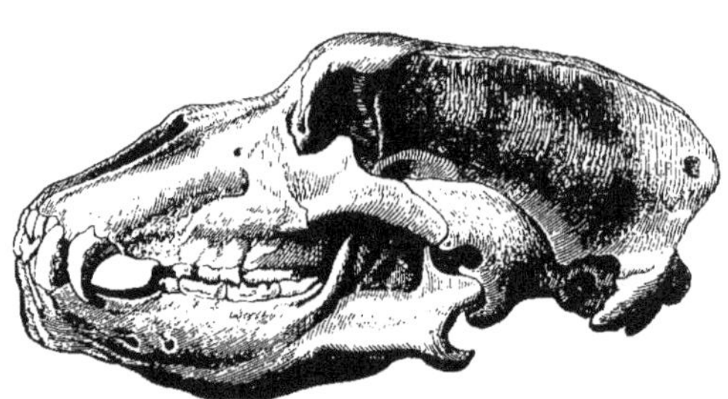

Fig. 511. — Crâne d'Ours des Cavernes (Pag. 287).

C'est dans l'histoire qu'il faut chercher l'auréole de Genève : elle a été l'asile de Calvin, et la patrie de J. J. Rousseau. Depuis trois siècles, tous les proscrits du monde viennent y chercher la paix, y reprendre la force. Elle est riante, et elle est sérieuse. Elle a de jolies maisons et de grandes écoles pour les petits enfants, presque dans chaque rue. Elle garde le passé, et tend vers l'avenir.

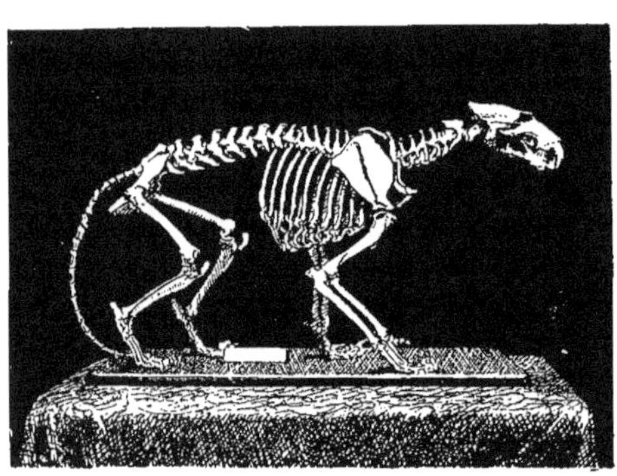

Fig. 512. — Le Chat des Cavernes (Pag. 287).

Dans l'ombre de la Cathédrale serpentent des rues étroites, froides, bordées de maisons austères, toutes sœurs de celle qu'habita Calvin pendant vingt-et-un ans, au n° 11 de la rue des Chanoines. Ailleurs, les masures où s'abritent les pauvres sont réparties en des ruelles qui portent les noms de rue du Paradis, rue des Limbes, rue du Purgatoire, rue de l'Enfer.

Rappel énergique du dogme de la prédestination qui sauve ou damne un homme, même avant qu'il ne soit né, et que Calvin a soutenu avec tant d'âpreté.

Genève, donc, reste fidèle au protestantisme des premiers jours. En même temps, elle est toute pleine de l'esprit nouveau.

Ils sont nombreux les Genevois illustres dans l'histoire des sciences et de la philosophie: De Luc, Bonnet, les Saussure, les Hubert, les Delarive, Pictet, Candolle, Sismondi, Necker.

Pour visiter la Cathédrale, Julien emporta un livre, non pas un *Guide*, mais un volume de l'histoire de France de Michelet, et, devant le fauteuil de Calvin, conservé comme une relique précieuse, il lut ceci aux siens:

„Huit cents auditeurs, de toute nation et de toute langue l'écoutaient; émigrés la plupart ou fils d'émigrés. Parmi eux, nombre d'artisans. Tels de

Fig. 513. — Genève (Pag. 230).

ceux-ci étaient de grands seigneurs qui avaient cherché à Genève la pauvreté et le travail. L'un d'eux s'était fait cordonnier.

„Ville étonnante où tout était flamme et prière, lecture, travail, austérité. Quel était le ravissement de ceux qui, ayant réussi à fuir la terre idolâtrique, atteignaient la cité bénie! De quel œil tous ces fugitifs, ayant, par un bonheur incroyable, passé la route de Lyon, suivi l'âpre vallée du Rhône, voyaient-ils le clocher sauveur. Nombre de familles illustres laissaient tout, bravaient tout, pour venir à Genève. Les Poyet, les Robert Estienne, la veuve, les enfants de Budé, cherchèrent cette nouvelle patrie. Plus d'un confesseur de la foi y apportait ses cicatrices. L'intrépide, l'indomptable Knox, après huit années passées aux galères de France, les bras sillonnés par les chaînes, le dos labouré par le fouet, avant ses grands combats d'Écosse, venait s'asseoir encore un jour au pied de la chaire de Calvin."

Cette Cathédrale où le catholicisme fut maudit avec tant de violence est, comme celle de Neuchâtel, un édifice bâti par lui. Il fut achevé en 1024 par l'empereur Conrad II dans le style roman. Mais aux XIIe et XIIIe siècles, on le reconstruisit en partie dans le style de l'époque. Le XVIIIe siècle a gâté cette antique architecture, en lui accolant un portique corinthien.

Saint-Pierre est d'ailleurs rempli de souvenirs protestants. On y voit le tombeau d'Agrippa d'Aubigné, mort en 1630. Cet écrivain, confident d'Henri IV, avait été éxilé à Genève. Un monument fastueux s'élève sur les cendres du duc de Rohan, chef des protestants sous Louis XIII.

Fig. 514. — Le Quai du Mont-Blanc à Genève (Pag. 294).

De la Cathédrale, nos Parisiens allèrent à la Bibliothèque. Après avoir parcouru une galerie de portraits de réformateurs et de réformés célèbres, ils passèrent dans une salle qui renferme des autographes et des miniatures d'un prix inestimable. Les miniatures proviennent pour la plupart du trésor de Charles-le-Téméraire, pillé par les Suisses à la bataille de Granson. Les cantons se sont ainsi partagé la dépouille de l'insolent Bourguignon qui, dans sa vie errante, menait toujours après lui les richesses amassées par son père. La plus grande partie est au Musée de Berne qui expose des tapisseries de Flandre d'une taille énorme, l'autel de campagne, joyau d'or couvert de peintures, semé d'une incroyable quantité de pierres précieuses: perles, opales, émeraudes, saphirs, rubis, non taillés, mais extrêmement gros. Et bien d'autres choses encore.

Mais Genève a une collection d'autographes à nulle autre pareille. Elle a des lettres et même des livres manuscrits signés des noms les plus glorieux : Newton, Leibnitz, Luther, Calvin, Mélanchton, Théodore de Bèze, Bonnivard, saint François de Sales, saint Vincent de Paul, Fénelon, Descartes, J.-J. Rousseau.

De ce dernier, elle possède le manuscrit entier de l'Émile. Impossible de voir écriture plus nette, plus égale. Les lignes sont droites comme des lignes de musique; et les pages se lisent avec autant de facilité que si elles étaient composées des meilleurs caractères d'imprimerie.

On passa aussi un bon moment dans l'Arsenal. Un vieux bonhomme, très complaisant et très érudit indiqua aux voyageurs la date et l'usage de toutes les armures, leur montra les beaux étendards des différents cantons, et les fameuses échelles d'escalade, prises en 1602 sur l'ennemi, c'est-à-dire sur les Savoyards, insupportables voisins des Genevois.

Ces visites remplirent une bonne journée des Bravandas. Le lendemain, après avoir vu le Musée Rath, ils errèrent, non sans fatigue, de promenades en promenades : du bord du lac au confluent du Rhône et de l'Arve; des jardins de la Treille à l'île de Jean-Jacques Rousseau.

Derrière le premier pont, dans la zone où le lac devient fleuve, et se lance à travers la ville avec une vitesse si vertigineuse qu'aucune navigation n'y est possible, — se montre la petite île, taillée comme un bateau pour n'être point entamée par les flots, ombragée de beaux arbres, et semblant mise là tout exprès pour servir de support à l'œuvre de Pradier.

De beaux cygnes ne craignent pas d'affronter la fatigue de ce courant rapide, qu'ils battent de leurs grandes pattes palmées. Leur gracieuse forme, leur blanc plumage font merveille sur les eaux bleues.

CHAPITRE IV.

DE GENÈVE A LA MER DE GLACE

PAR LE CHEMIN DES ÉCOLIERS.

Ce n'est pas tout que de voir la terre promise, il faut l'aller conquérir.

Pour la jeunesse, la terre promise c'était la cime du Mont-Blanc.

— Cette année, leur dit Scabieuse, vous vous contenterez de sa vallée, c'est-à-dire de Chamonix. Et Chamonix même ne sera pas facile à atteindre, si nous voulons y aller par les chemins intéressants. Il faudrait se diviser.

— Divisons-nous.

— La voiture gagnerait Chamonix par la route des diligences qui est excellente. Je m'offre à la conduire, et j'engage Mme Bravandas à me confier Alice, car l'autre trajet est assez fatigant.

— Je profiterai de la voiture pour mon compte, Monsieur Scabieuse.

— Très bien. Les autres traverseront le lac dans toute sa longueur, débarqueront à Villeneuve, gagneront Vernayaz, Martigny, et passeront les montagnes, soit par la Tête Noire, soit par le col de Balme.

Ainsi fit on. Après des adieux exempts de mélancolie, les deux fractions de la caravane se séparèrent. C'est aux pas de Marius Bravandas et de ses enfants que nous nous attacherons.

Ils s'embarquèrent sur le „Bonnivard“, un des plus beaux vapeurs du lac, et, pendant de longues heures, savourèrent la splendeur du ciel et des eaux, touchèrent un grand nombre de fois à l'une et l'autre rive, remarquèrent le contraste frappant qui existe entre elles. L'une a les riches vignobles; l'autre, les farouches montagnes; la rive suisse est infiniment moins pittoresque que la rive française; toutes deux pourtant sont également bien partagées; car celle-ci semble n'avoir son Mont-Blanc que pour l'offrir aux regards charmés de celle-là. Mais, du milieu du lac, involontairement le voyageur tourne le dos aux vignobles.

Marius Bravandas avec ses longs cheveux, son air un peu extatique, fut pris pour un confrère par un pasteur genevois. Ce docte personnage engagea donc une conversation qui continua, même après qu'il fut revenu de sa méprise. Il avait un chapeau plat à larges bords, des lunettes à branches d'or, une perruque blonde, une figure poupine, un habit à la mode des bourgeois de 1830. Très aimable homme qui se plut avec le très aimable Bravandas, et volontiers se fit son cicérone sur le lac. Il lui parla des *seiches*, pendant lesquelles le niveau de l'eau, en certains endroits, s'élève de plusieurs pieds dans l'espace d'un quart d'heure, se maintient à cette hauteur pendant 25 minutes au plus, puis retombe à sa cote habituelle; — des courants provenant de sources souterraines; — de la forme de cette belle étendue qui est nettement celle d'un croissant dont la concavité est tournée vers le sud; — de ses dimensions: $89^{km},5$ de longueur sur la rive gauche nord, $71^{km},5$ sur la rive sud; 15 kilomètres dans sa plus grande largeur, c'est-à-dire entre Rolle et Thonon; profondeur très inégale ne dépassant pas 200 mètres.

Le Genevois nomme au passage les villes assises au bord du lac: — Coppet, demeure favorite et sépulture de Mme de Staël; Nyon, ville très ancienne, datant des Romains. Son château que vous apercevez est du XIIe siècle... Voici Rolle, Morges. Nous nous dirigeons sur la rive savoyarde; une foule descend à Evian, jolie petite ville ombragée de magnifiques platanes; elle a des eaux alcalines; ce ne sont pas elles qui guérissent, mais le lac et les montagnes, bienfaisante distraction pour le malade.

D'Evian à Ouchy (le port de Lausanne), la traversée fut longue, mais pas trop au gré de nos amis. Ils suivirent ensuite la rive vaudoise d'assez près; mais le vent se mit à souffler et le lac à s'agiter. Les hommes relevèrent le collet de leur habit, Marie s'enveloppa d'un petit châle dont sa mère l'avait munie. En quelques minutes se formèrent de véritables vagues qui secouèrent sérieusement le bateau. Tous les Bravandas se regardèrent avec inquiétude: leur aventure du retour des Chausey allait-elle se renouveler? Existait-il un mal de lac?... Des hommes devenaient pâles; des dames, les yeux baissés, disparaissaient dans les profondeurs des petites cabines. Mais le Genevois se souciait bien peu de cette colère impromptue de l'onde! Il ne quittait pas des yeux les coteaux où se dorent

Fig. 517. — Lausanne (Pag. 296).

au soleil les belles grappes qui sont pour son pays une richesse considérable. Et Pierre le comblait d'aise en lui faisant une leçon de botanique sur la vigne.

— La vigne! plante illustre s'il en fut, dont les produits ont été chantés et falsifiés par tous les peuples qui ont eu le bonheur de les connaître.

— Pas mal, petit!

— Incomparable ampélidée (les autres genres de la famille nous sont parfaitement inutiles), venue de la Géorgie et de la Mingrélie, et répandue aujourd'hui dans tous les pays convenablement chauds.

— Qu'entends-tu par un pays convenablement chaud?

— Celui dont la température estivale moyenne est de 19 degrés. Quand

la température est plus basse, les principes sucrés du raisin ne se développent pas, et il reste acide. La vigne ne se plaît point non plus sous les

Fig. 518. — Vigne (Pag. 297).

tropiques; elle végète rapidement, mais le fruit se dessèche avant de mûrir... Ah!
la France, voilà le bon pays
du vin!

— Et la Suisse donc! Les
bords du lac produisent des
vins renommés, ne le savez-
vous pas? Avant Morges
nous avons passé devant les
vignes qui nous donnent les
crûs de la Côte. Maintenant,
voici Lutry, Cully, Pudry

qui produisent le vin de Lavaux. Tout à l'heure nous passerons devant
Montreux où les personnes trop maigres vont faire des cures au raisin, en
en mangeant plusieurs livres par jour. Mais, hélas! le phylloxéra, l'horrible
phylloxéra convoite ces produits exquis de nos co-
teaux. Il a même déjà fait son apparition sur quelques ceps.

— En avez-vous vu des phylloxéras, Monsieur?

— En dessins.

— Moi, aussi.

— C'est un puceron, vous le savez, par conséquent un hémiptère; le nom de l'ordre qui veut
dire demi-aile ne devrait pas s'appliquer aux pucerons, dont les quatre ailes sont homogènes et membraneuses: il fait allusion à la disposition des ailes
d'autres insectes, qui ont leur première paire comme
partagée en deux moitiés, de consistance très inégale: la portion basilaire est coriace, l'autre membraneuse. Les nervures de toutes ces ailes d'hémiptères sont en baguettes plus ou moins ramifiées,
mais sans réticulation transversale.

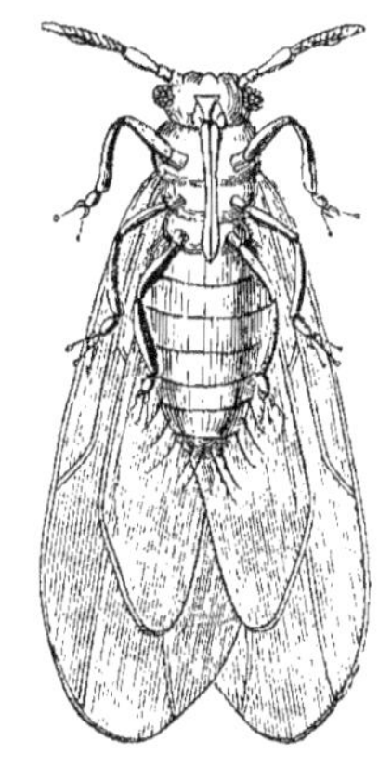

Fig. 519.
Phylloxéra ailé (Pag. 298).

— Les hémiptères n'ont pas d'autre caractère commun plus prononcé?

— Si vraiment. Tous sont des suceurs: suceurs de sang ou suceurs de
sève. Les mandibules et les mâchoires sont des stylets, les lèvres composent

un suçoir plus ou moins long, replié sous la tête et le thorax de l'animal, quand il ne s'en sert pas. Autre caractère : les hémiptères subissent plutôt des mues que de véritables métamorphoses. Les pucerons sont d'une fécondité extraordinaire. On a calculé qu'un puceron est la souche annuelle d'un quintillion d'individus.

— Vous me faites frémir.

— C'est ce qui explique la foudroyante invasion du phylloxéra que naguère l'Europe ne connaissait pas, et qui maintenant lui dessèche ses meilleures vignes. Le mot phylloxéra, qui veut

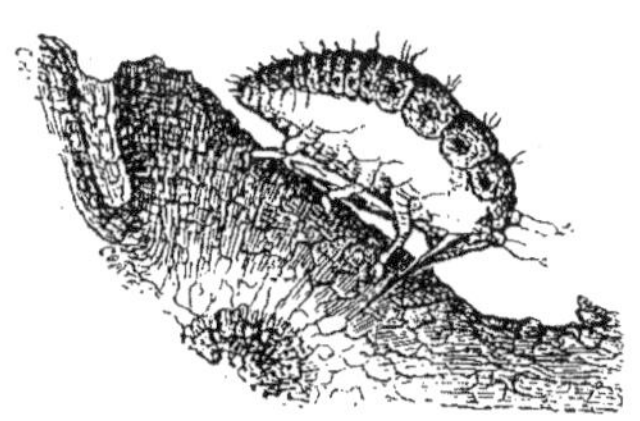

Fig. 520. — Phylloxéra aptère (Pag. 299).

dire *flétrisseur de feuilles,* est bien porté par l'horrible insecte; c'est sur les racines qu'il enfonce ses suçoirs ; mais la maladie frappe les feuilles qui mollissent et tombent. Le gouvernement français a promis un prix de 100,000 francs à celui qui trouvera un moyen efficace de destruction ; on brûle, on arrache, on badigeonne les ceps de sulfure de carbone, de pétrole ; mais on n'obtient pas de résultat complet.

Les explications de ce savant homme et celle de M. Pierre n'étaient qu'imparfaitement entendues de Bravandas et de Julien, tout à la peur d'être malades. Quant à Marie, elle ne pouvait détacher ses yeux des cimes majestueuses qui lui apparaissaient les unes après les autres : la Dent de Jaman, les Rochers de Naye, la Dent de Morcles, la Dent du Midi, la pyramide neigeuse du Mont Vélan, le plus haut sommet du Grand-Saint-Bernard.

Le bateau touche à Vevey, passe devant Clarens. Le pasteur, grand admirateur de Rousseau, cherche à se rappeler des bribes de la description de ces lieux célébrés par l'incomparable écrivain.

Fig. 521. — Œufs de Phylloxéra (Pag. 299).

Encore une station: c'est Montreux. Puis le bateau rase presque le château de Chillon, bâti sur un rocher à pic, petite aspérité du lac, profond en cet endroit de 166 mètres. La citadelle d'aspect sinistre est reliée à la terre ferme par un pont. Le pasteur raconta l'histoire de plusieurs prisonniers, entre autres celle du chroniqueur

Bonnivard, qui resta dix ans dans un souterrain attaché à un pilier par une lourde chaîne. Il fut délivré par les Bernois et les Genevois réunis, qui s'emparèrent du château appartenant au duc de Savoie. Il revint à Genève qu'il trouva libre et réformée par Calvin, et il y vécut longtemps encore. Un autre îlot, plus aimable celui-là, nourrit trois ormes plantés depuis cent ans.

Fig. 522.
Nymphe de
Phylloxéra (Pag. 299).

Quelques minutes après, Bravandas serrait la main du pasteur, et débarquait avec ses enfants à Villeneuve.

Ils y déjeunent, prennent le chemin de fer, et arrivent vers 5 heures de l'après-midi à Vernayaz.

Sans peine, ils trouvent la fameuse cascade de Pisse-vache. On appelle ainsi la chute de la Sallenche, rivière qui descend des glaciers de la Dent du Midi, et tombe d'un rocher élevé de 70 mètres pour se perdre bientôt après dans le Rhône. Car, depuis Villeneuve nos voyageurs suivent la vallée du Rhône supérieur, plate et marécageuse, bordée de hauts rochers, puis de hautes montagnes. A plusieurs reprises ils ont aperçu le fleuve torrentueux, noirâtre, limoneux, charriant tout son accompagnement de blocs et de détritus dans un lit étalé et peu profond, bien différent de ce qu'il est à Genève après qu'il s'est purifié dans le lac. Ils l'ont même traversé au delà de Bex; puis ils ont entrevu un vieux pont construit au quinzième siècle, avec une arche ouverte de 23 mètres, et reposant de chaque côté sur le dernier gradin de deux belles montagnes: la Dent de Morcles et la Dent du Midi.

Par une grande route poussièreuse et chaude, les Bravandas gagnent les gorges du Trient ou plutôt la fin du défilé rocheux et sauvage dans lequel ce torrent, né du glacier du même nom, coule pendant trois lieues. Sur la galerie de bois établie au-dessus de ses eaux, on se

Fig. 523. — Radicelles de Vigne phylloxérée (Pag. 299).

trouve presque au fond de la gorge, et l'effet est inverse de celui qu'on éprouve au bord de l'Areuse; il vous donne non la sensation du vertige, mais celle de l'écrasement. D'une hauteur de 130 mètres, les rochers vous menacent ; leurs parois semblent se rapprocher pour vous aplatir ; il faut de l'attention pour ne pas se cogner la tête contre leurs protubérances ; parfois la gorge s'élargit, s'arrondit subitement pour former une belle salle, dans laquelle grondent des échos surprenants ; à cette profondeur règne l'obscurité ; quand la caverne se creuse vers le bas, presque toujours ses parois cherchent à se toucher par en haut ; le torrent rapide inquiète : si près de lui, il semble impossible qu'il ne s'enfle pas assez pour vous emporter dans ses eaux troublées. La galerie de bois s'avance ainsi à un kilomètre dans le défilé. Elle n'est pas, comme celle de l'Areuse, construite pour l'amour de la nature et des passants : ceux qui désirent y prendre des impressions doivent à l'entrée débourser un franc.

Les Bravandas passèrent la nuit dans un hôtel qui les écorcha et où ils ne purent dormir. Il faisait grand vent. La tempête s'engouffrait dans les gorges, avec un vacarme épouvantable, plein de cris et de gémissements ; la cascade, quoique à deux ou trois kilomètres, mêlait à ce bruit son grondement sourd et continu. Aussi, le lendemain, nos Parisiens se levèrent-ils nerveux.

Le chemin de fer les conduisit à Martigny en quelques minutes.

Fig. 524. — Pissevache (Pag. 300).

Vernayaz, Martigny sont dans le Valais, la patrie classique des crétins. Malheureusement ces infortunés existent bien ailleurs que dans ce canton de la Suisse, et les Branvandas en rencontrèrent plus d'un depuis Martigny jusqu'à Grenoble. Le premier qu'ils virent les impressionna vivement et péniblement. Il était assis devant la porte d'un misérable chalet regardant les touristes qui passaient dans leur voiture ou leur Alpenstock à la main. Il était coiffé d'un petit bonnet d'indienne. Vieux ? jeune ? garçon ? fille ? Mystères ! Sa tête énorme et blafarde s'enfouissait dans ses épaules. Il riait d'un rire muet et béat. Son corps était tout petit, semblable à celui des caricatures. Une femme, dans l'intérieur du chalet, l'enveloppait d'un regard de sollicitude. Elle avait un goître énorme, rouge, sur lequel sa petite tête pâle reposait. Les Bravandas détournèrent les yeux de ce triste tableau, mais aussitôt ils aperçurent d'autres femmes goîtreuses.

A Martigny, ils devaient prendre leurs jambes comme moyen de loco-motion.

Les voitures, pourtant, ne manquent pas à Martigny, ville des plus animées et des plus fréquentées à cause de toutes les routes qui y abou-tissent: celles de Chamonix, par le col de Balme et la Tête-Noire; celle du Lac-Majeur, par le Simplon, celle d'Aoste, par le Grand-Saint-Bernard. Mais les voitures pour Chamonix coûtent horriblement cher, parce qu'elles ont à passer par les chemins les plus roides et les plus dangereux: elles doivent être attelées de chevaux absolument sûrs, conduits par des cochers expérimentés; la moindre distraction de ceux-ci, le premier faux pas de ceux-là précipiterait infailliblement la voiture, les bêtes et les voya-geurs au fond des précipices qui bordent continuellement la route. De place en place, des garages permettent aux voitures de se croiser.

Et dans ce cas, la voiture qui occupe le bord passe un assez désagréable moment. Rien de dur d'ailleurs comme ces véhicules qui semblent dépour-vus entièrement de ressorts, et qui vous font douloureusement apprécier les cailloux et les inégalités du chemin.

Comme il est plus prudent et plus agréable de marcher! Les femmes, les paresseux, peuvent aisément faire ces 36 kilomètres en les divisant en deux étapes. Sur les deux routes il y a des auberges pour passer la nuit.

Scabieuse avait laissé à Bravandas des instructions, en lui conseillant de prendre le col de Balme si le temps était clair, à cause de la belle vue dont on y jouit sur la chaîne du Mont-Blanc. Mais précisément le vent avait amené de gros nuages, et l'hésitation n'était pas possible; il fallait passer par la Tête-Noire, dont le chemin est d'ailleurs délicieux.

Mais l'ascension allait être rude. Martigny est à 423 mètres, Chamonix à 1052; et pour atteindre cette vallée il faut s'élever jusqu'au col de la Forclaz ou du Trient, qui se trouve à 1524 mètres. Des hommes vont de Martigny à la Forclaz en 3 heures et demie; mais Bravandas exigea de sa fille qu'elle marchât à pas lents, de sorte que leur montée dura plus de quatre heures.

Cependant les innombrables lacets ne leur parurent point fatigants; ils marchaient au frais, sous l'ombrage de mélèzes, ces beaux arbres qui se distinguent parmi les conifères par la légèreté et la nuance fraîche de leurs rameaux vert-clair.

— En hiver, dit Pierre, ils se dépouillent de leur feuillage, à l'encontre de tous les membres de la même famille.

On ramassa une branche chargée de cônes petits et composés d'écailles épaisses.

Le premier animal qui attira leur attention fut une vipère. Pierre

Fig. 525. — Mélèze (Pag. 302).

l'assomma d'un coup de marteau. Il voulait l'emporter ; mais comme elle était en assez mauvais état, et que ses crochets étaient encore à craindre, bien qu'elle fût parfaitement morte, son père l'engagea à la laisser au milieu du chemin.

Pierre se consola de l'abandon de son trophée en étalant une fois de plus sa science toute fraîche.

— La vipère appartient à l'ordre des reptiles qu'on appelle les Ophidiens, c'est-à-dire les serpents. Elle est venimeuse. Sa mâchoire supérieure est pourvue de deux crochets aigus, isolés, mobiles et sillonnés par un petit canal contenant le venin que secrétent des glandes placées de chaque côté de la tête, et qui s'écoule dans la plaie lorsque les crochets ont mordu. La vipère se reconnaît surtout à sa tête plate, allongée, presque triangulaire;

Fig. 526. — Vipère commune (Pag. 304).

sa longueur varie de 50 à 70 centimètres; sa peau est brune ou gris cendré avec une raie noire sur le dos et des taches noires sur les côtés. La vipère a, comme beaucoup de reptiles, une langue extensible et fourchue, aussi menaçante qu'inoffensive; et c'est là ce que le vulgaire appelle son dard: le dard dont, suivant lui, elle lance son venin. Outre ses crochets, elle a pour manger, des dents acérées. Elle se nourrit de batraciens, de vers, etc.

— Très bien, Pierre. Nous en savons assez maintenant. Tais-toi pour reprendre ta course, sinon tu t'essouffleras.

Un peu avant d'arriver au point culminant, ils se retournèrent et aperçurent

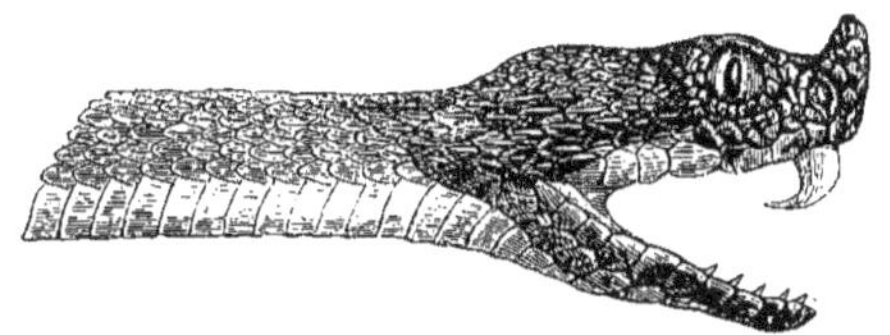

Fig. 527. — Crochet venimeux d'une Vipère (Pag. 304).

la vallée du Rhône, depuis Sion jusqu'à Martigny. Rien ne leur masquait la vue, car les nuages s'étaient un instant écartés, et ils se trouvaient dans un air pur et limpide qu'ils respiraient à larges poumons, heureux, légers, ne sentant nullement dans leurs jambes la fatigue de la rude montée. Ils se restaurèrent dans une petite auberge; puis repartirent aussitôt afin de ne pas laisser leurs muscles se roidir dans un repos, dont ils n'avaient d'ailleurs pas besoin. A partir de cet endroit, la descente commençait. Ils gagnèrent Trient, où le chemin de la Tête-Noire et celui du col de Balme se bifurquent. L'éclaircie du ciel n'avait pas persisté, de sorte que Marius garda sa résolution de passer par la Tête-Noire. Le chemin domine une étroite et profonde vallée dans laquelle coule le Trient grossi de l'Eau-Noire, puis s'enfonce dans une forêt, et suit la base de la Tête-Noire, rocher dont la cime est à 2o1o mètres. Depuis quelque temps, l'Eau-Noire s'est séparée du Trient, et c'est elle qui creuse le précipice le long duquel les Bravandas achèvent leur journée de marche. Enfin, les voilà à l'hôtel de la Tête-Noire; ils demandent un dîner et des lits.

A peine sont-ils à l'abri qu'un orage violent éclate. L'auberge tremble, les coups de tonnerre font croire à un écroulement de toutes les montagnes; la pluie tombe en déluge; les arbres craquent, se brisent dans les rafales.

Julien prétend que cet orage est bien plus terrible que celui de Chausey.

Marie ne dit rien. Pâle, les dents serrées, elle ne fait pas un mouvement. Ces Alpes, au milieu desquelles elle pénètre, l'effrayent, la glacent. Elle ne leur trouve rien de commun avec le Jura, leur modeste frère, leur petit vis-à-vis; elle les voit terribles, trop sérieuses, implacables.

La nuit est tout à fait venue. L'intensité de l'orage diminue. Chacun gagne son lit: il faudra partir de bonne heure. Le père de famille a grande envie de revoir sa femme et sa petite fille qui l'attendent à Chamonix. Donc, après un sommeil de pierre, un léger déjeuner, en route dès sept heures.

Le ciel est radieux; les arbres, les herbes lavés par la pluie de la veille reluisent au soleil; mais le chemin est rempli de boue. Les voyageurs franchissent une sorte de tunnel. Rien ne saurait donner une idée de la sauvage vallée, de sa profondeur, des rochers qui la hérissent, des monts qui dressent au-dessus d'elle leur tête altière, de la végétation vigoureuse qui orne de tous côtés ces pentes abruptes, les enguirlande, les couvre de rameaux odoriférants, de fleurs éclatantes, d'herbes élégantes. Il est souvent difficile d'apercevoir l'Eau-Noire, mais on entend sans cesse son gémissement. Pour donner une apparence de civilisation à la route, on a mis, aux endroits les plus vertigineux, des garde-fous faits de troncs de sapin.

Un pont se présente, le chemin prend la rive gauche. Un poste vide de douaniers marque la frontière ; pour la dernière fois, les Bravandas voient le drapeau suisse ; ils sont en France, en Savoie.

A quelques pas de là ils firent la rencontre d'un gamin qui leur offrit une perdrix capturée dans un piège de sa façon. Ce petit braconnier demandait fort cher de son gibier ; aussi le lui refusa-t-on.

Fig. 528. — Perdrix de Roche (Pag. 306).

— Ce n'est pas tout à fait une perdrix rouge, dit Pierre qui considérait l'oiseau avec attention ; elle en a les pattes ; mais son manteau est plus roux, et son collier, au lieu d'être noir, est de la couleur du manteau. Ce doit être la perdrix de roche, très rare espèce qu'on ne trouve qu'en Corse, et justement dans cette partie des Alpes.

— Dans quel ordre ranges-tu la perdrix, demanda Julien.

Fig. 529.
Patte d'Oiseau de Proie
(Pag. 307).

— Dans l'ordre des gallinacés dont elle a tous les caractères : corps massif, ailes courtes, pattes conformées pour la marche, bec robuste, narines percées dans un espace membraneux et recouvertes d'une écaille bombée.

Voici les touristes au confluent de la Barberine et de l'Eau-Noire. Non loin de là se trouve l'hôtel de la Cascade ou de Barberine. Ils vont s'y rafraîchir ; on leur conseille d'aller voir la cascade qui forme cette rivière au joli nom ; mais comme elle est à deux kilomètres de là, et qu'ils ont du chemin à faire jusqu'au soir, ils refusent et reprennent la direction de Chamonix.

— Tiens! un vol de corbeaux, s'écrie Bravandas.

— Oh! papa, ces corbeaux sont certainement des choquards ou choucas des Alpes, une espèce qui niche dans les fentes des rochers, et qui est un peu plus grande que la petite corneille des églises, le vrai choucas. C'est un joli oiseau dont les plumes noires ont des reflets rouges et verts.

— De quoi se nourrit-il?

Fig. 530. — Choucas (Pag. 307).

— De tout; mais comme ses congénères, il affectionne les matières en putréfaction.

— C'est donc un rapace?

— Eh non! Où prends-tu, mon pauvre Julien, son bec crochu et ses griffes? C'est un passereau, parce que ses pattes sont courtes, et qu'elles ne peuvent ni saisir une proie, ni grimper, ni gratter la terre, ni nager.

— Alors ce sont des caractères négatifs qui distinguent les passereaux.

— Tout juste. Tu comprends que ces oiseaux sont très nombreux et très différents les uns des autres; ils ont des régimes divers, par consé· quent des becs peu semblables, mais qui peuvent être ramenés à plusieurs types assez nets. Ainsi les corbeaux sont des conirostres, parce qu'ils ont un bec pointu au bout, court et conique. D'autres passereaux, les grimpereaux, par exemple, ont un bec grêle et très allongé: ce sont les ténuirostres. Les merlès, les rossignols, la plupart des petits oiseaux chanteurs ont un bec grêle, court et plus ou moins échancré près de la pointe de la mandibule; on en fait la famille des dentirostres. Enfin, il y a

Fig. 531. — Phryganes et leurs Larves (Pag. 308).

des fissirostres qui, comme les hirondelles et les engoulevents, ont un bec qui s'ouvre largement pour attraper au vol les insectes dont ils se nourrissent.

La descente s'accentue; voilà le sentier au niveau du torrent. Dans un petit ruisseau, l'attention fut attirée par de singuliers animaux se mouvant péniblement sur le fond caillouteux. On distinguait nettement leur petite tête et leurs six pattes, mais le tout sortait d'un long fourreau constitué par l'agglomération la plus étrange de matériaux variés: pierrailles, brin-dilles, fragments de coquillages, feuilles mortes, etc.

M. Pierre resta court; mais il mit ces bêtes dans un petit bocal, avec de l'eau, en disant:

— A Chamonix, je saurai ce que c'est.

C'étaient des indusies, des larves de phryganes destinées à devenir de gracieux et légers insectes très voisins des éphémères, des névroptères, par conséquent. On en connaît plusieurs espèces caractérisées chacune par l'architecture qu'elle adopte dans la fabrication de son fourreau. Quant au but de celui-ci, il est évident : sa substance résistante vient doubler les téguments, frêles et tendres, de la bestiole, et lui fournir une défense contre ses innombrables ennemis. Il paraît que les phryganes ont été fort communes à de certaines époques géologiques, car on regarde des bancs entiers de calcaires tertiaires, aux environs de Vichy et de Clermont-Ferrand, comme résultant de l'accumulation de leurs étuis maintenant fossilisés.

Un peu plus loin, les Bravandas aperçurent un bien singulier oiseau, à manteau brun, gorge et poitrine blanches, ventre roux, qui les arrêta un instant devant ses exploits. C'était un cincle ou merle d'eau, un animal créé „pour qu'il y eût, dit Toussenel, un oiseau d'eau qui chantât et un oiseau chanteur qui plongeât". Il a tous les caractères d'un véritable merle, et ses pattes ne présentent pas la moindre trace de palmature. Il vit dans le voisinage des cours d'eau à truites, et pêche en volant entre deux eaux. La petite troupe le voyait plonger, puis sortir au bout de quelques secondes de l'eau rapide. Toussenel prétend que le merle d'eau „fait quelquefois son nid dans les fissures de la voûte surplombée qui est sur la cascade, de sorte qu'il est forcé de percer la nappe verticale pour apporter la pâture à ses petits". Des bergeronnettes fréquentaient la même source.

Des chàlets misérables, servant d'habitations et de granges, avec de grosses pierres sur leurs toits pour offrir plus de résistance aux vents : c'est Valorcine qui, à 1290 mètres d'altitude, compte 640 habitants. Nouveau pont. Le chemin est rempli de pierres, de blocs erratiques, restes des glaciers qui venaient autrefois jusque-là. L'aspect de cet endroit est singulièrement désolé. Cependant les montagnes qui encaissent la vallée ont toujours leur riche revêtement de sapins. De temps à autre apparaît un pic neigeux.

Enfin, les piétons parviennent à la ligne de partage des eaux, laissent derrière eux l'Eau-Noire qui fait partie du bassin du Rhône, et entrent dans le bassin de l'Arve. Naturellement cette rivière coule en sens inverse de l'Eau-Noire. Après la traversée du défilé des Montets, on admire au passage le glacier du Tour, puis le glacier d'Argentières, non loin du village du même nom. Là, les voyageurs ne sont plus qu'à sept kilomètres de

Chamonix; mais Marie est si fatiguée qu'ils prennent dans une auberge une collation avec un peu de repos.

Quand ils se remettent en route, ils sont sérieux, recueillis, presque intimidés du voisinage immédiat de ces géants à la tête blanche, de ces vagues énormes qui ne semblent arrêtées dans leur marche dévastatrice

Fig. 532 et 533. — Cincle ou Merle d'Eau et Bergeronnettes (Pag. 309).

que par leur congélation. Le soleil, encore haut sur l'horizon, fait resplendir les neiges et les glaces. C'est froid, étincelant, solitaire, grandiose, écrasant.

Chamonix est un des endroits les plus joyeux du monde. On n'y voit que gens bien portants et de bonne humeur, doués de grand appétit, ne rêvant et ne voulant qu'ascensions et courses. On vit dehors, on ne s'arrête que pour manger et dormir.

La nuit même n'est pas calme. Dès trois heures du matin, dans les hôtels, on entend des gens qui chaussent leurs gros souliers. Le soir, à onze heures, ceux qui reviennent du Mont-Blanc font trembler les murs et les planchers de leur animation.

Fig. 561. — La Vallée de Chamonix (Pag. 310).

Les grosses voitures ébranlent la rue, les fouets claquent. C'est par vingt-cinq et davantage que les diligences venant de Genève déversent les voyageurs devant les hôtels.

Les guides se joignent aux touristes pour remplir la rue de mouvement. Ces braves gens se tiennent par groupes le matin sur la grande place, en attendant qu'on les embauche. Pendant deux ou trois mois, c'est pour eux un dévergondage de courses, de fatigues en plein air. Mais, l'hiver, sous la neige, ils restent enfermés de longs jours sans bouger, travaillant les menus objets de corne et de bois qu'ils vendent aux voyageurs.

Chamonix est un lieu cosmopolite. Toutes les nations du monde y viennent; car le Mont-Blanc est la grande curiosité de l'Europe. Tout Américain qui nous rend visite, va le voir, l'escalader. Les Anglais, à force d'y monter, semblent vouloir en faire leur chose. Il est bien à la France, cependant. Sa base nous sépare de l'Italie, mais sa cime appartient à nous seuls. Ainsi l'a voulu un traité dont ce ne fut pas le plus mauvais côté.

Et si les Anglais viennent exhiber là leurs types excentriques et leurs toilettes inénarrables, c'est pour notre plus grande joie, et pour le plus grand profit des hôteliers qui, *comme de juste*, leur font payer cher le champagne frappé

Fig. 585. — Chamonix (Pag. 311).

dont ils arrosent leurs dîners, en guise de vin ordinaire.

Très amusants à détailler:

Les jeunes Anglais qui ont une toque sur la tête, et des culottes et de grands bas, pour être plus allègres;

Les petites Anglaises drôlettes, sans tournure, à grands pieds;

La famille anglaise composée du père, des deux filles, à figure vieille, des deux grands garçons et du petit en lunettes;

L'Anglaise mûre en bonnet blanc;

L'Anglaise en chapeau qui fait la quête pendant le dîner, pour une bonne œuvre: chacun y va de ses cent sous, avec plus ou moins de regret;

L'Anglais en favoris sous un yokohama;

L'Anglaise en toque indienne;

L'Anglaise qui a introduit à Chamonix, dans les établissements de bains, le peignoir long comme trois robes de nuit les unes au bout des autres, avec des manches si étroites que les bras d'une honnête Parisienne ne sauraient y pénétrer ;

La vieille Anglaise qui gravit le Montanvers sur une chaise à porteurs, mange à l'auberge de façon à faire craindre la famine aux autres voyageurs, traverse gaillardement à pied la mer de glace, franchit le mauvais pas, et, au-delà, remonte imperturbablement sur ses brancards ;

Le couple anglais, à la figure rouge qui déjeune de vin blanc, de pain et de beurre ;

Le clergyman et sa jeune épouse sur leurs mulets ;

L'Anglais (ou Américain) cramoisi de peau, de cheveux, de barbe, porteur de lunettes et d'une langue qui n'arrête pas.

E tutti quanti.

Une des promenades qui enchanta le plus les Bravandas, ce fut celle qu'ils firent à la mer de glace, qui leur procura des émotions et de nouvelles connaissances en histoire naturelle.

Ils montèrent à pied le Montanvers, dédaignant le dos des mulets nombreux qui font tous les jours le même voyage. En revanche ils s'arrêtèrent dans les différents châlets qui, le long de la route, offrent des sièges et des rafraîchissements aux voyageurs.

Dans l'un ils burent du lait fortement baptisé. Les vaches ne manquent pourtant pas sous les sapins, errant à leur gré avec leur grosse sonnette au cou.

Dans un autre, ils caressèrent un chamois apprivoisé. — C'est la plus jolie des bêtes des montagnes ; sa tête est expressive, éclairée par deux grands yeux ; toutes ses formes sont élégantes ; sa belle robe brune est brillante ; ses jambes sont fines. Sur la tête, elle porte deux cornes point trop grandes, recourbées seulement à leur extrémité supérieure, et consistant en un os recouvert d'un étui dont la substance est la matière cornée. Cet étui peut se détacher, non l'os qui fait partie du frontal. Les ruminants qui sont pourvus de ces sortes de cornes constituent le sous-ordre des bovidés, dans lequel se rangent avec les bœufs, les moutons, les chèvres, les antilopes.

Le chamois est une espèce du genre antilope.

Scabieuse et ses élèves récoltèrent des rhododendrons, si bien nommés roses des Alpes, et par les montagnards *rosages*. Pour les botanistes ce sont à peu près de grandes bruyères appartenant comme elles à la famille des érycinées, et ayant comme elles, dans toutes leurs parties, une saveur amère et des propriétés astringentes. Dans les Alpes on récolte les bourgeons du rosage ferrugineux pour préparer un liniment, souverain, dit-on, contre les rhumatismes, et qu'on décore du nom pittoresque *d'huile de marmotte*. Malheureusement ses fleurs sont si vénéneuses que les abeilles en y butinant y recueillent un miel des plus dangereux, fameux depuis l'époque où il causa le délire furieux des soldats de Xénophon, et qui détermine chaque année des accidents parfois très graves. Nos botanistes remarquèrent la corolle tombante et irrégulière de ses fleurs, d'un rose

Fig. 536. — Bruyère (Pag. 313).

pâle, ses bourgeons floraux écailleux, et les feuilles plates, ovales, entières, coriaces, dont les pétioles étaient hypertrophiés par suite de la piqûre d'un cynips qui y avait pondu ses œufs.

Gaiement la caravane déjeuna au restau-rant de l'hôtel, une grande salle pleine de l'animation des allants et venants, et où se vendent mille petits objets en bois, des cristaux, des bijoux de lapis, d'améthyste, d'agate, etc.

Scabieuse vida le fond de sa bourse particulière pour offrir à Mme Bravandas et à ses filles des échantillons de ces jolies choses. Alice reçut un collier de perles de lapis aussi bleues que ses yeux, Marie un bracelet d'agate, et leur mère une broche d'améthyste.

Naturellement, il fallut avoir des ren-seignements sur ces minéraux, et ils furent l'objet de toute la conversation pendant le déjeuner. Scabieuse qui, pour la collection, avait acquis un mor-ceau de quartz hyalin, parfaitement limpide, en faisait remarquer la cristal-lisation à ses amis.

— Voyez-vous, leur disait-il, on le trouve en cristaux, isolés ou groupés, où l'on retrouve constamment la même forme: un prisme à six pans terminé par une pyramide à six faces.

Puis il passait au gisement du minéral et à la manière dont on le trouve dans le granit, en veines qui représentent les crevasses de la roche incrustée par des eaux très chaudes chargées de silice. Dans les parties où les crevasses étaient larges, des cristaux volumineux ont pu se développer

et se rassembler en géodes ou, comme disent les montagnards, en fours à cristaux. Pendant longtemps la recherche de cette belle substance a été pour les montagnards une occupation fort im-
portante. En même temps très périlleuse, car il fallait souvent que les cristalliers, pour atteindre aux cristaux, se fissent suspendre par des cordes au-dessus de précipices profonds. Aujourd'hui les Alpes sont épuisées sous ce rapport, et comme en même temps le Brésil et Madagascar ont livré des trésors de quartz, le petit cristal que voici vient très probablement de ces pays d'outre-mer, ce qui, d'ail-leurs, n'en diminue ni la valeur ni l'intérêt.

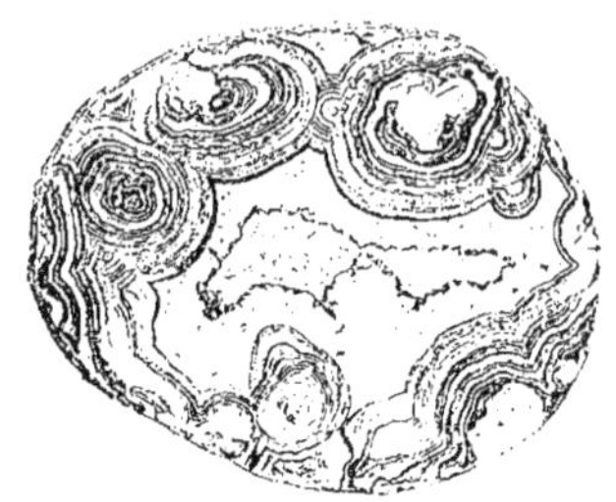

Fig. 537. — Agate (Pag. 315).

— Et mes améthystes, monsieur Scabieuse, d'où viennent-elles ?

— De loin aussi, probablement. C'est une variété de cristal de roche qui se distingue par sa superbe nuance violette.

— A mon tour, dit Marie. Qu'est-ce que mes agates ?

Fig. 538. — Quartz (Pag. 315).

— Du quartz. Elles ne diffèrent du cristal de roche que par leur état compacte et non cristallisé. Celles qui composent votre bracelet sont des agates zonaires aux nuances profondes, aux con-trastes brusques. On les trouve dans des roches érup-tives ou volcaniques. Ces roches sont remplies de va-cuoles comparables à celles de la mie de pain, et qui sont dues au dégagement de la vapeur d'eau au sein de la roche ignée pen-dant sa solidification. Les eaux chaudes circulant dans la masse pierreuse y ont déterminé des réactions variées. Certaines substances se sont dissoutes ; d'autres se sont décomposées. La silice amenée à l'état gélatineux est venue par infiltration se déposer lentement en couches concentriques dans les vacuoles, et c'est ainsi que les amandes d'agate se sont formées

— Eh bien, ces agates les trouve-t-on dans les Alpes ?

— Pas du tout. Depuis les Romains jusqu'au commencement de ce

Fig. 539. — Chercheurs de Cristaux (Pag. 315).

siècle, on a exploité l'agate à Oberstein dans le Palatinat. Maintenant toute

celle du commerce sort du Rio-Salto, dans l'Urugay, mais c'est à Oberstein que l'on continue de la tailler. Le travail ne s'exécute presque jamais
sur la pierre absolument naturelle. On commence par en aviver les couleurs au moyen d'une manipulation toute particulière. L'agate est plongée
durant plusieurs semaines dans de l'eau chargée de miel: malgré l'apparence elle est poreuse et se laisse pénétrer par le liquide. On la transporte
ensuite dans l'acide sulfurique, et celui-ci brûlant le miel laisse dans l'agate
une sorte de nuage de charbon d'autant plus abondant que la couche où il
s'est déposé était d'une porosité plus grande.

— Je parie que les lapis lazuli d'Alice viennent de loin aussi.

Fig. 540. — Le haut de la Mer de Glace (Pag. 317).

— C'est un minéral granitique; mais on ne l'exploite qu'en Perse et en
Sibérie. On l'appelle aussi outre-mer, et sa nuance bleue, employée en
peinture, n'eut pas d'égale jusqu'au moment où un chimiste est parvenu
à fabriquer un outre-mer qui ne diffère du naturel que par le prix. Le lapis
est une pierre silicatée de composition assez complexe dans laquelle
entrent du soufre et des granules à éclat métallique constitués par un
oxyde de fer particulier.

La mer de glace est la réunion des trois glaciers du Géant, du Tacul,
du Talèfre qui emplissent les gorges les plus hautes du Mont Blanc.
Ses vagues gelées contournent les montagnes sur un espace de quatre
lieues.

Pour la traverser et franchir le Mauvais Pas, nos touristes prirent deux
guides.

Au milieu du glacier on fit une halte pour écouter Scabieuse.

— Déjà, dit-il, le glacier nous a occupés. Mais alors les notions que je vous donnais, vous deviez les accepter de confiance. C'est aujourd'hui le moment de les contrôler. Remarquez d'abord la surface rugueuse de la

Fig. 541. — Crevasses dans la Mer de Glace (Pag. 318).

mer de glace, si différente de celle que vous vous étiez peut-être figurée, d'après l'aspect du bassin du Luxembourg, quand le froid en a consolidé la surface. Voyez ces crevasses sans fin, et après en avoir admiré l'incomparable nuance bleue, constatez-en l'orientation, oblique par rapport à celle de la vallée. Voyez sur le glacier ces myriades de pierrailles, cette poudre de roche qui, d'après les enseignements du Champ-du-Moulin, progressent lentement pour arriver jusqu'aux moraines. Enfin, voyez ces moraines, remparts énormes de blocs de roches, qu'on ne traverse pas sans courir mainte fois le risque d'entorses et de foulures... Si nous remontions le glacier jusqu'aux hautes régions d'où il descend, nous parviendrions à un grand cirque montagneux rempli de neige incohérente. En même temps nous passerions par une série de transitions ménagées, de cette glace compacte qui est sous nos pieds à de la glace bulleuse, et puis à du névé, sorte de glace pulvérulente, et enfin à la neige proprement dite. Or il résulte des travaux de beaucoup de savants, parmi lesquels il nous faut faire une place d'honneur à l'Anglais Tyndall, que c'est la pression de la neige sur elle-même qui détermine à la fois sa transformation en glace et la progression du glacier. Ses expériences ont surtout consisté à soumettre de la neige enfermée dans des moules de bois à l'énergique effort de la presse hydraulique. Constamment il a vu la neige se comporter comme une matière plasstique, prendre la forme du moule et acquérir en même temps la transparence de la glace la plus pure. Or le haut glacier qui pèse bien plus que le piston de la presse, moule le bas glacier sur le fond de la vallée qui l'enserre, l'applique sur les roches qui se polissent et se strient, tandis que la masse gémissante de glace, se craquelant, se refondant sans cesse, présente la surface convulsée que vous avez sous les yeux.

Fig. 542. — Le Chapeau (Pag. 321).

Quand la caravane rencontra un moulin, les guides, avec leur piolet, taillèrent sur le bord du gouffre une petite place où le pied pût être bien d'aplomb, et leur en firent mesurer la profondeur. Les moulins sont creusés dans le glacier par l'eau qui ruisselle à sa surface, et s'élargissent pendant l'été en raison de la fusion superficielle. En hiver ils disparaissent presque complètement, mais pour se refaire, malgré la marche du glacier, chaque année à peu près dans les mêmes points.

Puis les guides nommèrent les montagnes entre lesquelles coule le glacier.

Sur la rive droite, et en remontant : l'Aiguille du Bochard (2672 mètres), l'Aiguille du Dru (3803), l'Aiguille Verte (4127), l'Aiguille du Moine (3410); — au fond, le pic de Tacul (3438) et derrière lui les Grandes-Jorasses et l'Aiguille du Géant (4070); — sur la rive gauche, en redescendant : l'Aiguille de Tré-la-Porte (2550), l'Angle (1961), le Montanvers (1921).

Voilà la mer de glace traversée, et Mme Bravandas s'étonne de la facilité de cette promenade qui lui avait causé à l'avance quelques inquiétudes. De

Fig. 513. — Chamonix et le Mont Blanc (Pag. 321).

Chamonix, en effet, les glaces hérissées semblent choses féroces et abordables seulement aux grands courages.

On admire les deux belles cascades du Nanblanc et du Dru qui descendent de l'Aiguille Verte et de l'Aiguille du Dru.

Sur un rocher presque vertical, des marches pour les pieds, une rampe pour les mains, voilà le Mauvais Pas. Naturellement, la rampe est contre le rocher dans lequel elle est scellée, de sorte que le voyageur a le vide à côté de lui, avec une assez belle place pour le vertige. L'un des guides donne la main à Mme Bravandas, l'autre, à Marie. C'est Scabieuse qui s'occupe d'Alice, et la petite fille ne trouve pas cet escalier plus désagréable qu'un autre. Seulement, comme les marches sont un peu hautes, elle les descend en s'asseyant sur chacune.

Le Mauvais Pas conduit au Chapeau. Au bord d'une paroi escarpée est construit un pavillon en planches où les touristes ne manquent ni de se reposer ni de se rafraîchir.

Du Chapeau, la vue est bien belle. Il est à 1549 mètres au pied des Aiguilles du Bochard. On aperçoit les Aiguilles de Charmoz, le mont Blanc; on a sous les pieds le glacier des Bois (ainsi s'appelle la fin de la mer de glace), dont la surface est découpée en créneaux énormes.

Enfin, par des pentes sous bois, on regagna Chamonix.

Ce soir-là de légers nuages roses couvraient le sommet du mont Blanc, animaient sa pâleur, mettaient un sourire sur son austérité. C'était la caresse du soleil couchant au géant de neige, un adieu qu'il lui donne sou-vent avant de laisser la vallée dans l'ombre.

Bonneville.

CHAPITRE V.

SUCCESSION ININTERROMPUE DE GORGES, DE LACS, DE CASCADES.

UAND les Bravandas quittèrent Chamonix, ils s'en allèrent lentement, comme à regret, le long de la belle vallée, suivant d'abord la rive droite de l'Arve, puis la traversant pour arriver au village des Bossons, ensuite au glacier du même nom fort avancé dans la vallée. Scabieuse et les enfants, le voyant de si près, ne résistèrent pas à la tentation de lui rendre visite, et obtinrent que la voiture s'arrêtât deux heures. Ils revinrent enchantés d'avoir pénétré dans la grotte du mont Blanc, vaste cavité artificielle qu'on éclaire, et dont les parois de glace resplendissent autant que les murailles d'un palais de fée.

Mais leur récit fut payé d'une histoire de chasse, — vraie, pourtant.

Marius qui n'avait pas voulu monter au glacier et utilisait son temps en flânant le long de la rivière, aperçut un canard sauvage marchant avec l'allure disgracieuse qu'on lui sait.

— Machinalement, obéissant à cet instinct de destruction que tout animal porte en soi, je me baisse, et de toutes mes forces je lui lance une pierre. Je n'avais pas visé, je l'atteins. Il bat de l'aile, s'affaisse sur le bec. Je cours, je constate mon meurtre. Le voici. Il est magnifique.

Scabieuse considéra quelques instants le bec court de l'oiseau, orangé comme les pieds, son riche plumage où brillaient sur du noir, le vert, le blanc, le rouge cuivré, l'orangé.

— C'est le tadorne, une espèce très rare, que vous donnez là à notre collection, mon ami. Il ne niche que dans les dunes de la mer du Nord et de la Manche, et dans les montagnes où nous sommes.

Fig. 546. — Un Glacier (Pag. 322).

Après le glacier des Bossons vient le glacier de Taconay, puis le glacier de Gria, et c'est fini. On ne verra plus les glaces et les neiges que de loin.

Le village des Ouches marque la fin (ou le commencement) de la vallée de Chamonix.

La route, cette fois, ne ressemble en rien à celle de la Tête-Noire, quoiqu'elle ait les mêmes éléments de sauvage pittoresque. L'Arve coule dans un précipice aussi profond que celui qui sert de lit à l'Eau-Noire; mais le voyageur voit sa voiture au bord de l'abîme sans frémir: il y a tout du

long un excellent parapet. En outre, la voie est partout assez large pour
que deux énormes diligences s'y croisent sans dire gare. La voiture-maison
la connaissait d'ailleurs, y ayant déjà passé à l'aller. Quoique sur ses rails,
elle roulait au gré du cheval, une bonne bête fort intelligente, et qui, cou-
rageuse, quand il le fallait, savait se garder d'un zèle intempestif.

La jeunesse, sur cette pente facile, qui gardait les jambes de toute
fatigue, butinait sans trêve.

— Cette fois, disait Julien, ça me fait plaisir : ce n'est pas pour la science
que je cueille.

En effet, il récoltait des fraises et des framboises, vermeilles et parfu-
mées, une fête pour les yeux,
l'odorat et le goût.

Mais, afin de le taquiner,
l'intarissable Pierre mettait le
sel de l'enseignement dans la
douceur de ces beaux fruits.

— D'abord, disait-il, ce que
tu aimes dans les fraises et
dans les framboises, ne t'en dé-
plaise, ce ne sont pas les fruits.
Dans ton ignorance, ces fruits
t'apparaissent comme de petits
pépins. Mais, nous autres savants, nous en faisons des akènes, fruits secs, indéhiscents,
ne renfermant qu'une graine,
qui n'adhère pas au péricarpe. La partie charnue des fraises, c'est tout simplement le réceptacle à la surface duquel sont disséminés les petits fruits
facilement visibles, mais que nous avalons sans nous en douter. Dans le
framboisier le réceptacle est sec, il reste sous forme d'un cône à l'extrémité de la tige, et le soi-disant fruit est constitué par une matière pulpeuse
qui enveloppe les akènes.

Fig. 547. — Un Fraisier (Pag 324).

D'ailleurs, fraisier et framboisier appartiennent, l'un et l'autre, à la famille
des rosacées, si grande que les botanistes ont dû la subdiviser en plusieurs
tribus. L'une de ces tribus appelée poétiquement *des dryadées* à cause de
l'habitat sous bois des plantes qui la composent, comprend les fraisiers et
les framboisiers ou ronces, en même temps que les potentilles et la benoite
connues de tout le monde. Ainsi les dryadées sont des herbes ou des arbris-

seaux à tige souple, garnis de feuilles profondément découpées. Les fleurs pourvues à la fois d'étamines et de pistils sont bâties sur la symétrie pentagonale.

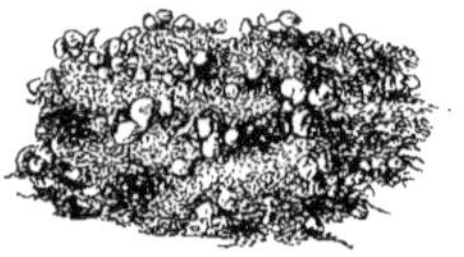

Mais le petit pédant fut attrapé lui-même, — *collé*, comme le lui dit 'Julien dans le langage technique du *bacho*.

— Tiens! dit Scabieuse, en souriant, qu'est-ce donc que ces parties de rochers si magnifiquement colorées en jaune.

Fig. 518. — Lichen (Pag. 325).

— Ça, mon ami, c'est certainement l'annonce d'un filon métallifère. Ne serait-ce pas de la pyrite de cuivre?

— Ah! petit botaniste, ta pyrite est de la pierre couverte de lichens. Pierre demeura bête.

— Allons, Scabieuse, une *tartine* sur les lichens. Pierre n'osera pas vous interrompre et tout le monde vous écoutera.

— Volontiers; car j'ai des choses bien intéressantes à en dire.

Les lichens sont des végétaux cellulaires vivaces, souvent coriaces, qui croissent sur la terre, la pierre, l'écorce, les feuilles des autres plantes et même sur d'autres lichens. Leur nom qui veut dire *dartre* fait allusion aux taches qu'ils produisent sur les corps qui les supportent. Parfois ce n'est qu'une poudre fine recouvrant les pierres : la couleur sombre des vieux murs est souvent due à des lichens

Fig. 519. — Vue d'un Filon sur l'Escarpement d'un Ravin (Pag. 325).

microscopiques. Dans le Jura un lichen noir pénètre dans les pores du calcaire à grains fins jusqu'à 8 et 14 millimètres de la surface. C'est grâce à cette facilité d'accommodation, qu'ils jouent un si grand rôle dans l'économie de la nature et procèdent, par exemple, à l'élaboration de la terre végétale.

Certains lichens sont susceptibles de tirer leur nourriture entièrement de l'atmosphère. Tel est ce lichen comestible du désert des Kirghis qu'on vit en 1828 tomber comme de la pluie: le sol en fut couvert sur 20 centimètres d'épaisseur. Les bestiaux le mangèrent avec avidité, et les hommes en firent du pain. C'est exactement l'analogue de la manne des Hébreux.

Ce.lichen n'est d'ailleurs pas le seul qui soit comestible. En Islande, il en pousse un autre qui entre pour une forte part dans la préparation du

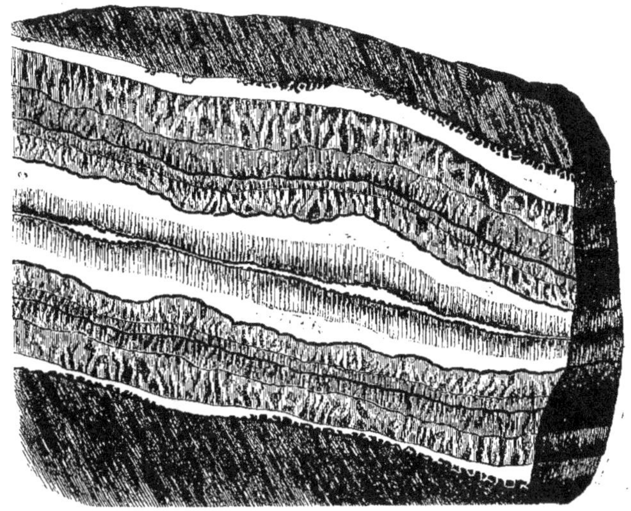

Fig. 550. — Structure d'un Filon (Pag. 327).

pain; en Carniole on nourrit les porcs avec du lichen; et les rennes, en Laponie, savent trouver sous la neige une plante de la même famille qui fait leur nourriture principale.

Les lichens ont cela de particulier qu'ils sont des plantes composées de deux plantes: de champignons parasites et d'algues. En les étudiant avec un soin suffisant, on arrive toujours à en isoler un élément champignon et un élément algue; et le champignon ne se présente jamais autrement qu'en parasite de l'algue; celle-ci, au contraire, peut parfaitement exister indépendamment du champignon et ne s'en porte que mieux.

La reproduction des lichens consiste dans la formation des spores, laquelle a lieu dans des réceptacles particuliers naissant à l'intérieur du tissu du lichen. Ces spores tombées sur le sol humide, donnent naissance à des filaments : jusqu'ici on n'a jamais pu saisir l'apparition de l'algue associée au champignon; mais on l'aperçoit tout de suite remplissant la fonction de nourrice de l'association.

Voici la voiture au confluent de la Dioza. Ce torrent, qui descend du Buet, a des gorges qu'il faut visiter.

— Eh bien, dit Marius, nous déjeunerons à Servoz, nous y finirons la journée, et nous repartirons demain.

Le temps fut bien employé.

D'abord, un tas de pierres, déposées au bord de l'eau, au pied même du pont sur lequel passe la route, vient repré- senter les restes d'anciennes exploitations miné- rales commencées par les Romains, abandonnées et reprises plusieurs fois, et définitivement recon- nues insuffisamment productives. Il s'agit de mi- nerais métalliques constituant un filon au travers de roches granitiques, et parmi lesquels dominent la pyrite de fer et la pyrite de cuivre. La première est exclusivement composée de soufre et de fer, bien que sa couleur jaune et son éclat d'or massif donnent aux ignorants l'illusion d'une matière bien plus précieuse. On ne peut guère l'utiliser que pour la fabrication de l'acide sulfurique, mais encore faut-il pour cela qu'elle se rencontre en quantités considérables. La pyrite de cuivre a beaucoup plus de valeur. C'est un sulfure double de cuivre et

Fig. 551 à 557.
Astrantia (Pag. 328).

de fer, et dans les filons où il est abondant, les exploitants peuvent trouver de forts bénéfices; mais à Servoz ce qui manque au gîte c'est la continuité, et il est de moins en moins probable qu'on se préoccupe d'en tirer parti.

Après la récolte facile des minerais, promenade sur les galeries de bois établies pour l'agrément des voyageurs et le profit des propriétaires dans ce lieu pittoresque.

Enfin, fugue de Scabieuse et de Pierre sur la montagne.

Ils prennent un sentier qui passe au-dessus des gorges, et, au bout de trois heures de montée, arrivent dans des prairies remplies d'astrances, superbes plantes de 60 centimètres de hauteur, au port d'une suprême élégance et dont le suave parfum attire autour d'elles des myriades d'abeilles et d'autres insectes.

— C'est *l'astrantia major,* dit Scabieuse, de la famille des ombellifères, de la tribu des saniculées dont le type est la sanicle que nous avons plusieurs fois récoltée dans les bois. C'est une herbe vivace à feuilles palmées, dont les inférieures sont longuement pétiolées, tandis que les supérieures sont sessiles. Les fleurs, d'un blanc plus ou moins pur, portées sur de longs pédicelles, sont réunies en ombelles accompagnées chacune d'une collerette à folioles assez grandes.

Ils se reposaient au milieu de ces merveilles lorsqu'ils virent passer deux chasseurs de chamois, long fusil sur l'épaule, sac au dos, forts souliers aux pieds. Ils s'arrêtè-rent un instant auprès des deux voyageurs, et voulurent bien faire un bout de conversation.

Le chamois aime les précipices et les rochers inaccessibles où se pose sûrement sa jambe ner-veuse. Il n'est pas facile de le joindre. Les chas-seurs partent pour plusieurs jours, emportent quelques provisions, du pain, de l'eau-de-vie, cou-chent en plein air, dans la forêt, sur le sommet aride, n'importe où. Dès l'aurore, ils reprennent leur course, escaladant sans vertige, se taillant des marches dans la glace. Rarement ils man-quent leur proie. Ils mangent sa chair, vendent sa peau.

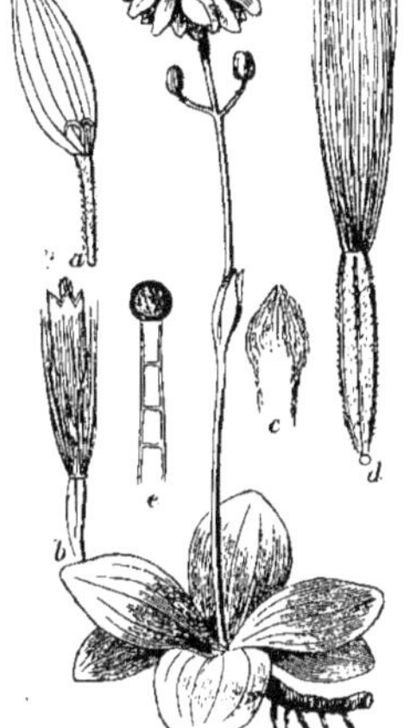

Fig. 558 à 563. — Arnica (Pag. 328).

Nos botanistes échangent une poignée de mains avec ces hommes hardis, reprennent le chemin de Servoz, et achèvent de remplir leur boîte avec des arnicas dont les fleurs d'or tranchaient sur le vert des gazons. Tandis que Pierre remarquait l'involucre campanulé de cette com-posée, ses feuilles entières et opposées, Scabieuse songeait à l'étymologie du nom.

— Arnica vient du grec; mais il s'est fortement corrompu „ en venant de là jusqu'ici ". Il fait allusion à de prétendues propriétés sternutatoires consacrées aussi par la qualification de tabac donnée à la plante par les paysans des hautes Vosges.

Servoz est à 12 kilomètres de Saint-Gervais, un endroit dont les eaux sulfureuses à 32°, lui amènent des malades encore assez valides. En outre, Saint-Gervais possède un filon de jaspe de plusieurs mètres d'épaisseur, traversant un vallon en biais, et tranchant par l'éclat de ses couleurs sur le fond grisâtre et terne des roches encaissantes. Comme le quarz, le jaspe a pour élément fondamental la silice; mais il admet aussi

Fig. 564. — Chamois (l'az. 328).

en mélange une proportion notable de matériaux argileux auxquels il faut attribuer son opacité absolue, même sur les bords les plus minces, c'est-à-dire dans des conditions où le silex est parfaitement translucide. Ces matières riches en oxydes métalliques teignent la pierre tantôt d'une manière continue, tantôt sous formes de veines ou de marbrures capricieuses. A Saint-Gervais, et sous l'effort des pressions énergiques dont l'écorce terrestre est si souvent le siège, le jaspe a été concassé en fragments anguleux qui, postérieurement, ont été resoudés entre eux de façon à donner lieu à une brèche jaspique. En maints endroits, des fragments très différents les uns des autres sont ainsi en contact, et la richesse d'aspect de la pierre en est singulièrement augmentée. Le jaspe de Saint-Gervais a concouru dans une large mesure à la décoration du Grand-Opéra. Plus d'une colonne monolithe vient du lit du Nan Ferney, et l'on voit encore les excavations où on les a prises et débitées. Malgré son insolubilité complète dans l'eau, le jaspe apparait à ceux qui l'étudient d'assez près comme le résultat d'une incrustation très lente de grandes cassures de la terre par des eaux extrêmement chaudes tenant en dissolution de la silice et de l'argile.

Coucher à Sallenches. Le lendemain, dernier regard au Mont-Blanc qui, à cette petite ville, apparaît encore dans toute sa gloire.

A Bonneville, les Bravandas eurent le plus affreux spectacle qu'on puisse imaginer :

Une pauvre femme dont la tête n'était plus qu'un accident de son effrayant goître, soutenait un crétin absolument rachitique. Les os de ce malheureux étaient tellement mous que si sa mère l'avait lâché, on aurait craint de le voir tomber en une masse aussi informe que celle de la méduse échouée sur le sable des mers.

Les enfants vidèrent entre les mains de la femme le reste de leur petite bourse fort épuisée, d'ailleurs, par les innombrables mendiants rencontrés depuis Chamonix. Pourquoi la France souffre-t-elle sur ses routes des légions de petits pauvres qui, pour ramasser un sou, se jettent jusque sous les roues des voitures, quand la Suisse a su remédier d'une façon si complète à la mendicité ?

A Annecy, les Bravandas virent deux choses : le musée et le lac.

Le musée possède beaucoup d'antiquités lacustres. Il a aussi une collection représentant toutes les industries du département.

Mlle Alice s'extasia sur la quantité de joujoux de bois :

— C'est certainement dans ce pays-là que le petit Noël vient s'approvisionner pour sa grande tournée.

Le lac, par des canaux, envoie ses eaux dans plusieurs parties de la ville. Sur son bord, sous des arbres, s'élève la statue de Berthollet.

Le tour du lac se fait en bateau à vapeur.

Nos amis se rendent au port, jettent un coup d'œil aux hautes murailles d'un château construit aux xive et xve siècles, s'installent à l'avant du bateau, et regardent de tous leurs yeux.

Ce lac est une merveille. Il est bleu, il a tous les tons de l'admirable couleur, le bleu gris, le bleu vert, le bleu laiteux, le bleu paon, le bleu profond.

Il est si limpide que son fond reste visible sous une grande épaisseur d'eau.

Le temps est singulier, ce jour là, et s'apprête à mettre le lac dans un décor inattendu.

Des brumes et des nuages errent sur la tête des montagnes, pendent aux branches des arbres.

Puis un arc-en-ciel passe sur la Tournette que les voyageurs ont à leur gauche, et son prisme l'éclaire en même temps que le soleil.

Plus loin, des montagnes noires se dressent derrière une brume blanchâtre.

On avance. Le lac semble s'ouvrir. Sur les rives, des villages microscopiques étalés au milieu de belles prairies, s'abritent contre la muraille boisée, dont le sommet escarpé, dressé au-dessus des forêts, se perd dans les nuages les plus fantastiques.....

On ne voit bien le ciel qu'en regardant la montagne. L'un l'autre ils se font valoir. La montagne, pour la superbe voûte, est un repoussoir puissant. Sur elle, le ciel met ses reflets et ses gloires. Le ciel, au matin, s'est-il vêtu d'azur, le pic éblouissant de neige, qui semble le toucher, rend plus intense la riche enluminure dont l'atmosphère double le vide de l'espace. Et le pic qui, sur sa blancheur, reçoit quelque chose de ce bleu, paraît plus blanc encore. La froide montagne plongeant dans les feux du couchant, exalte par sa crudité les ors et les pourpres, mais leur prend un peu de vie. Tranquille et pure comme l'étoile solitaire, comme elle la montagne neigeuse attire l'œil de l'homme dans la nuit. En pays de montagnes seulement, on apprend à connaître les nuages. Ce sont des magiciens qui changent les formes, donnent une idée exacte des plans et des hauteurs. Qui dira leurs caprices, leurs mollesses, leur rapidité ? Ils traînent, serpentent, s'accrochent sur les versants, sur les sommets, se dédoublent, se groupent, prennent les contours, les allures d'animaux gigantesques, ouvrent des gueules, déploient des ailes. Tantôt le nuage dérobe la montagne, tantôt il en simule une autre. Le nuage symbolise toute la fantaisie de la nature.

Les Bravandas sur le lac d'Annecy virent la météorologie en verve.

Mais laissons faire au bateau un bout de chemin. Il touche au port de Veyrier. La montagne a baissé sa muraille, descend presque au niveau du lac. Alors le regard se porte plus loin sur les montagnes de Faverges, occupant quatre plans, se groupant d'une admirable façon, allongeant leurs croupes, dressant leurs têtes. A de certains moments la végétation dont elles sont couvertes paraît bleue.

Autre arrêt : Menthon. Un château dans la montagne, au milieu d'un bois, regardant le lac. Au-dessous du château, un sol fertile, de belles prairies, des champs et un petit village bien groupé.

Voilà que le soleil passe à travers les nuages, et des gloires vont des montagnes de la rive droite à la surface du lac. En même temps la pluie se met à tomber et la gloire devient une buée lumineuse sur l'eau bleue, les gouttes de pluie ressemblent littéralement à une chute de diamants sur un immense morceau de turquoise. Près de la rive, une large zone brille comme un miroir. Le bateau, en y entrant, se met en plein soleil, tandis que toute la partie du lac qu'il vient de parcourir est dans une ombre presque noire.

Encore un arc-en-ciel qui plonge dans l'eau par ses deux bases. Par dessus s'en dessine un autre. Leurs couleurs à tous deux sont vives.

Cependant le bateau, ayant traversé le lac, touche à l'autre rive, à Saint-Joriaz, au milieu d'une masse de roseaux.

Entre deux caps, dont l'un est formé par le Roc de Chère, on pénètre dans la seconde partie du lac; les arcs-en-ciel durent toujours, véritablement éblouissants. Les Bravandas déclarent qu'avant ce jour, ils n'avaient aucune idée de la puissance de ce météore.

Maintenant on se dirige vers la rive gauche du lac (la rive Est) qui est bordée d'une véritable muraille de rochers, et beaucoup de passagers descendent à Talloires, qui se compose de nombreuses maisons, d'un clocher, de vignes, d'arbres. Un habitant d'Annecy apprend à nos Parisiens que cet endroit privilégié jouit en hiver d'une température aussi douce que celle de Nice ou de Florence. Aussi, le figuier, le grenadier, le laurier y poussent-ils à merveille. Bien au-dessus de Talloires, sur un roc escarpé, se dresse une très ancienne abbaye de Bénédictins.

Les montagnes qui bornent la vue vers le fond du lac semblent à ce moment former une vaste chaudière, d'où s'échappent des nuages.

Nouvelle traversée. (Il ne faut pas que les voyageurs soient pressés.) Le bateau passe devant le château de Duingt : toit d'ardoises, donjon crénelé, tourelles pointues, fenêtres à petits carreaux, massifs d'arbres pour l'isoler. Devant le château, une petite maison, avec un balcon; le tout établi sur une voûte dans laquelle entre l'eau. Quant au château, il a pour base une presqu'île qui tient à un mont pelé dont la terre rouge envoie des reflets sanguinolents dans l'eau, mais qui abrite des vignes, protégées du côté du lac par des noyers, des châtaigniers, des peupliers.

Scabieuse ne prenait pas garde au château, mais regardait de tous ses yeux dans la direction du *Roselet,* îlot recouvert d'un demi-mètre d'eau, et où se voient encore les restes de pilotis et d'habitations lacustres.

Après Duingt, paraît Bredannaz avec ses maisons couvertes de chaume.

Puis voilà les voyageurs au *Bout du Lac.* Les montagnes sont hautes, sauvages, couvertes de sapins. Elles montrent des profondeurs, des perspectives grandioses et inhospitalières, des gorges pleines d'arbres gigantesques, enchaînés les uns aux autres par des lianes, ni plus ni moins que ceux des forêts vierges. C'est au milieu de ces montagnes que se trouve la Combe Noire, où les vrais habitants sont, dit-on, des ours très grands et très féroces.

Vers le bout du lac, il n'y avait que peu d'eau. Toute la petite caravane vit très distinctement attachées au fond de belles éponges d'eau douce.

Le bateau avait mis à peu près une heure quarante minutes pour arriver au bout du lac. Il lui en fallait autant pour retourner à Annecy. Il ne pleuvait plus, mais le vent s'élevait très violent et très frais. Les vagues se soulevaient, et l'eau, étant si bleue, par moments semblait solide. Nos touristes, habillés légèrement, ne pouvaient plus tenir sur le pont. Ils descendirent dans la cabine assez confortable. Là, des passagers, munis d'un guide, leur donnèrent les dimensions du lac : quatorze kilomètres de longeur, trois kilomètres et demi dans sa plus grande largeur; hauteur moyenne au-dessus de la mer, 447 mètres; dans sa plus grande profondeur, 67 mètres.

Lovagny : deux curiosités, le château de Montrotier, les gorges du Fier.

— Voilà, disait Marius, comme je voudrais que fût le château de mes pères en admettant que je fusse leur héritier.

— Tu aimerais, papa, demeurer dans ce vieux donjon délabré : si c'est pour la vue, va t'installer dans un ballon captif.

— Eh ! non, c'est la jolie maison d'habitation qui me tente. Si bien située sur une haute terrasse, au milieu d'un beau jardin! Que c'est joli! que c'est joli! Montez dans le donjon; moi je reste devant la maison.

Encore des gorges, et ce ne sont pas les dernières ! Encore une galerie de bois ! encore un franc pour en jouir ! Cela ne change pas beaucoup. Ce qui diffère, ce sont les niveaux des galeries ; celle du Fier est placée très haut sur le rocher.

On paye le droit d'entrée dans un châlet-restaurant pittoresque et bien situé. Tout près de son toit, une marque indique la montée de l'eau en 1876. Le Fier a, en effet, des crues violentes qui élèvent son niveau de 26 mètres. Son eau, claire sur les pierres qu'elle recouvre de quelques centimètres seulement, est d'un vert sombre à certaines places où elle remplit des trous d'une profondeur immense. Sortis de la gorge, les voyageurs se trouvent sur de jolis sentiers gazonnés qui les conduisent à la *mer de rochers*, faite de blocs de calcaire séparés les uns des autres, arrondis par l'action du torrent sur son lit, auquel il fait subir une véritable dissection.

Enfin, pour clore la série de ces différentes gorges, les Bravandas allèrent voir celles de Sierroz qui ont, elles, quelque chose de très particulier. Un petit bateau à vapeur prend les promeneurs auprès d'une chute assez élevée et les conduit sur des eaux vertes très

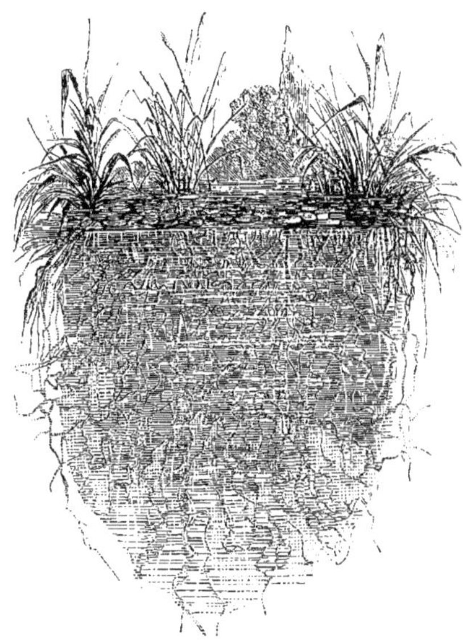

Fig. 565. — Lentille d'Eau (Pag. 334).

profondes, le long d'un ravin très étroit. Il semble que le bateau ait à peine la place de passer ; et, en effet, le *pilote* recommande aux passagers de *rentrer leurs cordes*. La mousse fait sur les murs humides des traînées d'une épaisseur et d'une verdeur admirables. Toutes sortes de plantes grimpantes laissent tomber leurs guirlandes le long des rochers, tandis qu'aux endroits les plus tranquilles de la rivière prospèrent des lentilles d'eau et des massettes. Sous la voûte que forment au-dessus du ravin les ronces et les chênes, on se trouve dans une demi-obscurité qui, par les temps brumeux, doit se changer en une nuit complète.

Une apparition charmante ravit les voyageurs : un martin-pêcheur, tout petit, tout bleu, tout brillant, que Marie prend pour une demoiselle. Il s'enfuit à tire-d'ailes, à l'approche du bateau.

Après 1200 mètres de navigation, on arrive devant un petit débarcadère, on prend un escalier qui mène à l'inévitable galerie dominant le torrent. La galerie aboutit à un moulin tremblant du mouvement de ses machines. Il utilise la force de cette eau rapide. Du moulin, on descend sur des rochers entre lesquels s'éparpille le torrent.

Là, une inscription rappelant la mort d'une dame effraye Mme Bravandas, qui réunit autour d'elle tout son monde et pousse des cris dès que quelqu'un risque un pas.

Les gorges du Sierroz sont à 3 kilomètres d'Aix.

Les Bravandas, après un regard jeté sur le beau lac du Bourget, quittèrent à la hâte le voisinage de la station balnéaire.

Ils passèrent à Chambéry, vilaine ville, bien entourée par les montagnes.

Ils se plurent à Allevard. Là, pourtant, comme à Aix, les baigneurs et buveurs d'eau regardaient les originaux avec une curiosité dont la persistance devenait malveillante ; mais on trouva aisément un coin solitaire

Fig. 566. — Martin-Pêcheur (Pag. 331).

pour la voiture, et Scabieuse, qui regrettait de n'avoir pas vu de près l'installation des thermes d'Aix, se dédommagea devant ceux d'Allevard.

Grâce à la complaisance d'un fonctionnaire de l'établissement, l'administration de l'eau aux malades n'eut plus de mystères pour lui. Au bout d'une heure, il parlait bains, douches, inhalations, fumigations, comme un hydrologue de profession.

Les eaux d'Allevard font partie de celles que les spécialistes déclarent *sulfurées calciques,* ce qui veut dire qu'on y trouve du soufre, comme le témoigne l'odeur d'œufs pourris qu'elles dégagent, et de la chaux. En les étudiant on s'est aperçu qu'elles doivent leur composition, et par conséquent leur efficacité médicale, à de petits êtres très inférieurs, dits *sulfuraires,* qui, s'attaquant, pour respirer, aux sulfates dissous normalement dans les eaux, en font des sulfures alcalins. Dans les Pyrénées on trouve des exemples du même fait à chaque pas ; mais les sources, au lieu d'être calciques, sont à base de soude, ce qui leur donne des propriétés différentes. Quant au laboratoire où le liquide se charge des substances qui le minéralisent, on ne sait pas grand'chose à son égard, sinon qu'il est situé fort profondément, comme le prouve la haute température des eaux.

Allevard est située au fond d'une vallée entourée, fermée par de hautes montagnes au-dessus desquelles apparaissent encore de beaux glaciers.

Entre autres curiosités, il offre aux touristes un endroit sauvage qu'on appelle le *Bout du Monde*. C'est un franc pour le voir, ce bout du monde. L'eau du torrent est bleue, écumeuse, jaillissante, tournoyante sur les

Fig. 567. — Fauvettes à Tête noire (Pag. 337).

roches de son lit. Un petit pont se présente, on s'y engage, on s'arrête au milieu pour bien jouir de la cascade. Elle est magnifique ; elle se brise en poussière fine que le vent emporte au loin en brouillard, en nuage. Elle fait entendre un sourd grondement, sur lequel se détachent des éclats métalliques. On poursuit. Un escalier est établi dans les rochers ; il alterne avec des sentiers, et c'est ainsi que l'on arrive contre un mur qui arrête tout ce qui n'a pas des ailes. Pierre et Julien cherchent des cailloux et des bêtes dans le lit de la rivière ; le reste de la caravane se repose. Tout à coup un épouvantable bruit de dégringolade les fait tressaillir : c'est celui du bois qu'on jette par la coulière. Il faut aller voir cela.

On quitte le Bout du Monde, on passe devant une usine, on traverse le chemin de fer qui la dessert, on franchit le torrent, et l'on monte sous des arbres à un plateau où un homme et une femme goîtreuse chargent de bois coupé une petite voiture, l'amènent au bord d'un précipice, et renversent son contenu sur un chemin de planches guidant les bûches dans leur chute de deux cents mètres. Ce bois fait les culbutes les plus bizarres; le vacarme est étourdissant. Un tout petit enfant erre pieds nus sur le plateau, s'avance au bord de l'abîme, sans crainte et sans inquiéter ses pauvres parents acharnés à leur besogne. Dieu le garde. Quand ses parents un instant se reposent, on entend le chant des fauvettes.

Fig. 568. — L'Alouette des Champs (Pag. 338).

L'usine exploite et travaille la sidérose, riche minerai composé de carbonate de fer dont l'aspect, sinon le poids, est celui des pierres proprement dites et, par exemple, de certains marbres. Il suffit de chauffer fortement la sidérose avec du charbon, et c'est ce qu'on fait dans le haut-fourneau, pour la décomposer: son acide carbonique se dégage; l'oxyde de fer se réduit, et le métal, se combinant avec le charbon, passe à l'état de fonte. Comme le minerai n'est pas chimiquement pur, il se fait en même temps une quantité plus ou moins considérable de silicates qui surnagent sur le bain de métal fondu et que l'on connaît sous le nom de laitiers.

Les Bravandas eurent, à l'usine d'Allevard, le plaisir de voir une coulée de laitiers, qui leur donna le spectacle en miniature d'une éruption de laves volcaniques. Le torrent de matières pâteuses, sortant par une porte du haut-fourneau, éclairait le sombre hangar de reflets étranges et dramatiques, pendant que des ouvriers munis de *lances*, pareilles à celles des pompiers, y projetaient de l'eau qui crépitait et se transformait en épais nuages de vapeur.

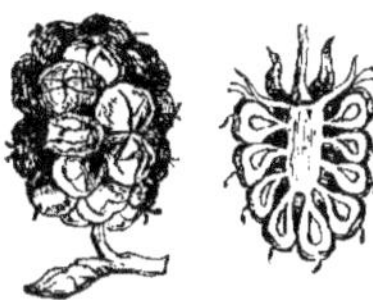

Fig. 569 et 570. — Mûre
(Pag. 338).

Allevard mérite un bon point : les Bravandas virent un petit troupeau de cochons noirs soumis au lavage énergique de nombreuses douches. Par la chaleur accablante de l'après-midi, ils paraissaient enchantés de cet arrosage. La propreté leur seyait, à ces pauvres bêtes, et vraiment elles n'étaient pas si laides que le veut la réputation des pachydermes ordinaires. De plus, elles n'étaient point farouches, et les enfants, qui purent s'en approcher, les considérèrent tout à leur aise. Ils remarquèrent les quatre doigts de leurs pieds, dont les deux du milieu, beaucoup plus grands et plus forts que les autres, posent seuls à terre, et leur gros nez, mobile et tronqué au bout, instrument à dénicher les truffes. Ils ne purent leur voir dans la bouche, mais Pierre apprit à son frère et à sa sœur que la dentition de ces aimables animaux comporte les trois sortes de dents, incisives, canines, molaires.

D'Allevard à Goncelin, les voyageurs s'intéressèrent fort aux cultures d'où s'envolaient des alouettes. Ils virent des mûriers.

— En latin, *morus*, dit Julien.

— Le mûrier, ajouta Pierre, est le type de la famille des morées, qui contient aussi le figuier, dont nous avons rencontré des échantillons en Normandie. Si nous pouvions en voir les fleurs, nous constaterions que le mûrier est dioïque, c'est-à-dire qu'il a des fleurs à étamines sans pistils et des fleurs à pistils ; ces deux catégories sont disposées en chatons de deux sortes... Il

Fig. 571 à 573.
Chanvre (Pag. 339).

n'y a pas de mûres non plus sur ces arbres... La mûre est le chaton parvenu à sa maturité ; sa saveur et sa consistance sont dues en grande partie aux calices devenus charnus et succulents de ses fleurs resserrées en épis.

— C'est bien avec les feuilles du mûrier, demanda Marie, qu'on nourrit les vers à soie ?

— Oui, Mademoiselle. A voir la rusticité de ce bel arbre, on pourrait croire qu'il est chez lui en France; c'est pourtant un Chinois acclimaté, et qui nous est arrivé par toutes petites étapes, passant par la Perse, par Constantinople, par la Sicile, par l'Espagne, et toujours portant sa précieuse chenille.

De beaux champs de chanvre, dont les tiges dépassaient deux mètres de haut, fournirent l'occasion d'une autre petite leçon.

Le chanvre est une urticée, c'est-à-dire un membre de la famille végétale dont le type est l'ortie brûlante. Les fleurs staminées et les fleurs pistil-lées sont portées par des pieds diffé-rents. Elles sont verdâtres, et fort modestes d'apparence; le fruit est sec, et vous connaissez bien sa graine que l'on donne aux oiseaux: le chè-nevis. Maintenant observez à la loupe les myriades de petites glandes gor-gées d'une résine gélatineuse qui couvrent la surface des feuilles et des tiges. Cette substance est un poison dont l'action sur notre organisme est étrange, et qui, plus narcotique que l'opium, entre dans la préparation du fameux hachisch des Arabes, dont le Vieux de la Montagne enivrait ses *assassins*, pour leur montrer le para-dis de Mahomet. A nous autres Oc-cidentaux, le chanvre sert surtout pour la fabrication du linge, en nous donnant ses fibres séparées par le *rouissage*.

Fig. 574. — Tabac (Pag. 339).

Ensuite, Scabieuse avisa une autre plante, moins vénéneuse que le chanvre, mais fertile aussi en inconvénients: le tabac.

— C'est une solanée.

— Une „consolante ".

— Comme toutes celles de sa famille, en effet, elle engourdit, endort, calme la douleur physique et la surexcitation trop grande du cerveau.

— Le tabac est de la même famille que la pomme de terre?

— Oui, mademoiselle Marie. Et les pommes de terre que vous aimez tant, quand elles sont frites, ont parfaitement leur principe toxique que la cuisson fait disparaître.

Vous voyez que le tabac pourrait fort bien servir de plante d'ornement;
il atteint jusqu'à deux mètres de haut, celui-ci a des fleurs d'un vert sombre
dans lesquelles se montrent cinq étamines et un pistil; mais il est des
variétés qui se couronnent de très belles fleurs rougeâtres. Le fruit est
une capsule à deux loges dans lesquelles à la maturité sonnent par le
mouvement de nombreuses graines très petites et très dures.

— Du maïs! s'écrie Pierre. Cela sent déjà le midi.

Scabieuse sourit; car, outre que le maïs croît aux environs de Paris,
Pierre se croit encore plus loin de chez lui que ne le comporte la latitude du
Dauphiné. Il est vrai qu'il fait très chaud, et que l'air est plein des piqûres
du soleil, et de celles des insectes. Des puces ont en-
vahi la coquette voiture, à la grande colère de Mme Bravandas, et le pauvre cheval est harcelé d'œstres et de
taons. Bravandas, armé de branchages, passe tout son
temps à l'épousseter de cette vermine; mais elle est
plus active que lui, et Bu-céphale ne trouve de sou-lagement que dans son

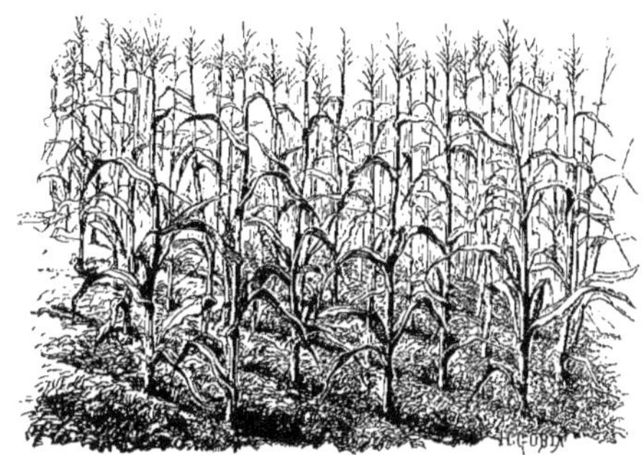

Fig. 575. — Maïs (Pag. 340).

propre mouvement. Il ne reste arrêté que malgré lui, et continuellement
lève les pattes, remue la queue. Passent des bœufs traînant un char, ils
sont couverts d'un filet protecteur.

— Au prochain village, dit Marius, j'achète le pareil pour ma pauvre bête.

Cependant Pierre, qui n'oublie jamais sa collection, a recueilli deux beaux
individus de ces diptères.

A la vue des œstres, énormes mouches massives et velues, Mme Bravandas s'écrie avec horreur:

— Mais ces bêtes sont capables de rendre anémique le pauvre Bucéphale.

— Rassurez-vous, chère Madame. Les œstres qui le poursuivent ne
prennent pas la moindre nourriture, et n'ont jamais piqué ni peau ni cuir.

Ils s'acharnent après lui pour le charger de leurs œufs, enduits d'une
matière agglutinante et qu'il leur faut mettre aux endroits où l'animal peut
se lécher; les larves éclosent; le cheval les avale; les larves s'installent
dans son estomac, s'y nourrissent, y prospèrent.

— Et vous me dites de me rassurer... Quand c'est une horrible maladie que Bucéphale est en train d'attraper.

— Non! A un moment donné, les larves détachent de la muqueuse de l'estomac leurs mandibules en crochets, consentent à se laisser expulser et reviennent au grand jour, pour se montrer après un temps d'immobilité, revêtues de ces deux ailes caractéristiques de l'ordre le plus nombreux des insectes.

— Eh bien, ton œstre est une bête fort ragoûtante, mon petit Pierre.

— Je la conserve tout de même, ma mère.

— Allez-vous me dire aussi, Scabieuse, que les taons ne piquent pas non plus?

— Le ciel m'en garde!.. Ils sont avides de sang; leurs larves, au contraire, vermiformes, privées de pattes, vivant sous terre, ont un régime des plus innocents, consistant en substances végétales... Tenez! voici un taon dans l'impuissance de nuire; il est superbe de grosseur sous ses deux longues ailes, et il a des yeux verts magnifiques.

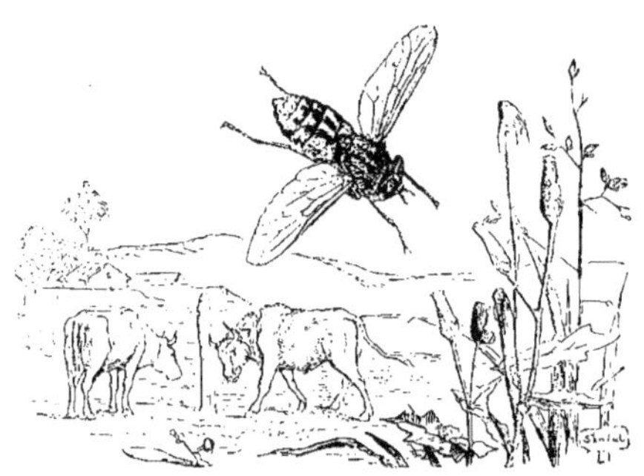

Fig. 576. — Œstre (Pag. 340).

— Revenons à notre maïs.

— C'est une graminée. Jusqu'ici nous avons passé un peu vite devant les membres de cette incomparable famille; nous sommes blasés sur les froments, les orges, les seigles, les avoines. Nous allons la saluer dans le maïs, originaire d'Amérique, où il apparut aux Européens comme un blé gigantesque aux feuilles longues et lisses, à la tige élégante, aux grains énormes et dorés. Comme un grand nombre de graminées, c'est une plante annuelle, à racines fibreuses; sa tige est un chaume; ses feuilles, alternes, naissent des nœuds annulaires du chaume, et elles ont un pétiole dilaté et enroulé en une gaine qui entoure cette tige et dont les bords sont libres. Ses fleurs forment des panicules, comme celles de l'avoine. Son fruit est ce qu'on appelle un caryopse, un fruit indéhiscent dont la graine adhère au péricarpe.

Le maïs est une céréale, c'est-à-dire une graminée dont la graine est riche en fécule, en matière azotée et en phosphate. La farine de maïs fait différentes sortes de bouillie; ses tiges et ses panicules, coupés avant la maturation, donnent un excellent fourrage, et ses balles séchées composent des paillasses, universelles autrefois, avant l'invention des sommiers élastiques.

L'Aiguille de Saint-Bruno.

CHAPITRE VI.

LA GRANDE-CHARTREUSE.

Voici nos personnages à Saint-Laurent-du-Pont. Leur arrivée fait sensation dans ce village, où nuit et jour règne l'animation des touristes. La longue voiture a peine à s'introduire au milieu des diligences, des breaks, des troupeaux de chevaux, de la cohue des guides, des cochers, des hôteliers.

Quels sont ces voyageurs bizarres? — Des saltimbanques qui viennent embellir la fête du village. — Pas possible. — A égayer une centaine de montagnards, cette belle voiture ne ferait pas le quart de ses frais. D'ailleurs les montagnards s'amusent bien sans les grimaces d'autrui. Ils mangent des gâteaux grossiers, font partir des pétards, s'exercent à des jeux ridicules, s'inondent de seaux d'eau suspendus à une corde. Et voilà!... Un crétin sourd-muet, riant d'un air à la fois bonasse et tragique, la figure pâle, creusée de plis profonds, montre aux promeneurs d'un geste significatif le gousset de leur gilet, et reçoit un sou avec des gambades de joie.

Un aubergiste, moyennant un prix assez fort, se charge de soigner le cheval et de surveiller la voiture jusqu'au lendemain. Et, délivrés de tout souci, les voyageurs se disposent à monter à pied jusqu'à la Grande-Chartreuse, munis de l'appareil photographique et de tout leur attirail de naturalistes. Mlle Alice elle-même porte fièrement en bandoulière sa petite boîte de botanique. Elle a entendu dire que nul lieu du monde n'offre plus riche moisson de plantes de toutes sortes que le *Désert* dans lequel on va s'enfoncer.

— Malheureusement, ajoute Scabieuse, nous ne trouverons presque plus de fleurs.

C'est le Guiers-Mort qui coule à Saint-Laurent-du-Pont.

Bravandas consulte son baromètre. On part d'une altitude de 410 mètres, et comme il sait que la Grande-Chartreuse est à 977 mètres, il annonce une montée de 550 mètres, chiffre rond. Ce n'est rien. Les jambes de Mlle Alice feront facilement ce travail.

Tout d'abord on se trouve en pleine industrie. Là, comme en tant d'autres lieux, la force considérable du torrent est utilisée. A Fourvoirie, les deux rives sont occupées, à droite par les bâtiments où la Grande-Chartreuse distille et conserve l'incomparable liqueur, et par une scierie qui fait un tapage horrible; à gauche, par des usines célèbres dans le monde métallurgique, et qui appartiennent actuellement à la Compagnie des fonderies, forges et aciéries de Saint-Étienne. Fondées par la Grande-Chartreuse, elles en eurent jadis les moines pour ouvriers.

La belle route, large, égale, protégée aux endroits les plus escarpés par un parapet, a été conquise à grands coups de mine sur le rocher. Elle est l'œuvre des Chartreux.

Quand la petite troupe pénètre dans le désert, elle devient silencieuse. Les montagnes sont hautes; les rochers énormes surplombent souvent sur les têtes. Ce qui frappe surtout, c'est l'immensité des forêts. Elles règnent, noires et profondes, aux sommets, aux versants, jusque dans le ravin. Tel sapin, qui a ses pieds dans le lit du Guiers, élève sa tête bien au-dessus de la route. Ce sont les hêtres et les épicéas qui dominent dans ces masses.

Souvent l'on s'écarte de la route pour prendre dans leur ombre les plantes qui y croissent. Pierre arrache, dans un endroit humide, l'*Impatiens noli tangere,* une balsamine sauvage, remarquable par l'élasticité des fuseaux qui forment les parois du fruit, et qui, au moindre contact, pendant la maturité, se roulent brusquement sur eux-mêmes, de façon à lancer les graines à distance. Nos botanistes ne furent pas témoins du phénomène, car l'Impatiente était en fleurs : pendantes, petites, jaunes, ponctuées d'orangé à l'intérieur, elles étaient à peu près perdues au milieu des feuilles ovales, grossièrement dentées et tenant à une grosse tige de 50 centimètres par un très petit pédoncule. Comme chez toutes les Balsamines, le calice était à cinq sépales très inégaux, et la corolle à quatre pétales.

Quant à Scabieuse, il avisa une *Digitalis grandiflora* portant des capsules ovoïdes pleines de graines. C'est une personnée de 65 centimètres, toute pubescente, aux tiges dressées portant de grandes feuilles opposées, allongées et lancéolées. Marie en cueillit une qui n'avait pas fini de fleurir et qui montrait ses corolles ventrues d'un blanc jaunâtre.

Les voyageurs arrivent au pont Saint-Bruno, dont l'arche unique est lancée obliquement sur le torrent, qu'elle domine de 42 mètres. On s'arrête là, pour considérer le Guiers ; il avance de chute en chute, dans un éparpillement presque continuel de ses molécules.

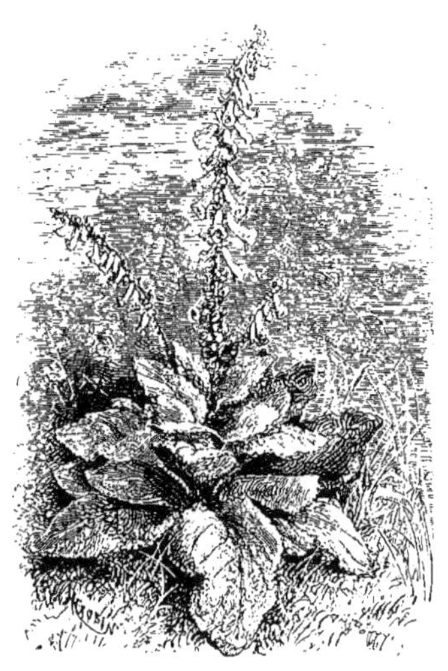

Fig. 579. — Digitalis grandiflora (Pag. 345).

Non loin du pont Saint-Bruno, un autre pont, lancé celui-là par une avalanche, traverse au fond de l'abîme toute la largeur de la rivière : c'est un immense éclat de roc.

Vingt minutes de trajet, après le pont Saint-Bruno, mènent les Bravandas au pied du pic de l'Aiguille, rocher de forme conique, qui s'élève entre la route et le torrent, à 40 mètres de hauteur, et sur lequel des Épicéas trouvent moyen de vivre, plongeant leurs racines dans ses anfractuosités, et dominant de leur verdure son sommet aigu.

Les botanistes vont, cueillant des trésors : le Carex toujours vert (*Semper virens*), très commun dans toutes les Alpes du Dauphiné, est un type de la très nombreuse famille des Cypéracées. Il fleurit au mois de mai en épis noirâtres, les uns à étamines, les autres à pistils. Son chaume avait une trentaine de centimètres ; il est trigone, lassé, faible, presque nu, garni à la base de feuilles planes, longues et flexibles, très tenaces. Ses fruits sont verdâtres, oblongs, trigones, comprimés, rudes sur les bords, avec lui pousse le jonc des bois.

Un membre de la famille des composées ou synanthérées : le Chardon bardane (*Carduus personata*) brandissait ses fleurs purpurines au bout de ses tiges de plus d'un mètre, divisées au sommet en rameaux allongés, demi-ouverts, très étroitement ailés, avec des feuilles molles, vertes en dessus, blanches, laineuses en dessous, inégalement ciliées et épineuses.

La Julienne des dames (*Hesperis matronalis*), charmante crucifère aux fleurs blanches et lilas, odorantes surtout le soir. Quand nos jeunes gens la cueillirent, elle était défleurie depuis longtemps et montrait au milieu de ses feuilles ovales et dentées des siliques tout à fait glabres. Sauvage à la Grande-Chartreuse, la Julienne est cultivée dans une

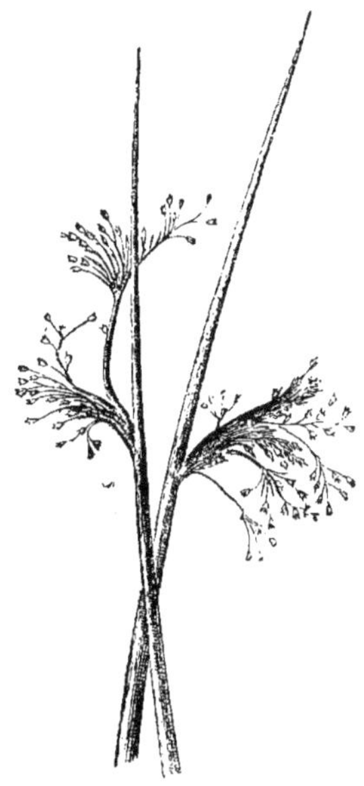

Fig. 580. — Jonc des Bois (Pag. 346).

foule de jardins et se vend couramment aux marchés aux fleurs de Paris.

L'Aconit anthore, de la famille des renonculacées, porte des grappes de fleurs jaunâtres et en forme de casques bizarres. Il atteignait dans ces bois 60 centimètres de hauteur. Ses feuilles nombreuses sont découpées en lanières divergentes. Il est très vénéneux.

La Campanule à larges feuilles se signalait par ses fleurs bleues pendantes et solitaires au haut de tiges de 1 mètre de longueur, cylindriques, très simples, presque glabres. Les feuilles sont ovales-lancéolées en cœur, rudes, en dents de scie, et les supérieures sont sessiles.

Le Groseillier des Alpes *(Ribes alpinum)* diffère tout d'abord du groseillier à maquereaux par

Fig. 581 à 585.
Hesperis matronalis (Pag. 346).

un caractère aimable : il n'a pas d'épines, et se rapproche à cet égard du groseillier rouge et du cassis. Comme eux d'ailleurs, il porte ses fruits en grappes, mais de deux à cinq baies seulement. Ce petit arbuste broussailleux, aux feuilles petites, à lobes obtus, presque glabres, lisses en dessus, pâles en dessous, est dioïque, a des fleurs en grappes; les divisions du calice sont quatre fois plus longues que les pétales spatulés.

Des spirées barbe de chèvre (*spiræa Aruncus*) avaient jusqu'à un mètre de haut. Leurs fleurs, d'ailleurs foncées et desséchées, formaient de grands panicules où restaient encore beaucoup de fruits lisses et brillants. Les feuilles étaient ailées.

L'*actea spicata*, belle renonculacée de 30 à 60 centimètres

Fig. 586 à 590. — Aconit (Pag. 346).
a Fleur. — b Feuille. — c Racine. — d Étamines et Pistils. — e Fruit.

de haut, faisait sous bois de belles touffes couronnées de baies noires et riches en feuilles vert clair, ailées, lancéolées à folioles ovales.

La Fétuque des bois, élégante graminée de 60 centimètres, aux feuilles vertes, rudes et aiguës, atteignant 30 centimètres de longueur, et 7 à 9 millimètres de largeur, a un panicule de 8 à 10 centimètres, dressé, très rameux; avec des épillets comprimés et distiques.

Enfin, la route quitte le Guiers, et s'enfonce dans la forêt; elle devient si pénible qu'Alice, fatiguée, refuse d'avancer. Son père alors l'enlève et l'asseoit sur ses épaules.

Fig 591. — Campanule (Pag. 346).

— Encore un peu de courage, crie Scabieuse, nous voilà arrivés.

Les intrépides marcheurs, trois heures après leur départ de Saint-Laurent, se trouvaient, en effet, sous les murs du couvent.

Scabieuse arracha un pied de *Myrrhis odorata* qui poussait à leur ombre ; c'était une plante qui n'avait pas loin d'un mètre de haut, mollement pubescente, dont les feuilles triangulaires étaient très grandes et ailées.

— Attention à cette ombellifère, dit le savant. Ses fleurs blanches produisent des fruits noirs et odorants. Selon toute vraisemblance, elle entre pour une large part dans la fabrication de la liqueur dont nul contrefacteur n'a surpris le secret. On la trouve, en effet, dans le voisinage de tous les couvents du Dauphiné qui appartiennent ou qui ont appartenu aux Chartreux.

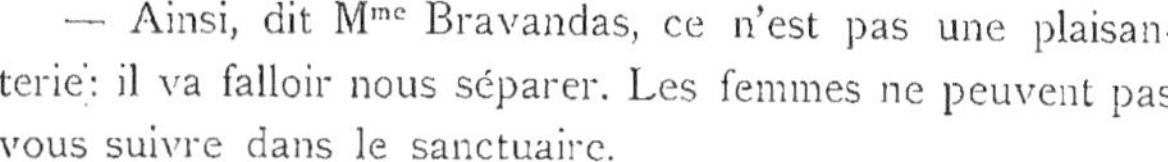

Fig. 592.
Épillet de Fétuque
(Pag. 347).

— Ainsi, dit Mme Bravandas, ce n'est pas une plaisanterie : il va falloir nous séparer. Les femmes ne peuvent pas vous suivre dans le sanctuaire.

— Hélas ! non, et votre sexe, essentiellement faible, doit se loger à l'*Infirmerie*.

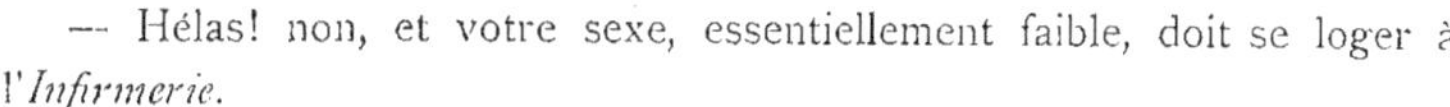

— Le nom de l'auberge est flatteur ! N'importe ! Comme nous mourons tous de faim, déjeunons où l'on voudra bien nous recevoir.

Mme Bravandas et ses deux filles pénétrèrent donc dans la maison des femmes, située à quelques pas au-dessus du couvent, et se trouvèrent dans une grande salle au milieu de laquelle était dressée une table recouverte d'une toile cirée, et portant des assiettes de faïence et des couverts d'étain : le tout d'une scrupuleuse propreté. C'était la table des pauvres. Bientôt apparut une vieille religieuse, chargée d'un énorme plat de pommes de terre sentant bon. Mme Bravandas ayant exprimé à la vieille son désir de participer à cette cuisine appétissante et frugale, on

Fig. 593. — Spirée (Pag. 347).

l'envoya dans une autre salle à manger, déjà bondée de voyageuses. Les religieuses étaient gaies et aimables, mais de se voir tant de monde elles perdaient un peu la tête. Ce ne fut pas sans

peine que Mme Bravandas trouva à se placer. Elle et ses compagnes avaient
une faim si grande que la tête leur tournait et qu'elles parlaient de se
porter à des extrémités pour se procurer des vivres.

Enfin, on leur servit un excellent déjeuner maigre composé d'œufs, de
poisson, de pommes de terre. Il y eut un dessert ravissant: des fraises!
mais des fraises telles qu'on n'en mange que dans ces hautes forêts, des
fraises cueillies du matin, avec des aromes que les plus riches tables de
Paris ne connaîtront jamais, des fraises petites, très rouges, sèches à
l'extérieur, juteuses au dedans. Ensuite de la chartreuse, liqueur d'or qui
enivre de ses parfums, et envoie dans les veines son intense chaleur.
La chartreuse, œuvre des hommes, digne pendant des fraises, œuvre de
Dieu!

Fig. 504. — La Grande Chartreuse (Pag. 350).

Au léger malaise dont elles avaient souffert succède chez les voyageuses
un redoublement de vie. Une douce joie s'empare d'elles, leurs langues se
délient. Elles s'acoquinent dans ce lieu hospitalier, elles en admirent la
propreté, la simplicité monastique. Marie explique à sa mère que cette
grande solitude la charme, et qu'elle voudrait passer un hiver dans l'Infirmerie, bien enfermée avec un grand feu, devant une fenêtre claire, pour
contempler les monts couverts de neige, et la noire verdure des sapins.
Sa mère rit de ce rêve, et dit à une jeune religieuse qui passe:

— Vous devez bien vous ennuyer ici, l'hiver.

— L'hiver?... répond la sœur avec un accent campagnard, nous
sommes ailleurs. Nous quittons la Chartreuse au mois d'octobre.

La situation perd de sa poésie aux yeux de Marie.

Les dames se lèvent de table, et sortent avec l'espérance de retrouver les pères et les frères. Ils sont déjà dans la grande prairie qui fait face à la porte de l'Infirmerie. On se rejoint, on s'embrasse, comme si l'on ne s'était

Fig. 595. — Géranium (Pag. 350).

pas vu depuis longtemps. Les hommes ont moins d'entrain que les dames; ils n'ont pas si bien déjeuné, et cela leur est sensible. On leur a servi, pour commencer, du fromage de Gruyère, beaucoup de fromage de Gruyère, trois ou quatre figues, très peu de thon, et encore du fromage de Gruyère... Ensuite de la Chartreuse, comme compensation. Mais on ne s'apitoie pas sur leurs infortunes. Au contraire. On plaisante le sexe fort de ses privilèges.

Puis la moisson recommence bien vite. On recueille :

L'*orchis globosa,* une de nos plus grandes orchidées, dont la hampe, haute de 70 centimètres, se termine par un épi globuleux très serré de fleurs d'un rouge cendré, avec des feuilles luisantes et oblongues formant des rosettes sur le sol ;

L'épilobe trigone *(epilobium rosœum),* une très belle onagrariée couverte de fleurs d'un rose vif, portant sur ses tiges raides des feuilles opposées, sessiles, presque embrassantes, inégalement dentelées en scie, lisses sauf au bord, qui est pubescent.

Des *Astrantia major :*

De jolies campanules à feuilles rhomboïdales ;

Le géranium des bois à fleurs purpurines ;

Le bleuet vivace ou centaurée des montagnes ;

La grande gentiane, dont les fleurs jaunes ont une corolle en roue, mais qui n'existaient plus à cette époque de l'année ; il fallait se contenter de sa longue tige couverte de feuilles ovales ;

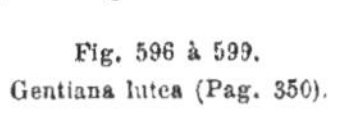

Fig. 596 à 599.
Gentiana lutea (Pag. 350).

Et bien d'autres précieux échantillons.

Sur ces plantes, au soleil, voletait le parnassien Apollon, beau papillon aux grandes ailes blanches, semi-transparentes, tachetées de noir et ornées de taches rouge-vermillon cerclées de noir et pupillées de blanc.

Le lendemain, avant le jour, les Bravandas commencèrent l'ascension du Grand-Som, pendant laquelle ils firent, selon leur coutume, large profit des curiosités que leur offrait la nature.

La forêt dans laquelle ils s'enfoncèrent d'abord, formée surtout de sapins, d'épicéas et de hêtres de toute beauté, contient aussi, mais en moindre quantité, des pins sylvestres, des ifs, des bouleaux, des saules. Si l'on s'écarte un peu du sentier du sommet, on arrive à la chapelle de Saint-Bruno, où parmi les débris végétaux et pierreux de toutes sortes prospèrent :

L'*Epilobium trigonium*, la *Veronica montana*, personnée dont les congénères sont extrêmement nombreuses ; c'est une plante vivace, fleurissant de juin à juillet, en grappes axillaires, bleuâtres et peu nombreuses ; la *Campanula latifolia*, etc.

C'est tout près de la chapelle que la caravane fit la charmante rencontre du grimpereau des murailles ou papillon des rochers, un passereau de la taille de l'alouette, et dont le plumage est nuancé des couleurs les plus délicates : le

Fig. 600. — Parnassien Apollon (Pag. 350).

rose, le cendré clair et le gris perle. Il n'aime à poser son pied que sur la pierre, aussi partage-t-il son année entre les rochers des Alpes ou ceux du Jura et les villes aux beaux édifices. De là, les deux noms qu'on lui a imposés. Il niche dans une fissure de roc.

En reprenant le sentier, on ne tarda pas à trouver le *Phyteuma spicatum*, une Raiponce avec des fleurs bleues, tandis qu'elle a des fleurs blanches aux environs de Paris.

Peu à peu la majestueuse forêt disparaît pour faire place à des arbres isolés et rabougris poussant mal dans un sol abrupt et pierreux. C'est ainsi que l'on arrive aux pâturages qui entourent le chalet de Bovinant, et dans lesquels on cueille les *Ranunculus spretus* ; le *Myosotis alpestris*, petite plante d'un vert gai, à fleurs bleues ; et le trèfle gazonnant *T. Cæspitosum*, très glabre, étale, à tiges courtes, serrée en gazon.

Le chalet de Bovinant, à 1666 mètres, est occupé par des bergers provençaux. Les Bravandas y déjeunèrent de pain et de lait. Là, pour continuer l'ascension, on a le choix entre trois sentiers. Le meilleur est le plus

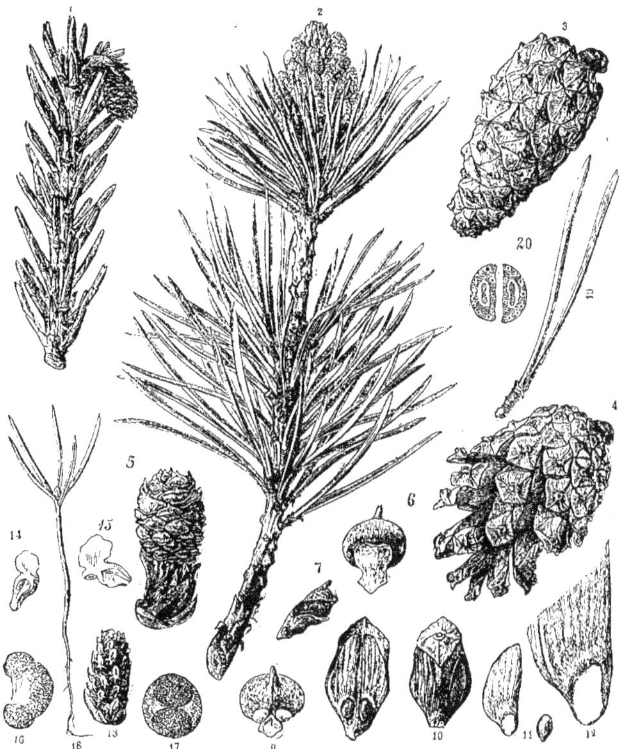

Fig. 601 à 621. — Pin sylvestre (Pag. 351).

1. Jeune Pousse terminée par un Chaton de Fleurs à Pistils. — 2. Rameau couronné par un Chaton de Fleurs à Étamines. — 3. Cône (Fruit agrégé) mûr. — 4. Cône s'ouvrant. — 5. Chaton de Fleurs à Pistils, grossi deux fois. — 6. 7. 8. Ecaille détachée du Cône, vue par en haut et latéralement — 9. Ecaille, vue par la Face interne. — 10. Ecaille, vue par la Face externe. — 11. Aile membraneuse de la Graine. — 12. Même Aile grossie. — 13. Chaton de Fleurs à Étamines. — 14. 15. Anthère vidée. — 16. 17. Grains de Pollen. — 18. Germe développé (Radicule, Tigelle, Cotylédons). — 19. Fascicule bifolié. — 20. Section transversale de la Base d'un Fascicule de deux Feuilles.

long, et ce fut celui-là que choisit la petite troupe. De nombreux troupeaux le fréquentent, trouvant sur cette partie de la montagne d'excellents pâturages. Des touffes de Rhododendrons ferrugineux croissaient sur les détritus rocheux exposés au nord, et abritaient des Pinguicules des Alpes ou grassettes jaunâtres. Elles dressaient, à 10 centimètres du sol, une hampe terminée par une capsule indéhiscente qui part d'une rosette de feuilles radi-

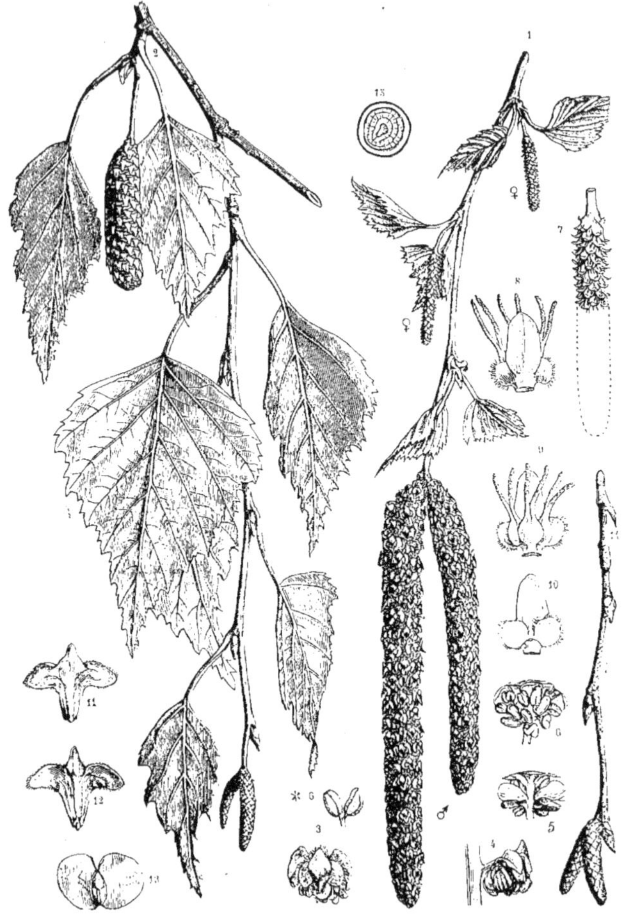

Fig. 622 à 637. — Bouleau (Pag. 351).

1. Rameau printanier avec Chatons à Étamines (♂) et à Pistils (♀). — 2. Rameau automnal. — 3. 4. 5. 6. Bractée portant des Étamines. — 6. Anthères. — 7. Chaton à Pistils. — 8 et 9. Fleurs à Pistils, par trois, à la Base d'une Écaille trilobée. — 10. Écaille trilobée. — 11 et 12. Écaille du Chaton fructifère. — 13. Fruit ailé. — 14. Jeune Pousse. — 15. Coupe d'un Rameau de trois ans.

cales. On la comprend dans une famille dite des *lentibulariées*, qui est fort voisine de celle des personnées.

— On pourrait, dit Scabieuse, placer les Pinguicules dans la curieuse

Fig. 638 à 648. — Saule (Pag. 351).

1. Rameau avec Chatons à Étamines. — 2. Fleur à Étamines. — 3. Fleur, Partie inférieure, Insertion sur la Bractée. — 4 Rameau de Chaton à Pistils. — 5. Fleur femelle. — 6. Stigmate. — 7. Fruit fermé. — 8. Fruit ouvert. — 9. Graine avec Aigrette. — 10. Rameau à Chatons fermés. — 11. Rameau à Chatons ouverts. — 12. Rameau à Feuilles; les *** marquent les Stipules.

catégorie des plantes carnivores; leurs feuilles duveteuses et glutineuses sont de véritables piéges pour les insectes qui s'y collent sans pouvoir se

Fig. 649. — Pinson (Pag. 356).

dépétrer, y meurent, s'aplatissent, s'atténuent au point de sembler incor-
porés à la feuille, qui finit par n'en laisser que des vestiges insignifiants.

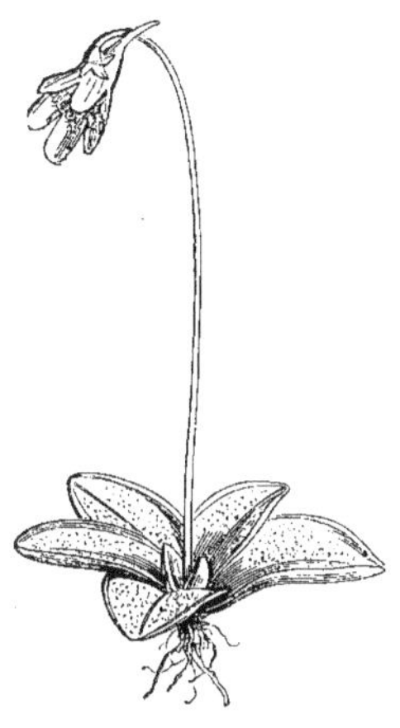

Fig. 650. — Pinguicule (Pag. 354).

Ce qui intéressa le plus la jeune famille, ce
fut la Soldanelle des Alpes, dont au printemps
la hampe perce la couche de neige qui n'a pas
eu le temps de fondre, et émaille le manteau sté-
rile de ses fleurs.

Les Bravandas ne virent pas, naturellement,
les fleurs de cette primulacée, mais seulement
ses grandes feuilles réniformes, arrondies et
planes.

Ils touchaient presque au sommet lorsqu'ils
aperçurent dans la crevasse d'un roc, le Pinson
de Neige, ainsi nommé parce qu'il se plaît au
voisinage des frimas des hautes régions, ou tout
au moins dans les âpres solitudes de la Grande-
Chartreuse, dont il est un des hôtes les plus
jolis. Sa voix est douce comme celle de ses con-
génères, et il a le costume discret d'un bon ermite: capuchon gris, manteau brun et robe blanche. L'hiver il descend dans les plaines. Il place
son nid dans les plus âpres rochers, et le garnit de la mousse des arbres
et de la laine abandonnée au prin-
temps par le chamois.

Le Grand Som a une altitude
de 2033 mètres. Une croix de fer
occupe son sommet, qui est un
plateau où croissent :

La Bartsie des Alpes, personnée de 15 à 25 centimètres, noirâtre
et velue, dont les feuilles ovales et
cardiformes sont opposées et crénelées ;

La Benoîte de montagne *(geum
montanum)*, groupant par deux à

Fig. 651. — Sedum (Pag. 357).

l'extrémité de tiges dressées, garnies de feuilles ailées, ses fleurs d'un jaune
vif, à cinq sépales et cinq pétales, comme toutes les rosacées ;

L'Arenaria ciliata, petite caryophyllée gazonnante à tiges ascendantes
plus ou moins rameuses, à feuilles larges, très nerveuses, ovales, rétrécies en

un pétiole très court, à fleurs blanches dont les pétales ont un court onglet;

Fig. 652. — Bécasse (Pag. 358).

L'Orpin à odeur de rose *(Sedum Rhodiola)*, crassulacée de 15 centi-

Fig. 653. — Saxifrage (Pag. 358).

mètres de haut, couverte de fleurs verdâtres, avec des feuilles épaisses et
ovales, et dont la racine tubéreuse est agréablement odorante.

Et dans les fissures des rochers :

Le Saxifrage mousse, formant des tapis de tiges gazonnantes terminées par des rosettes serrées de petites feuilles très lisses, parmi lesquelles brillent des fleurs citron à pétales étalés et ovales, et le Saxifrage à feuilles opposées, très bas, très compacte, ayant des feuilles nombreuses, couvertes de feuilles petites, ovales, recourbées, et des fleurs solitaires terminales et presque sessiles, passant du rose au rouge et au violet.

Fig. 654.
Patte d'Échassier
(Pag. 358).

On redescendit et l'on fit la rencontre d'une bécasse, oiseau qui ne descend dans nos plaines que pendant l'automne, pour les quitter après novembre, à l'approche des grands froids. Elle volait lourdement et les yeux exercés de Pierre et de Scabieuse distinguèrent fort bien son plumage gris brunâtre, et son bec droit et faible qui l'a fait mettre dans les longirostres parmi les échassiers, ordre caractérisé surtout par la longueur de ses jambes.

ÉPILOGUE
DANS
LE DRAC

ES voyageurs se dirigeaient sur Grenoble.
La route suivait les bords du Drac, un
torrent qui laisse à sec les trois quarts de
son lit de cailloux. On marchait dans une poussière épaisse,
douce aux pieds comme du velours.

De l'un des nuages étouffants qui se soulevaient à tout
instant, les Bravandas virent émerger une voiture dans le genre de la leur.

Ils se trouvaient alors tout au bord du torrent, sur un talus de quelques mètres.

Ils ne prirent point garde à la femme qui conduisait par la bride la rosse maigre, mais pleine de feu, attelée au véhicule poudreux.

Cette femme, à la vue des Bravandas, s'arrêta net; son visage prit une expression de haine atroce.

Puis, suivant une résolution subitement née dans son esprit, elle reprit la bride de son cheval, et, avec un *hue!* aigre et triomphant, excita son ardeur.

Elle amena ainsi sa voiture tout contre celle des Bravandas.

— Faites donc attention, la femme, lui cria Scabieuse, vous allez nous accrocher.

Mais, elle, tirant des ciseaux de sa poche, en enfonça la pointe dans les flancs de la rosse, qui se cabra, s'emporta sous la douleur, et, de toute la force de sa peur, jeta la voiture qu'elle traînait dans celle des Bravandas.

La pauvre maison roulante tomba de plusieurs mètres sur les galets du Drac!

On se figure la clameur de désespoir qui accueillit cette catastrophe.

Tout d'abord nos amis se comptèrent. Ils se trouvaient tous sur la route sains et saufs. Mais ruinés, encore une fois, et presque irrémédiablement!

Marius, fou de colère, s'empara de l'auteur du crime, et lui eût fait un mauvais parti, sans Scabieuse qui le contint.

La femme criait: à l'assassin!

— La somnambule! murmura le pianiste atterré. Ah! malheureuse, cette fois vous ne nous échapperez pas.

— Mes bons messieurs, par grâce! je ne l'ai pas fait exprès. Pourquoi maltraitez-vous une pauvre malheureuse sans défense, isolée sur la grande route, et qui va rejoindre son mari et ses enfants à Voreppe, pour la foire! Je ne l'ai pas fait exprès!... Qu'est-ce qui dit, d'abord, que ce n'est pas votre cheval qui a bougé. Pourquoi est-ce que je vous en voudrais, moi, mes bons messieurs??

— Ah! vipère!

Passèrent des soldats. On leur confia la garde de la femme. Scabieuse leur montra les ciseaux rouges et les flancs saignants du cheval.

Puis on organisa le sauvetage du pauvre Bucéphale.

Au grand soulagement de tous, quand on l'eut dégagé de ses traits embrouillés, il se releva, n'ayant d'autre mal que quelques écorchures.

Mais la voiture!

Elle avait une roue et un brancard cassés, ses rails tordus, ses planches disjointes, ses vitres, ses glaces en poudre, la plupart des meubles fort endommagés, les caisses à collection défoncées. Sur tout cela, l'odeur de l'esprit-de-vin échappé des flacons.

Mme Bravandas et Marie pleuraient. Les garçons, immobiles, regardaient leurs richesses perdues avec les signes d'un affaissement complet. Scabieuse et Marius, pâles, avaient le cœur chargé de soupirs.

Deux jours furent employés au déblayage des épaves, et huit à la guérison de Bucéphale. Pour avoir les moyens de retourner à Paris, on vendit le fidèle compagnon du voyage, ce qui attrista profondément chacun.

Mme Bravandas résuma les amertumes de tout le monde.

— A force de courir les grandes routes, dit-elle, nous devions coudoyer plus d'une fois Mme Tombe-la-Mort. Elle nous avait fait du mal déjà, donc elle devait nous en vouloir. Je m'explique la noirceur de son dernier crime. Ce qui m'étonne, c'est qu'il ne nous soit pas arrivé plus d'aventures désagréables au cours de ce voyage insensé. Il nous a coûté les yeux de la tête. L'air et le soleil ont tanné nos peaux au point qu'à Paris nos amis ne voudront pas nous reconnaître. Nos vêtements à tous sont dans le plus lamentable état d'usure. Chaque jour nous avons travaillé comme des nègres ; et maintenant, de cette partie de plaisir de cinq mois, il ne nous reste plus qu'une immense fatigue. Va! Marius, il eût mieux valu faire comme tout le monde: voyager en chemin de fer, manger aux tables d'hôte, se distraire aux Casinos...

Une protestation énergique arrêta là Mme Bravandas, et son mari se chargea d'exprimer l'autre partie de l'opinion générale.

— Ma chère amie, tu es injuste. Le bris de ta voiture te met d'aussi mauvaise humeur que son enlèvement à Granville. Tu serais dans la joie si on te l'offrait raccommodée.

— Non!

— On la raccommodera, dit Scabieuse.

— Ah bien, oui!

Marius continua :

— Nous avons dépensé tout l'argent que nous avions ; mais nous ne sommes pas plus économes à Paris. Nous avons des mines de paysans ; mais nous ne sommes plus anémiques ; les battements de cœur, les essouflements, les névralgies semblent nous avoir quittés à tout jamais ; nous avons travaillé, mais nous ne nous sommes pas ennuyés une minute ; tes enfants se sont instruits, sont devenus agiles, adroits, infatigables; je n'ai pas eu un souci, tout le long de la route tu as été gaie comme un pinson; Scabieuse, collectionnant, sans trève a vécu en plein bleu... Maudire notre voyage, ce serait de l'ingratitude, ma chère Marguerite.

— Oui, ajouta Scabieuse, la totalité de nos échantillons est sauve, les meubles ont peu souffert, la voiture n'est que démontée... Nous allons être à Paris pour la rentrée. Avec plaisir nous nous livrerons à nos occupations habituelles; puis, aux vacances, en touristes incorrigibles, avec Mme Bravandas elle-même, nous remonterons dans la voiture-maison remise sur ses roues par les soins de votre ami Scabieuse.

— Peut-être, dit en souriant Mme Bravandas.

Trichomanes pluma.

TABLE SYSTÉMATIQUE

I. — ZOOLOGIE

II. — BOTANIQUE

III. — GÉOLOGIE

[illegible]

TABLE ALPHABÉTIQUE

DES

MATIÈRES ET DES ILLUSTRATIONS[1]

[1] Les numéros composés en caractère arabe qui précèdent les mots, indiquent les figures dans le texte; ceux en chiffres romains désignent les planches, qui se trouvent seulement dans l'édition de luxe; — les numéros à la suite des mots, indiquent les pages du texte.

FIN